鳥は
どんなキモチで
歌っているのだろう？

〜さえずりに秘められた鳥の本音〜

♪ Why do I sing: birds' view

夜明けのコーラス

日の出前の約30分間は、どの鳥のオスもさかんに歌う。しかし、彼らはコーラスを演じているつもりもなければ、違う鳥と張り合っているつもりもない。彼らは誰に向けて歌っているのだろうか。そして、なぜこの薄暗い時間帯によく歌うのだろうか。

アカハラ
シジュウカラ
ノジコ
コマドリ
ミソサザイ

クロツグミのメス。オスは複婚を望むが、メスの本音はオスの労働力の独占。

遺伝的にクロツグミときわめて近縁なカラアカハラ。人は両者の歌を聞き分けられない。鳥同士では聞き分けられるのか？ 大実験！ 写真は日本初営巣記録のペア。

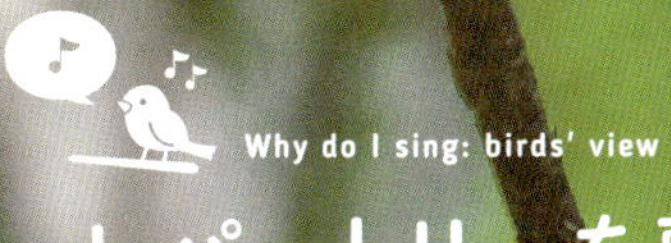

レパートリーを歌う

種類ごとに歌い方が違うだけでなく、同じ種類でも1羽ずつ違う何曲かのレパートリーを持つ。どれを歌っても、その意味は「花嫁募集」と「なわばり宣言」。なぜ、鳥たちは１つの歌で満足しないのだろうか。

クロツグミのオスは、美しい主旋律につぶやき声を組み合わせ、膨大な数の曲を歌う。意外にも、つぶやき声のレパートリーが多いオスほど、メスにモテるようなのだ。

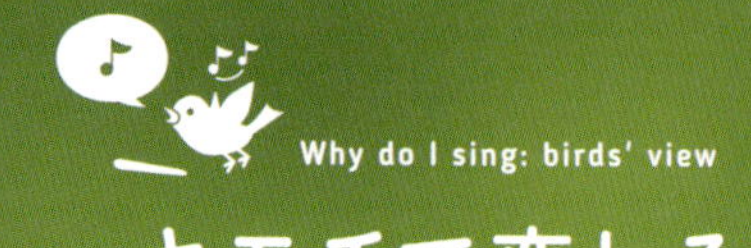

キモチで変わる歌い方

歌は同時に2つの意味を持つが、一部の鳥ではある場面で歌い方が劇的に変わり、限定された意味になる。キモチの最高潮に空を舞って歌う鳥もいれば、メスまで歌う鳥もいる。

大声で歌う／小声で歌う

梢で朗々と歌うオオルリも（左）、花嫁候補が来ると舞い降りてきて、尾を上下させて小さな震え声で求愛（右）。小声の歌は「あなただけに」という囁きだ。

右上がオス、左下がメス

単純に歌う／複雑に歌う

ふだん単純で短い数曲だけを歌うキセキレイも（左）、求愛ディスプレイなどでキモチが一定の度合いを超えると、思わず複雑で長く美しい曲を歌い出す（右）。

侵入者撃退モード

「ヒツキ、ヒツキ」と歌うエゾムシクイ。なわばりにライバルが侵入すると「ツゥキィヒィ、ツゥキィヒィ」という不機嫌節に切り替わることが明らかに。

キモチのピークに舞って歌う

梢で歌うビンズイは、ときに「さえずり飛翔」も行う。特に、舞い上がって歌っては、同じ枝に舞い戻るくり返しが、キモチのピークらしい。それはどんなとき？

メスなのに歌う

カヤクグリはつがいではなく、小グループで繁殖。メスの方からすべてのオスに交尾を誘い、メスも歌う。将来の働き手であるオスを、父親気分にさせておく呪文のようだ。

歌う鳥のキモチ

Why do I sing : birds' view

石塚徹

ISHIZUKA TORU

山と溪谷社

はじめに

鳥たちはパートナーを見つけ、さらに子育てをしないと子孫を残せません。その意味では、一生のどこかで、社会生活を営む必要のある生きものです。そして歌というのは、歌い手と聞き手がいてこそ成り立つ社会行動。すなわち、歌は鳥たちの社会生活、ひいては私生活をのぞく糸口なのです。

特に繁殖期の小鳥の生活には歌がつきものです。昔から、鳥が歌う行動は、自由に擬人化されて解釈されてきました。しかし、それがどのように進化してきたかが動物行動学的に解明されてくると、けっして気まぐれに歌っているのではなく、一定の社会的な条件や、ある体の状態のもとで歌うことがわかり、科学的な解釈の仕方がわかってきました。歌っている鳥は楽しげに見え、浮かれているとさえ揶揄されてきましたが、擬人的に言い返せば、つらい状況でこそ歌わなければならないときがあるのです。

鳥という生きものは、夫婦仲良くけなげに子育てしているようにも見えますが、非常に浮気者です。[1,2] 世界に一万種近くいる鳥の九〇パーセント以上は一夫一妻ですが、調べれば調べるほど、鳥の浮気は発覚します。私たちは鳥の顔を見ても、メスがいつ発情しているのかわかりませんし、種類によってはオスかメスかもわかりません。でも、彼らは同性か異性かはもちろんのこと、「今こそ隣の奥さんを浮気に誘うべき」ということまでわかり、わかろうとしながら、暮らしています。そうした事情や私生活は、歌い方にも反映します。ある意味で、それこそが「歌うキモチ」の大事な柱なのです。なぜなら、鳥の歌も、よりしたたかに利己的に、多くの「自分自身の子」を残すため、進化の過程で洗練されてきたものに違いないからです。

顔色の読めない彼らの浮気心が科学的に暴かれるようになり、そう思って見ると、見える、見える……本当に、目からウロコが落ちるように、鳥の本音や浮気心が見えてくるから不思議です。

私は自称「自由研究者」です。自然界のできすぎたからくりや、動植物が秘密にしておきたいであろう戦略を、野外で子どもたちにどうしたらうまく通訳できるか、いつも考えています。言いきれない怪しい憶測を少々交えても、考え方さえ科学的であれば躊躇なく伝えたがり、おはなし的にかみ砕いて伝えるのが大好きです。取材の現場で見たこと、考えたことを、興奮が冷めないうちにリポートするのもスタイルにしています。そして本を書く以上、伝えたいメッセージがあります。

私たちは、生きものという「進化の産物」を見ているのであり、彼らは今もなお「進化の過程」を見せてくれています。まず、そのことに一緒に感動しませんか、という思いを込めて書きました。

次に、生きものが皆「個体として生きている」ことを思いながら見てほしいというメッセージです。イヌやネコを飼うと、必ず個性が見えてきて、十把一絡げに思っていたのは誤解だったと気づきます。そして「うちの子はこうなのよ」と誰かに話したくなります。野生の生きものだって、個性がないわけがありません。「スズメって、どうせこういう生きものでしょ?」とはいえないのです。

種の平均像を先入観として持つと、観察眼が曇ってしまいます。私の場合、先入観いっぱいの目で、クロツグミという鳥を七年も見続けてしまいました。八年目、歌で個体識別できることに気づき、その一羽目として「ルビオ」というやんちゃなオスをじっくり観察しました。ルビオは平均像からかけ離れた一羽だったのですが、最初にこのオスに密着したことが、のちにとても幸いしました。科学では、平均値を求めることも目的の一つですが、個体差(ばらつき)にも意味はあるし、個体差を認めることも大事だったのです。

鳥を、識別や撮影の対象としてだけでなく、何をしているのか「解釈」しながら観察するのは実に楽しいものです。そのとき、「鳥はこうだ」と思って見ないと、行動の解読がもとけます。

進まないこともあります。でも、「そうでないかもしれない」と疑って見ることも絶対に必要です。その両方の観察眼を持ち合わせてこそ、彼らの面白い私生活や、歌手人生がひもとけます。

この半世紀、鳥の歌の研究が進み、歌う行動の進化的背景が明らかになってくるにつれ、その研究史を紹介する本が一〇年に一度くらい、国内外で出版されています。[3~8] 一方、本書はけっして「鳥の研究の世界」の本ではなく、「鳥の鳴き声の世界」の本です。鳥の歌う暮らしを眺めるだけでも、これだけ広くて深いよ、ということを一般向けに紹介する目的で書き、書きながら湧いた疑問を解くために、大急ぎで自由研究にも出かけました。

本書の第1章では、誰もが思う素朴な疑問をひとつずつ解いていきます。そして、小鳥の歌のさまざまな切り口・視点を紹介し、歌う鳥の「キモチ」になっていただこうと思います。第2章では、1章で概観したことを私自身が野外で実証しよう、あるいは打ち破ろうとした、最新のエピソードやトピックを紹介します。第3章では、個体識別されたクロツグミたちが見せてくれた面白い私生活を紹介し、歌うオスたちの本音に迫ります。1~3章を通じ、動物の行動や社会がなぜそのように進化してきたかについて、共通した考え方に馴染んでいただきたいというのが本音です。けっして非科学的な擬人化ではない意味で、鳥の歌心に共感していただきたいのです。最後の第4章では、人が鳥の歌を聞く好奇心のいろいろについて書きました。

小鳥の歌の謎を解明する科学も、他のジャンルと同様、日進月歩です。本書で紹介しきれなかった重要な研究成果もたくさんありますし、私自身が見落としたものも多いと思います。また、十分にふれられなかった、環境と音域との関係、歌の学習、成長に伴う歌の発達、方言、デュエットなど、面白い研究がたくさんあります。興味のある方は、これからも最新の情報にふれられることをおすすめします。

それでは、まだまだ解明しきれない謎も多い、面白すぎる世界へ、これからぜひご案内したいと思います。

本書は、書籍単体でもお楽しみいただけますが、🔊を記した箇所について、山と溪谷社ウェブサイト内の本書の商品紹介ページ(http://www.yamakei.co.jp/products/2817230080.html)から関連する鳥の歌声つきの動画をご覧いただけます。実際の歌声を聞くことで「鳥の鳴き声の世界」をより深く実感・理解できるかと思います。

※本サービスは予告なく終了されることがあります。

第1章 歌う鳥のキモチ〈基礎編〉

第2章

歌う鳥のキモチ〈応用編〉

第3章

歌う鳥の私生活

第4章 聞く人のココロ

チェック！基本情報

♪ レパートリー

一羽がもつ歌のバリエーション、すなわち「ソング・タイプ」の種類（数）。本書では、各ソング・タイプを「曲」という言葉で表すことも。レパートリーが3〜10種類（曲）ほどの小鳥が多い。異なる曲のそれぞれが、人の言葉のように異なる意味を表しているわけではない。

♪ ガンガン歌う

マックスで歌うこと。大声でテンポが速く、長時間歌い続けるようなとき。テンポが速いとは、早口というよりは、短い間隔ですぐ次の歌をくり出す忙しい状態。独身のオスや、夜明けの時間帯は、みなガンガン歌っている。

♪ 二重機能

歌が結果的に「異性（多くの場合はメス）誘引」と「なわばり防衛」の役割を同時に果たす性質のこと。ただし、メス誘引やなわばり防衛の「ために」歌うというのは目的的・擬人的な言い方なので注意が必要。

♪ 声

鳥の鳴き声全般。スズメ目（小鳥類）の声は「さえずり」(song)と「地鳴き」（call）に分けられる。種ごと、一羽ごとに何種類もの声を出す。地鳴きは、警戒して出す声や、群れで集まるときに出す声などがある。

♪ 歌

「地鳴き」と区別される「さえずり」のこと。「繁殖にかかわる比較的複雑な声」と定義される。多くの種ではオスのみが歌うが、メスも歌う種がある。図鑑や専門書には「さえずり」と書かれていることが多いが、本書では基本的に「歌」と表記した。

♪ 配偶ステータス

独身（未婚）、既婚、一夫二妻のオスなど、それぞれの配偶状態で、野鳥界の社会的地位。

♪ ソング・ポスト

歌うときにとまる場所。同じ一羽が、いくつもの枝先や岩角など、お気に入りのソング・ポストを持っている。

♪ 繁殖ステージ

繁殖期の中の、独身期、つがい形成期、造巣期、産卵期、抱卵期、育雛期（巣内育雛期)、家族期（巣外育雛期)、第2回繁殖の造巣期……など、それぞれの段階のこと。メスの体は造巣期から産卵期にかけて受精可能な期間となり、それはオスにとって、確実に我が子を残すために大事なステージである。「営巣」は繁殖試行を意味し、育雛期でも営巣中という。ヨタカやキツツキなど、巣材を集めずに産卵する鳥にも使える用語。

♪ 早朝（夜明け）

日の出時刻の約40分前から東の空が明るくなり始め、鳥たちが歌い出す。本書では大コーラスが聞かれる30～40分間に限定して、早朝や夜明けという場合が多い。6月なら朝4時前から始まる。5時は、鳥たちにとってはもう昼間。

♪ ソング・エリア

一羽のソング・ポストの最外郭を結んだ範囲。なわばりとイコールであることが多い。

♪ なわばり

主にオスが占有し、歌って回る範囲で、同種の他個体（特に同性）に対し排他的なエリア。なわばりは自分を縛るエリアではなく、たまに遠くへも出かける。したがって、「行動圏」とは異なる。不連続な複数の場所になわばりを持つ「複なわばり」が発見された鳥も多い。

♪ 声紋

縦軸に周波数（音の高さ）や音圧、横軸に時間（秒など）をとって、音声をビジュアル化したもの。サウンドスペクトログラムともいう。「ソナグラム」は音声解析装置「ソナグラフ」（商品名）から得られたものなので、一般名ではない。本文中の声紋は、PC用の音声解析ソフト“RavenLite”によって作成した。

♪ 性選択

一般には、交尾相手の数や、実際に受精させて残した子の数の差で、親の形態や性質が選択されること。オス同士の競争による同性間選択と、メスに選ばれるための異性間選択がある。オスだけの美しい羽色や複雑な歌声などは、性選択の結果と考えてよい。個体の生存に都合がよい形態や性質が選択されるとは限らない、とされている。

♪ 因果関係と相関関係

現象の変化に同じ傾向が見られれば、相関関係があるということができる。しかし、直接的な因果関係（片方の結果が、もう一方の結果の原因になっている関係）があるかどうかはまた別のこと。たとえば、春一番が吹く時期と、ウグイスの初音が聞かれる時期が、各地で同じ傾向にあったとしても、春一番が吹いたからウグイスが歌い始めるわけではない。このような場合、両者は相関関係があるが、因果関係はないという。

♪ 至近要因と究極要因

「なぜ？」への答えには２通りある。「どういう構造やメカニズムで」（春だから歌う／ホルモンが出るから歌う）は、いわば目先の理由であり、至近要因という。「何のために」（メスを呼ぶために歌う／なわばりを守るために歌う）は、そのように進化してきた必然性への回答であり、究極要因という。

♪ 自然選択／選択圧

体の形態や性質に、個体の生存や子を残すのに有利・不利の差がある場合、有利なものが、より多く遺伝子のコピーを残しやすい。その結果、世代交代を重ねるにつれ、不利な形態や性質は淘汰されていく。遺伝子の変異は一定の頻度で起こるので、常に有利なものが選択され続け、より適応的な形態や性質に進化していく。遺伝子変異・適者生存・同種内の生存競争を通したこのプロセスを、自然選択（自然淘汰）という。自然選択にかかわる環境要因（生物的要因を含む）を選択圧（淘汰圧）という。環境要因が変われば、進化の方向性も変わり得る。

♪ 繁殖集団

1つがいや2つがいがいても、将来的に安定した繁殖地とはいえない。安定して世代交代を続けられる一定数が、一定の地域に集まった状態になって、初めて繁殖集団と呼べる。広さは一概にいえないが、かなり局地的であれば、地域個体群ともいう。

♪ 種族維持なんて考えていない

基本的に、鳥たちは種族維持のことなど考えていない。結婚したり浮気をしたりして、あくまでも「自分自身の」遺伝子をコピーして残すことしか頭にない。隣家のヒナを殺して、そこのメスを早く再発情させ、次に産まれる卵の父親になろうとまでする鳥もいる。

♪ 鳥の分類

正しい分類の単位を用いると、鳥は、動物界の脊椎動物門の鳥綱。綱の下に、目、科、属、種がある。たとえば、スズメ目＞ヒタキ科＞キビタキ属＞（種）キビタキ。同じ種でも、地域によって特徴が大きく違う場合、亜種に分けられることがある。

♪ キモチ

鳥などの動物は、人のように言葉で考えたり、先のことを予測して、次の行動をゆっくり決めたりしていない。しかし、彼らの反射的・本能的行動は、いきあたりばったりの、なりゆきまかせのものではない。長い年月をかけて自然選択されたものであり、それが遺伝子上で受け継がれた理に叶った行動である。非科学的な擬人化はよくないが、本書では、科学で解明された進化的背景を説明し、鳥が人のように考えながら行動していないことを前提とした上で、本能的行動が起こる衝動を、キモチという言葉で表現する。

♪ 外国の鳥

外国の鳥の名で特に生息地を書いていないものは、旧世界（ヨーロッパ、アジア、アフリカ）に生息する種類。ムシクイ属、ツグミ属、キビタキ属、ホオジロ属、タヒバリ属など、日本にもごく近縁な種がいる。新世界（南北アメリカ大陸やオセアニア）の鳥は、日本にいない仲間も多いので、生息地を特記した。

第１章

歌う鳥のキモチ〈基礎編〉

気まぐれなんて、
とんでもない！
ガンガン歌うのは誰？
いつ？　どこで？

I 夜明けのコーラスが始まる

夜明けのコーラス（dawn chorus［ドーン・コーラス］）が始まる。それは、日の出時刻の四〇分ほど前から、一羽、また一羽と加わり、湧き起こるように全山、あるいは大草原を包み込む壮大なものとなる。始まりの頃はまだ東の地平線近くがうっすらと白みかけている程度で、森や山はシルエットにしか見えない。だが、五分、一〇分と経つうち、確実に山林の細部まで見てとれるようになる。真っ暗なうちは、本当にまもなく明るくなるのだろうか、と半信半疑なこともあるが、最終的に明るくならない日はない。

ふと、にぎやかさがいっときほどでないことに気づく。時計を見ればちょうど日の出の時刻。地平線が見える場所であれば太陽が見え始めるし、東が山の稜線であっても、太陽が昇る位置がほぼ特定できる頃合いだ。人は主に視覚で世界を認識している動物なので、コーラスが始まる薄暗い時間帯は音に集中するけれど、世界が見えてくるにつれ、集中力は聴覚から視覚へ分散してゆく。だから、鳥の声が薄らいで感じるのだろうか。

いや、そればかりではない。鳥たちのコーラスが確実にピークを終えていることは、鳴いている鳥の種類数や個体数を数えればわかる。つまり、早朝、鳥が本当ににぎやかな時間というのは三〇分も続かないもので、夜明けのコーラスというのは夜明けまでのこと。日の出時刻には過ぎ去っているのである。

たとえばクロツグミは、日の出時刻が四時半ならば、四時前からさかんに歌い始め、四時半に空の明るさがそれ以上変わらなくなると、もうあまり鳴いていない。気づけば地面に降りて、夜の間に路上に出てしまったミミズをあさっている。午前五時頃にはまた歌っているが、その歌い方は、もう日中のそれと同じくらい落ち着いたものだ。彼らにとって、五時はもう早朝ではないのである。

厳密には「夜明け前の」コーラスだが、日の出直前こそ、どんどん明るくなる時間帯であり、いかにも夜が明けつつあるときなので、日本語でも英語でも「夜明けの」コーラスといわれてきた。できればまず、実際に夜明けのコーラスを聞いて、何かを感じたり不思議に思ったりしてほしい。なぜ、鳥はこの時間帯に集中的に鳴くのだろうか。そもそも、鳥たちはなぜ歌いたくなるのだろうか。

一例として、二〇一四年六月二十六日の長野県飯綱高原では、夜明け前からモリアオガエルの合唱とともにフクロウがさかんに鳴き、やがてホトトギス、アオジ、キビタキ、クロツグミ、ヒガラなどが順々に鳴き出す（）。明けの星々が西の空に降るように沈み、天頂に残っていた星も、空色の中に消えてゆく。一日の始まりだ。

2 聞き手がいるから声が進化した

鳥たちがいくら素晴らしいコーラスを繰り広げても、聞く相手がいなければ、それは無意味だ。小さな体で数百メートル遠くまで届く声を張り上げ、歌い続けるエネルギーは並大抵のものではなく、そんな行動が誰に聞かせるつもりもなく進化してきたはずはない。聞き手は、もちろん情緒的に楽しむ人間ではなく、鳥自身のはずである。歌っているのがほとんどオスであることは、その行動の意味を解き明かす鍵になる。オスとオスが張り合う競争が激化し、進化してきたのか、はたまた、聞き手はむしろメスなのか、である。

鳥の、歌ともいえない単純な声を聞いていても、いかにも鳴く者と応える者とがいることに気づくことがある。このような、一種の信号の発信と受信をコミュニケーションといい、複数の個体の関係性をささえる社会行動である。たとえば、夜の鳥アオバズクは、夫婦間のやりとりにも多彩な音声信号があり、それだけでも社会生活の発達が見てとれる。

　鳥以外の動物たちにも、いろいろなコミュニケーション手段がある。

たとえば、ホタルは、短い成虫寿命の間に結婚相手を見つけるため、光の明滅で自分の存在を知らせ、それに応えてくれる相手を求めている。耳がないから声を出さない、あるいは声を出さないから耳はない。音や暴力ではけっしてコミュニケーションしませんよ、という頑なな意志表示のようにも感じる。

　一方、人の乳幼児は泣いたり暴れたりして、まだ言葉や記号のない世界から不満を訴える。そして、哺乳類らしいスキンシップという手段で癒やされて、おとなしくなる。

　「泣く」や「鳴く」などの音声信号のやりとりは、主に聴覚がすぐれ、社会性のある動物で進化してきた。哺乳類では、イルカ、キツネ、シカ、サル、コウモリなどが、社会性に伴って音声コミュニケーションを特に発達させた動物である。コウモリは超音波を主な手段として、世界をほとんど耳で認識し、脳

多様な音声コミュニケーションや毛づくろいなどのスキンシップが発達した鳥、アオバズク

の中に描いている。

聞く側の都合や好みも、動物の鳴き方を進化させた。鳥やカエル、セミやコオロギなどは、音声と性の関係が切っても切り離せない演奏家たちである。人は人自身の声のほか、虫や鳥の声を、いい声、悪い声と勝手に評するが、彼らは彼ら同士の間に、ある基準を設け、「いい」「悪い」で競ったり、異性の選抜を受けたりしている。その意味で、彼らは地球において、声に「いい」「悪い」といった価値観をつけ加えた先駆者かもしれない。そして「いい声」の究極的な意味は、発信者（鳴いた者）の「本当のよさ」の指標、つまり、体が大きい、働き者、長生きするのに長けているなど、遺伝的な優秀さのバロメーターになっていることである。その辺りはのちのち解きほぐしていきたい。

ヒバリ（2）が歌うのを見ながら不思議に思った人は古今東西、無数にいる。「あんなに鳴き続けて、呼吸の方はおろそかにならないのか」という疑問である。鳥の胸の中には、私たちにはない「鳴管」というのが、呼吸器官とは別にある。つまり、呼吸とは別に、あるいは同時的に、空気を出し入れしながら震わせて音を出す専門器官が備わっているのである。私たちは、気管の一部に声帯という部分があって、そこを震わせて声を出す。息を吸いながらでも声は出せるが、その限界は、誰しも試せばすぐ実感できるだろう。

音声コミュニケーションの発達した動物たち
（右上）翅をこすり合わせて音を出すキリギリス
（右下）ほおの鳴嚢をふくらませて音を響かせるヤマアカガエル
（左上）胸の中にある膜を筋肉で動かし、共鳴室で響かせるクマゼミ
（左下）口から出す超音波のはね返りを受信するために、耳が大きく発達したウサギコウモリ（撮影／鈴木守）

3 言葉じゃないけど衝動的なキモチの表れ、それが声

「あの鳥は何て言っているのかしら」そんなふうに擬人的にとらえたくなるほど、鳥たちはいろいろな声を出す。

本書では主に小鳥（スズメ目）の「さえずり」を扱う。小鳥たちの声には「さえずり」（歌）と「地鳴き」（ふだんの声）とがある。さえずりは繁殖にかかわる比較的複雑な声だ。親や周辺の大人から、主に幼鳥時代に学習によって覚える。オスだけが出す種類が多い。地鳴きは一年じゅう、オスもメスも出す声で、比較的単純な声だ。本能的にインプットされているので、学習によらず、生まれつき出る声である。

地鳴きは単純とはいっても、種類ごとに違うし、同じ種類でもいろいろな声を出す。ときと場合によって出す声が違うのだ。驚いた瞬間に出す声、敵を見つけたときに出す声、群れが集まるときに出す声、ヒナが親に餌をねだるときの声。近年では、巣に近づく敵がカラスかヘビかによって、親の出す声が異なり、それによってヒナのとる行動が違うという発見例もある[9]。

ただし、鳥の声は、人の言葉が進化してきた道すじとは別に進化してきたものだ。少な

くとも本能である以上、一つ一つを目的的に考えながら出しているのではない。本能的行動に対して、知能的な行動というのは、必要性を感じてから行動に移すまで時間がかかる。それでは生死にかかわることが、野外ではたくさんある。反射や本能による行動は、刺激を受けてから行動が起こるまで、時間がかからない。遺伝子上にプログラムされているので、悩む必要がないのだ。「逃げなさい」「巣立ちなさい」「集まろうぜ」「渡ろうぜ」と、言葉で考えていると思うと、説明しきれないことも多い。深い意味のない声も明らかにある。

総じていえば、一定の状況下、たとえば緊張や空腹のもとなどで、「つい」出てしまうのが鳥の声である。しかし、その結果、仲間が集まってきたり、仲間がやぶに隠れたり、親鳥がヒナに餌を与えたくなったりする。誰かが「つい」出した声を、他個体が信号として利用しているのはたしかである。そのやりとりは、あたかも言葉的ではあるが、衝動的に出た声を聞いて、聞き手が一定の反応をする。それが生存や子を残すのに有利だった場合、その発声も、聞き手側の行動も、理に叶った行動として、進化の過程で自然選択によって残ってきたのである。キリンの首は、伸ばそうと思って伸びたわけではない。鳥の声も、他個体の行動を変えようと考えて出すようになったのではなく、そういう声を出した方が効果的だったから、その声を出すのに関係する遺伝子が選択され残ってきたのである。

とはいえ、同じ状況下でも聞き手がいなければ出さない警戒声もあるし、[10] 地鳴きにこそ、文法のようなものが発達しているという研究成果も出てきている。[11] 歌は複雑で地鳴きは単純というとらえ方は、改めなければならないときが来ている。

親鳥が餌の採り方や飛び方を「教えている」ように見えても、先のことを考えながら教えているわけではない。その行動は、結果としてヒナの成長を促し、より多くの子を残し得た。だから、その行動は進化の過程で必要とされ、その行動をとらせる遺伝子が多く残ってきたのである。これらも「本能的行動」であり、「知能的行動」とはしくみが違う。知能的行動は、経験したことのない先のことを予測し、計画的に行動するのが特徴である。経験したことを記憶し、次に活かす行動は学習によるもので、ミツバチなど、知能がなくても高い学習能力のある動物はいる。

繁殖期の特別な声を、小鳥に限って「歌」という

小鳥の声には「さえずり」と「地鳴き」がある。前者は英語でsong、後者はcallである。本書では前者を端的に「歌」ということにする。

小鳥類でも、どれが歌なのかわかりにくい鳥がいる。スズメ、ムクドリ、ヒヨドリ、サンショウクイなどだ。

スズメはいろいろな地鳴きを持つが、春先にはそれらを長くつなげて鳴き、それが歌だろうと推測される。ムクドリはごく短い期間だが、小声で複雑な声を出す。それが歌に違いない。ムクドリは通年、群れで過ごし、春先までに群れの中でつがいができてゆくので、よほどあぶれた者しか、目立つように歌う必要がないのかもしれない。

ヒヨドリは複雑な声も出すが、それは一年じゅう聞かれる声であり、特別に目立つ場所でもなく、特別な状況で出しているようにも見えない。それよりも、繁殖期の早朝、なわばりの梢から梢へ「ピィッ、ピィピィッ」とやかましく鳴きながら飛び回るのが「さえずり行動」とみなせるだろう。サンショウクイも、繁殖地でも越冬地でもほとんど「ピリリ」という声しか出さない。しかし、繁殖期の早朝に、なわばり上空の直径二〇〇メートルほどをさかんに鳴きながら飛び回るので、それが「さえずり行動」に相当すると思われる。

メボソムシクイ、サンコウチョウ、コルリなど、歌の合間に頻繁に地鳴きを交える鳥もいる。ホオジロが歌の合間に「チチチッ」という地鳴きをはさむのは、警戒ぎみのときだといわれる。カワラヒワの地鳴きは「キリリ、コロロ」だが、同じ声を歌の中にもうまく織り交ぜて、複雑な曲に仕上げている。その歌の中で、そこだけが地鳴きだとは言い難い。こんなふうに、歌と地鳴きの使い道を明瞭に分けにくいこともある。

一般的に、鳴禽類（小鳥類＝スズメ目）と亜鳴禽類（ヤイロチョウなど）が「歌う鳥」だ。それ以外の、キツツキ、アマツバメ、ハト、カッコウ、カワセミ、キジ、それに猛禽や水鳥などは「歌わない鳥」扱いされる。それでも、音声コミュニケーションが発達していないわけではない。

キツツキは、春になれば枯れ木などをすばやくたたいて「コロロロ……」と音を遠くま

枝を離れた瞬間、「ピリリ」という声を出したサンショウクイのオス

で響かせる。キジやヤマドリのオスは翼を自分の体に打ちつけ「ドドドドッ」と音を出す（ほろ打ち）。コウノトリは、巣の上でオスとメスが首を反らせてくちばしをカタカタ……と打ち鳴らすのが重要なコミュニケーションだ。

小鳥の歌が学習によるものなのに対し、小鳥以外のこれらの音声は本能によるものだ。すなわち遺伝的にインプットされたものなので、再生までのからくりが小鳥の歌とは違う。機能としては同じでも、小鳥以外の「繁殖期の特別な音声」は、厳密には歌とは定義されない。

本能による繁殖期の特別な音声は、カッコウをはじめ、わりあい単純なくり返しが多い。一方、シギの仲間には、オオジシギのように飛びながら鳴き、声と連動させて急降下音を交えるほど、複雑なディスプレイを発達させた種類も多い。アオバトは、二〇秒近くにも及ぶ曲をけっしてテキトーにではなく、決まった節回しでよどみなく鳴ききる。アオバズクの「ホッホ、ホッホ……」という声は初夏の宵の風物詩だが、音声レパートリーはこの声を含めて一三種類もあり、フクロウ科の中では最大級だそうだ[12]。アオバズクではオスからメスへの仲睦まじげな求愛給餌も見られ、多様なボーカルコミュニケーションを発達させた社会生活は奥が深そうだ。非スズメ目の本能的発声を侮れないものに感じさせる。

5 ウグイスは春になるとなぜ「ホーホケキョ」？

毎年三月になると、天気予報の中で、ウグイスの初鳴きやソメイヨシノの開花などが報じられる。これらを「生きものごよみ」という。

ウグイスは日本列島を南北に季節移動する鳥で、夏は全国の山林で繁殖し、冬は本州中部以南に限って見られる。北海道生まれのウグイスは、冬は関東から南西諸島にかけてのどこかで越冬している。

冬の間、「チャッ、チャッ」という地鳴きだけで、多くの人にその存在が気づかれなかったウグイス。春になるとどうして「ホーホケキョ」と鳴くのか。その答えの一つは、日長(にっちょう)の変化（昼が長くなったこと）が内分泌系に作用して雄性ホルモンの分泌を促し、それが「歌いたいキモチ」にさせるからだ。こういうメカニズムに関する理由を「至近要因」という。

一方、それだけでは納得できない人もいるはずだ。なぜなら、何のために歌うのか、に答えられていないからだ。鳥の先祖は単純な声でしか鳴かなかったはずである。長い進化の歴史を通し、いろいろな種類の鳥に分かれ、それぞれ特徴的な歌を持つようになった。

進化の過程で何があり、何が歌を複雑に進化させたのか。オスたちは何のために歌うようになったのか。そうした進化的背景を「究極要因」という。

歌う以上、目立ちたいのであり、つまり自己宣伝である。「チャッ」だけで結婚できたウグイスのオスはいない。歌には大きく二つの役割がある。すなわち、繁殖するために必要な、異性の誘引（一般的には花嫁募集）と、なわばり宣言（防衛）である。歌にはその二つの役割を「同時に」果たす性質があり、これを歌の二重機能という。次項から、それらをたしかめていきたい。

ある一羽のウグイスが、越冬していた広島で三月十日に歌い始め、広島でのウグイスの初鳴きが三月十日と記録されたとしよう。そのウグイスは広島で、日長と陽気に刺激されて歌うようになった。彼はやがて北上の旅を始め、三月三十日に出生地の旭川に到着して歌い、旭川での初鳴きが三月三十日と記録されたとしよう。たった一羽が大活躍しすぎなのはともかく、広島での初鳴きは、日長や陽気が内分泌系に作用して、越冬個体に歌わせたものだ。一方、旭川での初鳴き記録は、すでに北帰行の途中、各地で歌いまくっていた彼が、旭川に帰還した日を表している。けっして、旭川の日長が広島と同じになるのに二〇日もかかったわけではない。広島での初鳴き日は、越冬個体の体が繁殖の準備を始めた日であり、旭川での初鳴き日は、その鳥が夏鳥として帰ってきた日を意味する。このように、地域によってはウグイスが歌うようになったことと、渡ってきたこととが混同される。

6 歌に入っている情報

飼い主が犬の名を呼ぶとき、その声に入っている情報は、犬の名前だけではない。犬は文字や言葉の世界で生きていないので、むしろ言葉以外の要素を汲みとるのに長けている。まず「呼んでいるのは自分の飼い主である」「飼い主は玄関にいる」「飼い主は慌てている（自分を探して焦っている）」「叱ろうとしている」「食べものをくれるときのトーンである」などなど。

小鳥の歌も言葉ではない。しかし、一定の役割を持つ。その役割を発揮するため、歌に入っていなければならない基本情報を整理しておこう。

当たり前のように聞こえるが、まず、「自分は何鳥である」という、「種」の情報。たとえば、ヨーロッパコマドリ（英名ロビン）は数えきれない歌のレパートリーを持つが、高音の節と低音の節を交互に連ねるのが特徴だ。録音をぶつ切りにして、高い音ばかり、または低い音ばかりを並べて再生して聞かせても、それに対してヨーロッパコマドリはあまり反応しない。逆に、録音をバラして勝手に並べ替えても、高低というルールさえ守れば、反応する。[13]ウグイスだったら、「ホーホケキョ」を録音して、「ホー」ばかりを何度再生しても、野生に生きるオスたちの反応は悪いだろう。「ホー」の後に「ホケキョ」という抑揚部分があって、ウグイスはおそらく初めて同種と認知することができる。

例外はあるが、歌には「自分はオスである」という「性」の情報も入っている。そして、はげしく歌うことによって、「自分は独身である」という「配偶ステータス」の情報を告げている。逆に、歌い方がゆっくりだったり短かったりすれば、「自分は既婚者である」という情報になる。鳥によっては、本当は既婚者なのに、第二メスを呼ぶべくはげしく歌うので、独身ぶって嘘の情報を流しているのに等しいこともある。

そして、一羽が何曲かの「レパートリー」を持つ鳥が多く、レパートリーが完全に一致する二羽というのは滅多にいない。だから、何曲か歌えば、「俺は誰だぞ」という「個体」の情報を流していることになる。その曲の中にはご当地ソングやお国なまりもあり、

「出生地」の情報になる。その土地を知り尽くしている者か、流れ者か、ということだ。

そして、もっとも当たり前に聞こえるが、歌い手の「位置」の情報である。敵に狙われるから目立ちたくないところだが、そういっていたらメスは来ず、自分が生きた証である「遺伝子のコピー」は残らない。命にかけてもパートナーが欲しいのだ。だから、自分の居場所がわかるような声のトーンで歌う。一方、タカなどが現れたときに出す警戒の地鳴きは、「ヒー」とか「ツィー」など高周波の声で、それは居所がつかみにくい[14]。そのことは多くの小鳥に共通し、歌が居場所をつかみやすい周波数であるのと対照的である。歌で自分をメスに見つけてもらい、また、他のオスに「ここは自分のなわばりだぞ」というわけだから、位置の情報というのは基本的かつ大事なことなのである。

鳥たちは、人間に種類を聞き分けてもらうために、違う声で鳴いているのではないが、夜明けのコーラスを聞くと、それぞれが違うパートを請け負った合唱のようである。あるいは、オーケストラによるシンフォニーのようであり、世界のどの国でも、コーラスをリードし主旋律を奏でるのはツグミの仲間だとか、クロツグミはフルートで、キビタキはピッコロだ、などとたとえられてきた。

しかし、彼らが異なる歌を歌うようになったのは、同種を同種として認識するため、他種と紛らわしくならないためだ。それぞれに独特の音質や、歌い方のルールがあるのである。

夜明けの時間に一斉に歌えば、結果的に合唱となるのだが、本音をいえば、彼らは他種の声がいくらか迷惑なはずなのである。同じ種なら、わざとかぶせるように歌うことがあるが[15]、似た声の別種であれば、重ならないように数秒ずらして歌っているように思えることも多い。彼らはあくまでも同じ種のオスと鳴き競ったり、同じ種のメスを呼んだりすることしか頭にないのである。

♪喧嘩が絶えないオーケストラ。本音をいえば、他種の声は邪魔で仕方ないはず

7

歌いたいキモチのピークはいつ？

春になると鳥が美しい声で歌い出すことは、もちろん何世紀も前から洋の東西を問わず、人々は知っていた。しかしそれは長いこと、科学的に分析する価値のある現象だとはとらえられなかった。どちらかというと季節情緒の対象で、聞き手である人の情感と結びつけられがちだった。春になって鳥が歌うのは当然で、恋の季節と知られていたにしても、日長と雄性ホルモンの因果関係など、誰も想像しなかっただろう。

一九七〇年代に動物行動学者がノーベル賞をとる頃から、鳥の歌がおおいに科学研究の対象にされるようになった。鳥の歌は、その回数を数えたり、歌う時間を計ったりすることができる。すると、本当に活発なのはいつなのかがわかる。歌の活発さのピークがいつなのか、何種類かの鳥で調べられた。特に、鳥を一羽一羽区別して観察すると、彼らの私生活の事情はさまざまで、それによって歌の量が変化することがわかってきた。歌のピークは産卵の二、三日前であった。つがい形成前も歌のさかんな時期であり、スゲヨシキリに至っては、結婚後はまったく歌わなかった[16]。

歌の重要な役割が「花嫁募集」であるという可能性がほぼ決定的になってきたが、それはその後、大胆な野外実験によって検証され、確実となった。シジュウカラやホシムクドリ[17]のつがいからメスを捕まえて隔離すると、オスは歌を数倍に増産し、メスを返してやると、また元通りになったのである［図1］。

これらの研究結果は、ざっくり「春だから歌う」を情緒的にとらえたい人にとっては、興ざめのするものかもしれない。だが、活発に歌うか歌わないかは、厳密には、鳥たち一羽一羽の個人的事情（未婚か既婚かなど）に密接にかかわるものだったのである。歌にはまず第一に、花嫁募集という重要な役割があるのだ。

四月に歌のピークが来て、五月には少し収まる、というように、あくまで季節の進行と「直接の」因果関係があると思い込むと、それ以外の例外を説明できない。たとえば、四月早々、独身オスのところに花嫁がやってきて、歌のピークは短期間で終わってしまった。その後、繁殖が進行するが、ある

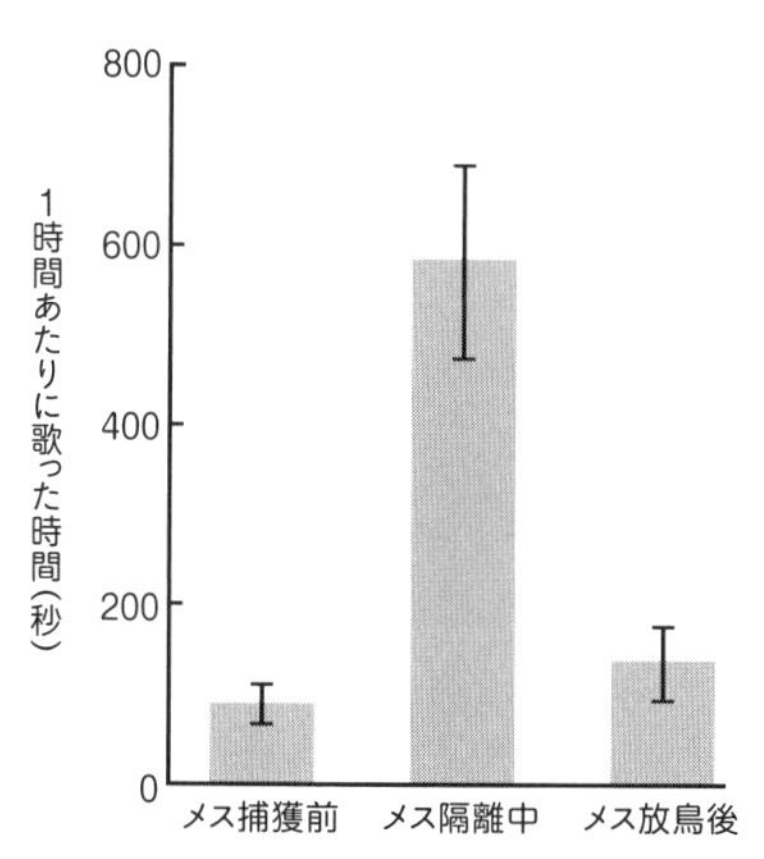

図1　ヨーロッパシジュウカラのつがいからメスを隔離する前後の、オスの歌う量の変化
メスを隔離すると6倍も多く歌うようになった。8羽の平均値。縦の線は標準誤差（平均値の信頼区間の指標）を示す[17]（文献[8]の描画より）

ときメスを事故で失ったりすれば、五月であろうと六月であろうと、オスは再びさかんに歌うようになる。最初は妻という特定の個体を探して鳴くといってもいいかもしれないが、くよくよ打ち沈んでいる暇はない。独身に戻ったという社会的要因が、早々に彼のホルモン分泌を促し、彼をただひたすら歌わせる。

歌いたいキモチの変動は、おおまかには季節と相関関係があるように見える。しかし、直接的に因果関係があるのは、繁殖ステージ（独身〜つがい形成〜造巣〜産卵〜抱卵〜育雛……）なのである。だから、繁殖をうまく進めてヒナを巣立たせ、二回目の繁殖を始める頃、また歌が活発になったりする。五月の次にまた四月が来たわけではないのだ。

ある日、突然さかんに歌うようになったホオジロのオス。近くには、交通事故に遭ったらしいメスのなきがらがあった

シーズン中に何回も繁殖する鳥や、卵やヒナが捕食に遭って再繁殖せざるを得なくなったつがいでは、オスの歌のピークは何度か訪れる。コガラの研究では、歌の量の変動とホルモン分泌の変動とがみごとに一致した[19]。

歌のピークの時期が、メスの受精可能期間（造巣期〜産卵期）と重なる例が、マネシツグミやキアオジなどで挙げられ、他のオスへ自分の能力をあえて宣伝するのだとか、メスへの刺激だなどと論じられた。[20,21][22]ノビタキは、渡来当初のなわばり形成期に歌の最大のピークが来て、受精可能なメスを保持する時期に二番目のピークが来るという。[23]しかし一般的には、図２のように、つがい形成前に歌いたいキモチのピークが来て、メスの受精可能期間には、オスはそのガードに専念するため、あまり歌わない鳥が多い。[24,25]そして、メスが卵を産み終わる頃から、オスは再びよく歌う。そのわけは本章10項「メスが抱卵を始めたら、オスはどうすべきか」で考えたい。

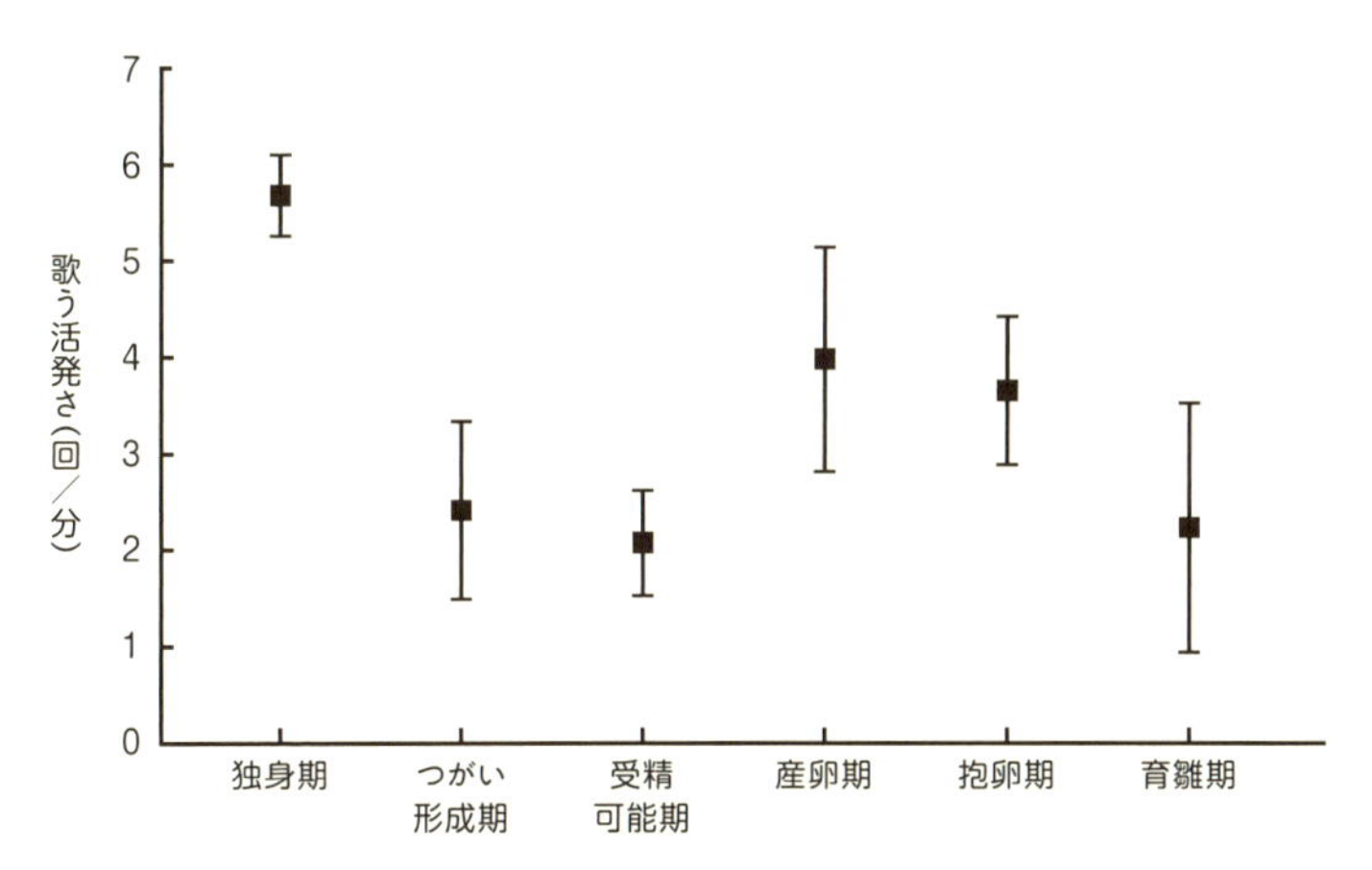

図２　キタヤナギムシクイの歌の期別変化
各期間、８～20羽のオスの平均。第１の山は花嫁募集。では、第２の山は何のため？ 他の種類でもこのパターンが多い。本章10項のオオヨシキリの図５もほぼ同じ傾向。縦の線は標準誤差（平均値の信頼区間の指標）を示す[24]

歌の役割を証明した、歴史的野外実験

「なわばり宣言」と「花嫁募集」は、今でこそ常識だが、それが科学的に証明されるには、大胆な試みが必要だった。

八羽のシジュウカラが歌っているイギリスの森で、その全員を捕まえ、かわりにスピーカーから歌を流すという実験が行われたのは、一九七〇年代のことである。[26] 周到に練られた実験計画によって、森にいくつかのスピーカーが設置され、シジュウカラの歌が流された。すると、何時間か後に新しく周囲のオスが侵入してきたのだが、スピーカーからシジュウカラの歌が流れているエリアは、侵入されにくかったのである。より念入りにたしかめるため、実験区を変えてみたり、笛の音を流したりしたが、シジュウカラのなわばり防衛には、あくまでもシジュウカラの歌が効くことが証明された［図3］。

それでも、長時間が過ぎると慣れてしまい、スピーカーだけでは防衛できなくなる。そこで、スピーカーから、一曲だけでなく、何曲かの歌が入れ替わり流れるようにした。すると、また侵入されにくくなったのである。[27]

それまで誰も考えなかった大胆な野外実験によって、歌にはなわばり防衛の働きがある

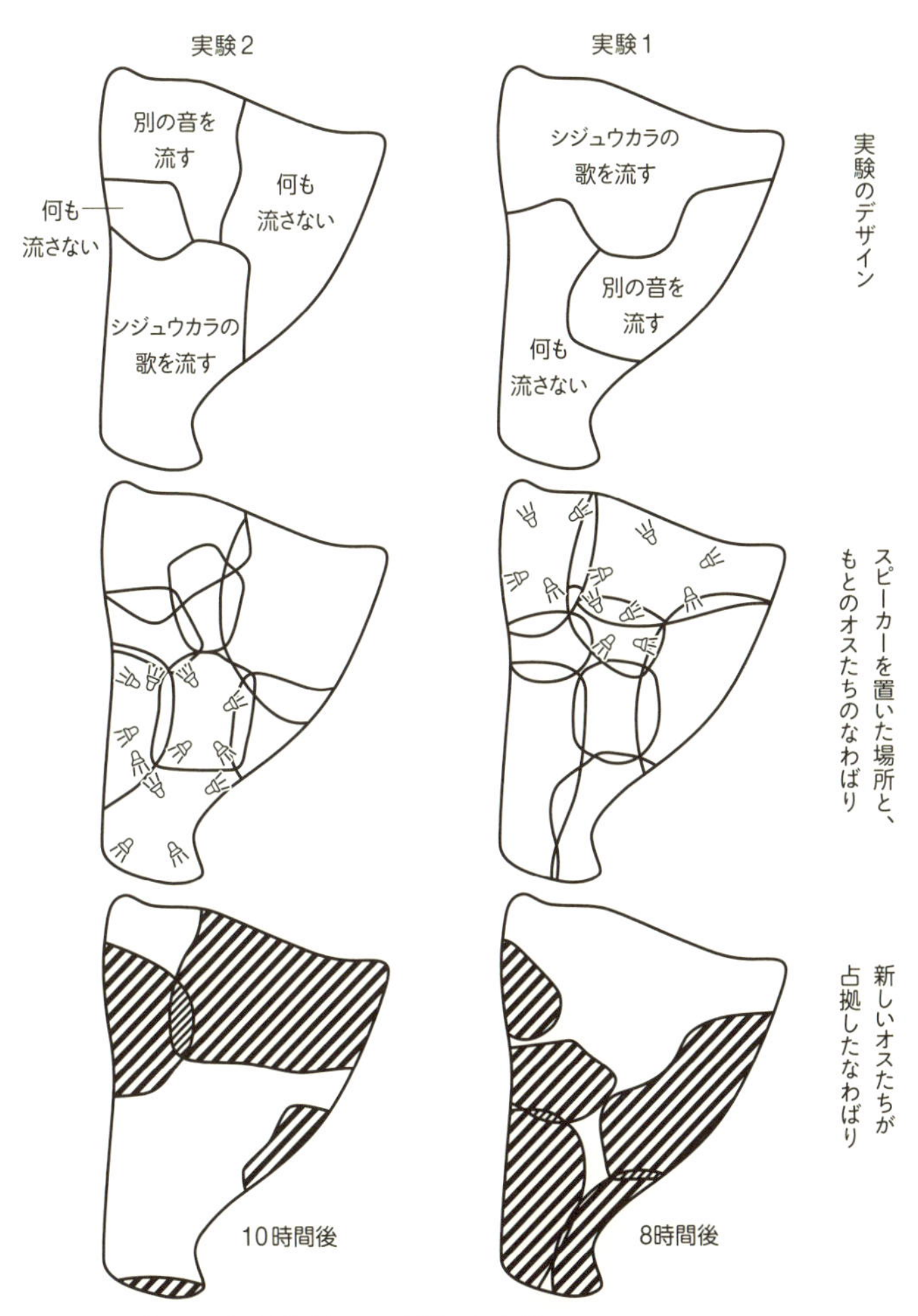

図3　歌の「なわばり防衛効果」を試した実験

森になわばりを張る８羽のオスのシジュウカラ（ヨーロッパシジュウカラ）を捕獲し、スピーカーからシジュウカラの歌を流した。やがて周囲から新しいオスが侵入してくるが、スピーカーからシジュウカラの歌が流されたエリアは、最後まで侵入されにくかった［26］

こと、しかも、何曲もレパートリーがあるほど、防衛力が強まることまで証明されたのだ。

北米のノドジロシトドで行われた実験では、お隣さんの歌の録音を、ふだんのなわばり境界から流しても、なわばり主の反応は弱かった。しかし、ふだんあり得ない場所（たとえば、なわばりの反対側）で流すと、強く反応して歌い返す、という結果が示された[28]［図4］。一方、聞き慣れないよそ者の歌声には、どこから流しても強く反応した。つまり、なわばり主はお隣さんの歌声を認識していて、互いに定めた境界が守られていれば、無駄な争いはしない。そして、新たな侵入者ありと見るや、あるいはお隣さんがルールを破ったと見るや、積極的に自分のなわばりを主張しなければならないのである。

歌の量や回数を時期別に測ることで、花嫁募集やメスのキープといった役割も推測された。そして、つがいメスを一時的に捕まえて隔離し、歌の増産を再現させる実験によって、メス誘引の役割が証明されたのは前項でもふれた通りである。

いくつかの実験デザインは改良を加えられたが、小鳥の歌の役割の研究は、これらの野外実験がベースとなり、その延長上に発展してきたと言っても過言ではない。

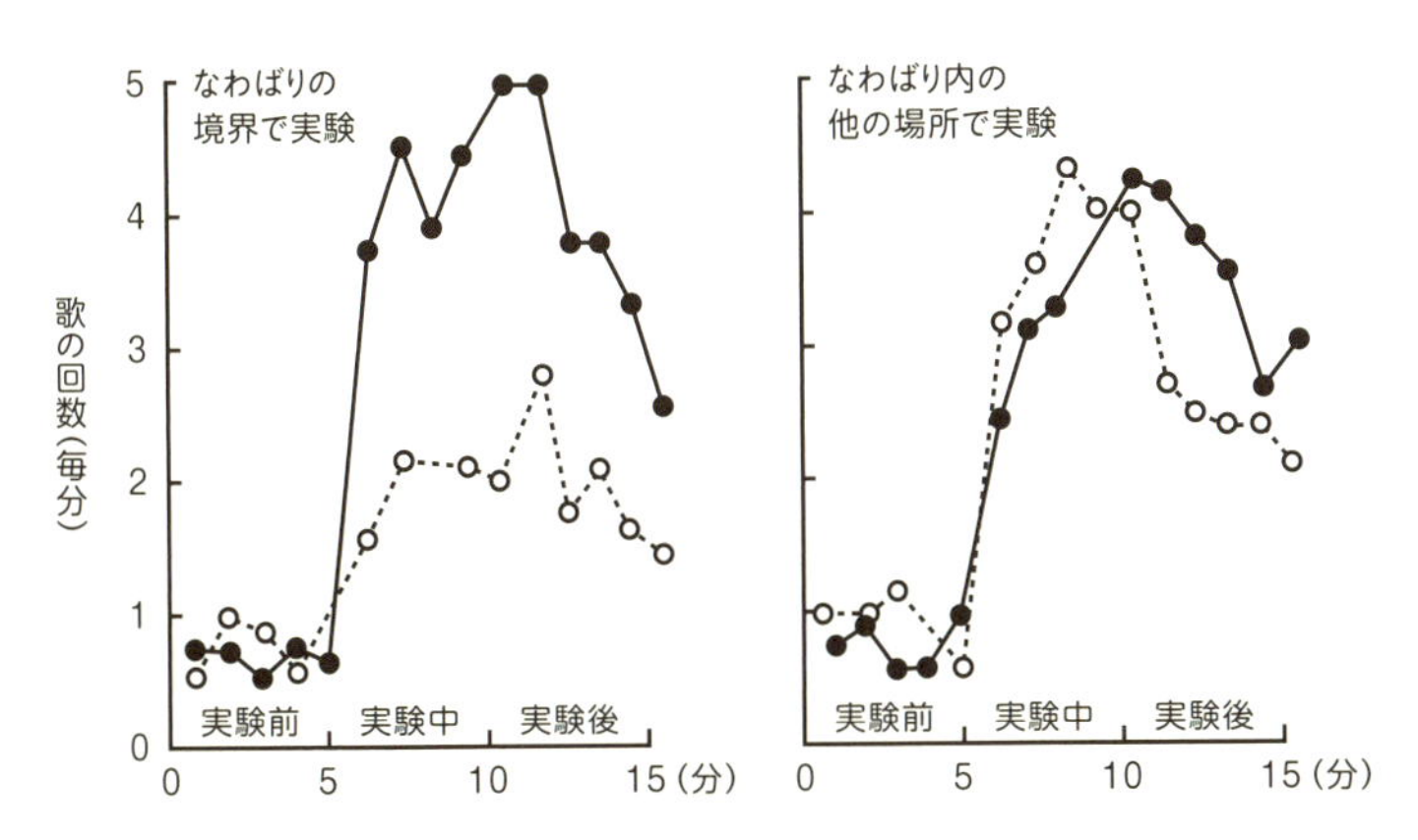

図４　ノドジロシトドのプレイバック実験結果
よそ者の歌に対しては、どこから流してもはげしく歌い返す（●）。隣人の歌に対しては、いつもの方向から流しても反応は弱いが、いつもと違う場所から流すと、よそ者へと同じくらいはげしく歌い返す（○）[28]

♪隣のスミスさんが、もし反対側から来たら、どうする？

9 夜明けにガンガン歌うキモチ

夜が明けゆく時間帯に、鳥たちはどうして鳴き競うのだろうか。

初期の研究では、早朝は空気に乱れがなく、音が遠くまでよく通るからだとか、夜の間は黙っていたから、ストレスを発散させるために爆発的に歌うのだとか、夜明けはまだ薄暗くて食事ができないからだとか、そんな結論が多かった。そのいくつかは、のちの研究で却下されたり、二次的な理由とされるようになった。[8,29] これらは歌うことの目先の理由（至近要因）を解明しようとしているのかもしれないが、究極要因には迫りきれていない。夜明けにガンガン歌うことは、進化の歴史の中でどれほど適応的だったのか。つまり、この行動は、どれほど必然性があって、どうして遺伝子を多く残し得たのだろうか。

まず、夜明けの歌には、特になわばり防衛の意味が強い、という主張がある。夜明けに全員が歌うならば、その時間帯は、そこが誰かのなわばりになっているか、はたまた空き地かが、最初に明らかになる時間帯でもある。実際、シジュウカラのオスが空き地に侵入するのは早朝である。[29] この時間、家主は空き家と思われるわけにはいかないのだ。

サヨナキドリ（英名ナイチンゲール）のオスに発信器をつけ、よその土地に放した実験がある。[30] 放たれたオスは、夜明けの歌合戦の時間帯だけ、何羽ものオスのなわばりを渡り歩き、その時間帯が終了すると移動が止まった。そういう者がいるから、なわばり主たちはこの時間帯にガンガン防衛するのだ、という証拠である。

どの生きものにも社会的な強者と弱者がいて、不利な者は、何かを企まざるを得ないものだ。よい場所になわばりを持てず、メスが来る見込みがなかったら、薄暗がりに乗じて忍び込む者はいて当然である（第3章18項）。

夜明けの歌合戦には、歌のもう一つの役割、すなわちメスを呼ぶ意味合いが強い、という説も、もちろんある。夜の間に妻が捕食されているかもしれないし、夜の間に渡ってきて到着したばかりのメスがいるかもしれない。だから、未明に新しいメスを呼んでおくのは道理である、[31] などである。もっともだとは思うが、多分に憶測で、実証は難しい。

シジュウカラやコガラでは、産卵期にメスがこもっている巣穴の外で、オスは未明から、メスが出てくるまで歌う。[32〜35] どの鳥でもそうだが、メスが産卵するのはふつう早朝であり、メスが出てくるのは産卵直後である。そして、産卵直後に行う交尾が、翌日に産む卵の受精にもっとも効果がある。[36, 37, 2] だから、夜明けから歌い続け、朝一番に巣から出てきたメスを歌でつなぎとめ、ガードし、交尾しようとすることは十分に考えられる。メスは、もっとも受精可能なこの時間帯に交尾したいはずだ。それならオスは、その時間にメスを刺激したいはずだ。オス同士の防衛戦という説や、新しいメスを呼ぶという説ではなく、確実に卵の父親になるための歌という説である。

歌、とりわけ夜明けのコーラスで、妻の受精可能状態をあえて広告し、自分の強さをPRしているという説もあったが[22]、歌わずに妻をガードしている鳥も多く、その方が賢そうに思われるから、この説はあまり支持されていない。

アオガラでは、メスがしばしば夜明けになわばりを離れ、質の高いオスとの婚外交尾（つまり浮気）を求めて出歩くという証拠が挙がっている[38]。また、夜明けに早く歌い始め、長いこと歌うオスほど、多くのメスを射止め、婚外交尾にも成功し、つまりよその巣のヒナの父親にもなれるらしい[39]。歌い始めの早いオスは、年長のオスに多いようである[40]。年長というのは、つまるところ、世を生き抜くことに長けた遺伝子の持ち主の可能性が高い。メスとしては、そうした質の高い遺伝子を子に求めるから、よい遺伝子を持つオスのバロメーターとして、夜明けの歌を聞かせていただこうではないか、というわけである。こうして早起きの遺伝子が選抜されてきた進化の中での競争は、いつの頃からかテレビ番組の始まりが八時五四分や九時五四分になってきた視聴率獲得争いのようである。

　一般論としていうが、姿が見えにくいこの時間帯、妻たちは誰のものでもなくなり、誰のものにもなり得る状態になっているのかもしれない。既婚オスたちの夜明けの独身的な歌いっぷりは、自分の妻を含めた、すべてのメスたちを改めて引き寄せるための、必死の鳴き合いなのかもしれない。ならば、明るくなってメスが悪いこと、つまり浮気をできなくなると、歌合戦の必要があまりなくなるだろう。朝の四時半に、メスがすごすご亭主のもとに帰ってくるのだとすれば、毎朝毎朝、メスのキモチが浮ついては、元の鞘に収まる、ということがくり返されていることになる。

　ノビタキ[41]、スゲヨシキリ[42]、ウタスズメ[43]など多くの鳥で、よく歌うオスや多くの歌を

♪アオガラの早起きのオスたちが性選択にかけられている、噂の現場

持つオスほど、早く花嫁が来るし、働き者で子育て上手だという結論が得られている。メスは働き者のオスを夫にしたいし、できればいろいろな働き者の遺伝的な素質を子に残したい。だから結婚後も、夜明けの歌合戦という場で、オスの品定めをし続ける意義があるのかもしれない。受精可能期間のメスにとって、早朝は特に受精しやすい時間帯である。メスは選ぶ権利を最大限に行使したいし、オスは妻を死守したい時間帯であることは間違いない。

夜明けのコーラスについて、長年にわたっていろいろな可能性が並べられ、何となくそのどれもがありそうだ、と思わされてきた。材料として扱った鳥の種類によって、結論で強調される歌の役割が違っている。夜明けのコーラスは、ある鳥ではなわばり防衛に欠かせないことに見えるし、ある鳥ではいかにもメスを意識したものに見える。人間が聞けば、同じ時間帯に一斉に歌っているように聞こえるが、他のオスの侵入を予防している種類と、新しいメスを呼んでいる種類と、妻に受精させようとしている種類とが、混在して歌っているのだろうか。

証拠が多いほど一つの結論に導ける、というものではないようで、歌の二重機能はなかなか分離できない。それでも近年は、一つの可能性に絞り、徹底して追究しようという研究が増えている。

10 メスが抱卵を始めたら、オスはどうすべきか

オスの鳥は、独身時代はとにかくガンガン歌う。メスを射止めれば、歌う回数は減り、常にメスに寄り添い、メスが本格的に繁殖気分になるのを待つ。メスが巣を作り始める頃から、数日かけて産卵を終えるまでの約一〇日間、交尾は何度も行う。卵を産んだ直後の交尾が、翌朝に産む卵の受精にもっとも効果がある。[36,27,2] そんなタイミングに夫が目を離すと、ひっそり接近するよそのオスがいる。そして、その誘いに乗り、瞬時に交尾姿勢をとって浮気を済ますメスもいる。その直後にまた夫と交尾すれば、夫の精子の方が受精に効く可能性もあるが、メスのお腹の中で、精子同士の競争は起こっている。逆に、夫との交尾後に浮気をすれば、浮気相手の精子の方が、翌朝産む卵の受精にかかわってしまいがちだ。メスのみぞ知る、あるいは、両者と交尾したならば、最終的には神のみぞ知る、かもしれない。いずれにせよ、鳥類の九〇パーセント以上を占める一夫一妻制の種でも、一腹の卵（一回の繁殖で産む卵）の中に、別の父親の子が交じることは珍しくない。いかにも夫婦仲よさそうなツバメ[44,45]やモズ[46]でも、五、六羽の兄弟姉妹の中に、一羽いるかいないかぐらいの確率で、父親の違う子が交じる。

そんなわけで、メスが巣を作り始め卵を産み始めれば、オスはガードを強め、浮気を極力防止する。ガードしないようなオスの遺伝子は、ガードするオスとの競争に負けて、残りにくかっただろう。結果的に、現在生きているオスの鳥たちは皆、この期間にガードを強めているわけだ。完全防衛に成功し、メスが卵を産み終えて抱卵を始めると、オスは大きな山を乗りきったことになる。これで一応、卵の父親になる権利を守りきったわけだ。

次の日から、オスはどうすべきだろうか。

比較的多くの鳥で、メスの抱卵期に、オスが再びよく歌うようになる。これは、以前は、再びなわばり防衛を強めたように解釈されたが、現在はむしろ、第二メス募集の行動と解釈されている。オスが本当に得たいのは父親になる権利である。土地とは永遠に結婚できないのだから、妻の受精可能期間が終わったら、ただなわばりに執着するより、新たなメスを呼び込む方が、オスにとってはより多くの遺伝子を残し得る戦法だ。そう考える方が、理に叶っている。

卵を抱くのがメスだけの種類でも、ヒナが孵るとオスも子育てを手伝う鳥が多い。ヒナが小さいうちはメスが抱いて温めなければならないし、むしろオスの労働力なしにはヒナに十分な餌を与えられない種類が多い。オスに手伝ってもらえないと、途中でヒナを餓死させてしまう鳥も少なくない。育雛期において、オスはメスにとって重要な労働力資源なのだ。

しかし一方、卵やヒナが天敵に襲われる確率は、常に五〇パーセント前後もあって、ごくふつうに繁殖の失敗が起こる。であれば、オスとしては保険のため、さらなるメスを確保しておく方が、自分の遺伝子を残せるだろう。だからこそ、メスが抱卵している約二週間、オスは第二メス募集をかけるのだ。

オオヨシキリは二〇〜三〇％のオスが二〜三妻を得る一方、独身のオスも一五％ほどいる。残りのオスは結果的に一夫一妻で繁殖シーズンを終える。図5は一夫三妻になったオスの例[47]。さかんに歌うとメスが来てつがいになり、一時的に歌わなくなるが、また歌を復活させると新しいメスが来ることがわかる。

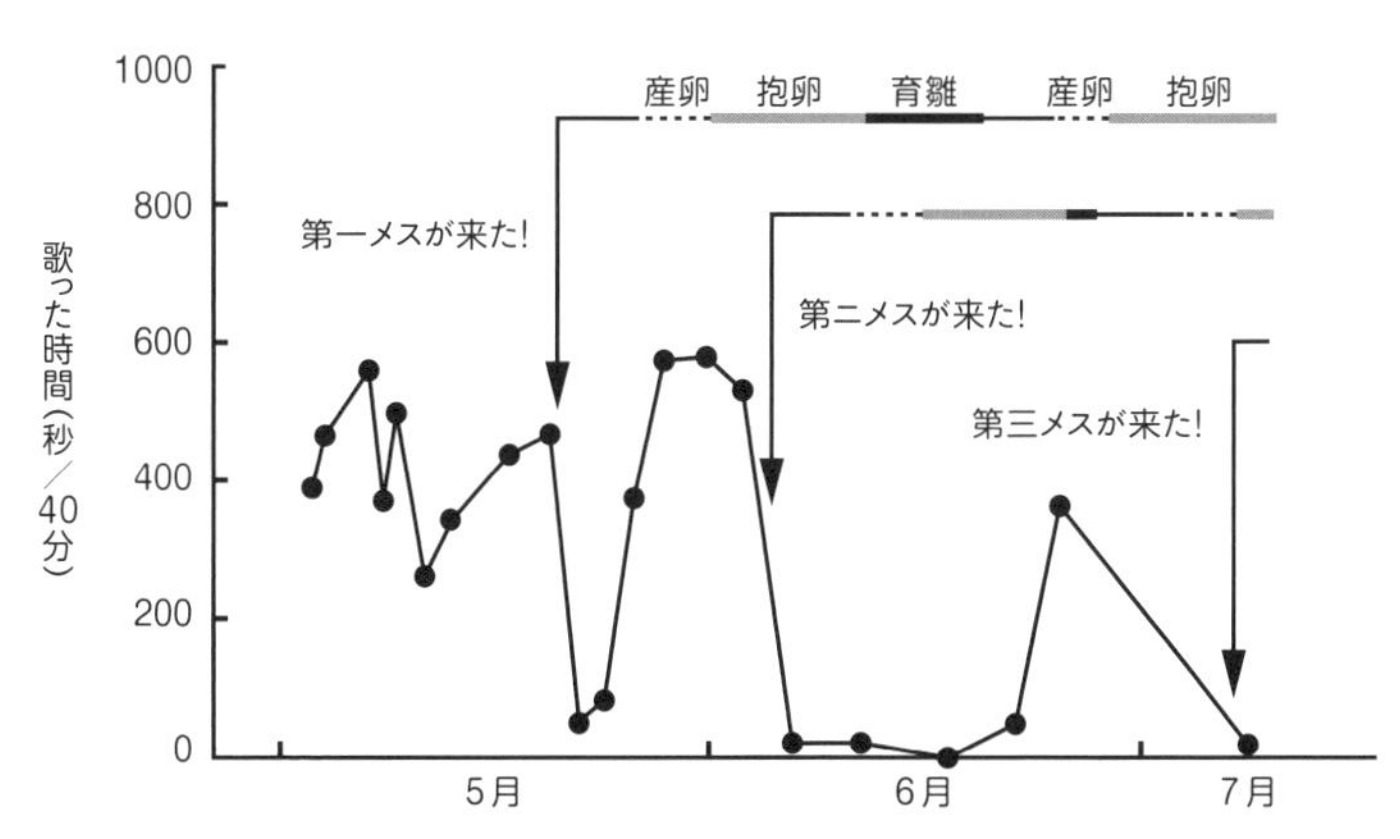

図5　オオヨシキリのオスが歌った時間と配偶との関係
一夫三妻になったオスの例。一日に観察した40分間に歌った時間の合計。第二メスの巣では育雛が途中で失敗し（短期間で終わっている）、やり直していることがわかる。オスにとって複婚は、こうした場合の「保険」になる（文献[47]を改変）

もし第二メスを獲得しても、第一メスの巣でヒナが孵れば、オスはもっぱらそちらでのみ働き、遅れて孵る第二メスのヒナにはほとんど給餌しない。だから、第二メスの地位に甘んじるのは、メスとしては不利なことだ。オスの労働力を確保するため、メス同士ではげしく喧嘩をする種類が多い。

オオヨシキリでは、第二、第三の地位になったメスは、娘（もちろん卵）の割合を多く産むことがわかっている[48]。つまり、母親として性比をコントロールし、産み分けをしているのだ。仮に息子を多く産んでも、子育てへのオスの協力が期待できないため、健康優良児に育てられない。すると、翌年、そんな息子のところへは花嫁の来手が少なく、このメス（祖母）の遺伝子は多く残らない。娘なら、引く手あまたで嫁に迎えられるから、残す子孫の数に差が出にくい。頭で考えているのではないが、オスとメスのエゴが対立し、わずかでも有利な戦術がそれぞれの身についた進化の結果である。

しかしながら、五〇パーセントの確率で、第一メスの巣も途中で失敗するわけだから、その時点で、繁殖のスケジュール進行上、第二メスの方が逆転し、先行することになる。そうなれば、オスは第二メスの巣へ手伝いにいくから、第二の地位に甘んじるメスも浮かばれ、少しでも息子を産んでおいてよかった、ということになる。

二羽のメスと結婚するタイミングがうまくずれて、第一メスの巣でヒナが巣立った後に第二メスのヒナが孵れば、両方のやりくりを成功させる可能性だって少なくはない。そんなこともあるから、一夫一妻制の社会の鳥でも、オスは複婚をめざすべく、進化してきたのだろう。

ウグイスやセッカは極端に一夫多妻制の発達した鳥だ。オスは次々と花嫁募集をし、ウグイスでは一夫六〜七妻[49]、セッカでは最大で一夫十一妻[50]の例が知られている。これらの鳥は、メスだけで十分に子育てができる餌資源に恵まれているためか、オスが子育てを手伝わないのにヒナが巣立つ（小笠原諸島のウグイスはオスも子育てに協力する）[51]。そして、メス同士は出会ってもまったく喧嘩をしない。メス同士がオスの労働力を取り合う喧嘩をするかどうかが、一夫多妻制が進化するか否かの鍵を握っているのだ[52]。

そんなわけで、一夫一妻制の鳥でも、メスの抱卵期に、オスはわりあいよく歌うようになるのだ。ただし、オスにはもう一つの選択肢がある。滅多に来ることがない第二メスを得るために歌ってエネルギーを消費するよりも、ひっそり他人のなわばりに

歌っているコヨシキリをじっくり観察しよう。独身？第二メス募集中？個体によっては複なわばり的に、不連続な２つのソング・エリアを持っているかも

潜伏して、よそのメスたちに浮気を迫る方法だ。たとえば、コヨシキリではこの二つの戦法のどちらで行くか、オスによって明確に分かれることがわかっている。[53,54]

コマドリが歌いたくなる、ちょっとしたひきがね

抱卵期の歌の活発さは、オスによって個体差がある。育雛期になると、オスの協力が欠かせない種類の鳥は、そうそう歌っていられなくなる。これらの時期、歌の回数が減ったオスでも、たまには歌う。少しは歌わないと、「あいつは死んだのかな？　未亡人がいるのでは？」と隣のライバルに疑われてしまうかもしれない。また、自分の妻の繁殖気分を持続させておくためにも、「俺はいつでも君の傍にいるよ」的な歌は必要と思われる（究極要因）。もちろん、オスたちはそんなことを、頭や言葉で考えていない。繁殖期に分泌される雄性ホルモンが、なぜかしら彼らに歌わせるのである（至近要因）。

深山の広い樹海の、ササ原の下で暮らすコマドリ。ヒガラやクロジは高い枝でも歌うのに、コマドリはなかなかササの海から姿を現さない。深海魚みたいである。

既婚オスでも早朝だけはガンガン歌うが、日中はポツリポツリとしか歌わない。姿の見えないササ原の中で、一〇分か一五分に一声、「ヒンカラララ」と歌声が響く。しかし、次をなかなか鳴いてくれず、「ガクッ……」となる。待つこと一五分、今度は「ピルルルルル」。ササの海の中、さっきの場所から数十メートル離れている。「気まぐれなやつだ」と思えばそれまでだが、一五分おきという不思議な間と、この移動は何なのだろう。腰を据えて、彼のキモチに近づいてみたくなった。

カサコソと、落ち葉を踏む足音が近づく。虫を探して歩いているのだ。足が丈夫なコマドリは、幅五〜六メートルの林道なら、飛ばずにぴょんぴょんはねて、あっという間に横断する。そして、再びササ原に隠れてしまう。でも、ササがまばらなところがあれば、たまに姿がかいま見える。彼が歌う瞬間を逃さないように注意していると、それは、たいてい何かの上に乗ったときだった。木の根や古株、倒木や落枝、石ころなど、ササ原の中にもいろいろな物があって、彼らにとっては障害物だが、彼らはそれらに飛び乗って、越えてゆく。そんな、飛び乗った瞬間である――一声だけ、歌うのは。

日中でも本気で歌うときは、小高い「お立ち台」に上がる

独身でもなく、夜明けでもないから、ホルモンが促すキモチはさほどでもない。でも、そのキモチはゼロではない。ちょっと何かに乗ったとき、早朝のお立ち台（岩や古株、低い枝など）を思い出すように、ハイなキモチに一瞬だけなるのだろう。一声歌って、それで熱が引き、気が済んだかのように、また歩き過ぎていく。「つい、歌ってしまいました」という感じである。もっとも、そろそろ歌いたいという欲求が満ちてきたら、発散したい衝動に駆られ、何かに乗る、ということもあるだろう。

なわばり内を歩いて巡回するスピードと、障害物の密度で、こうした昼間の歌の頻度や場所が変わるのかもしれない。出てきた一瞬を撮影するだけでなく、見えない

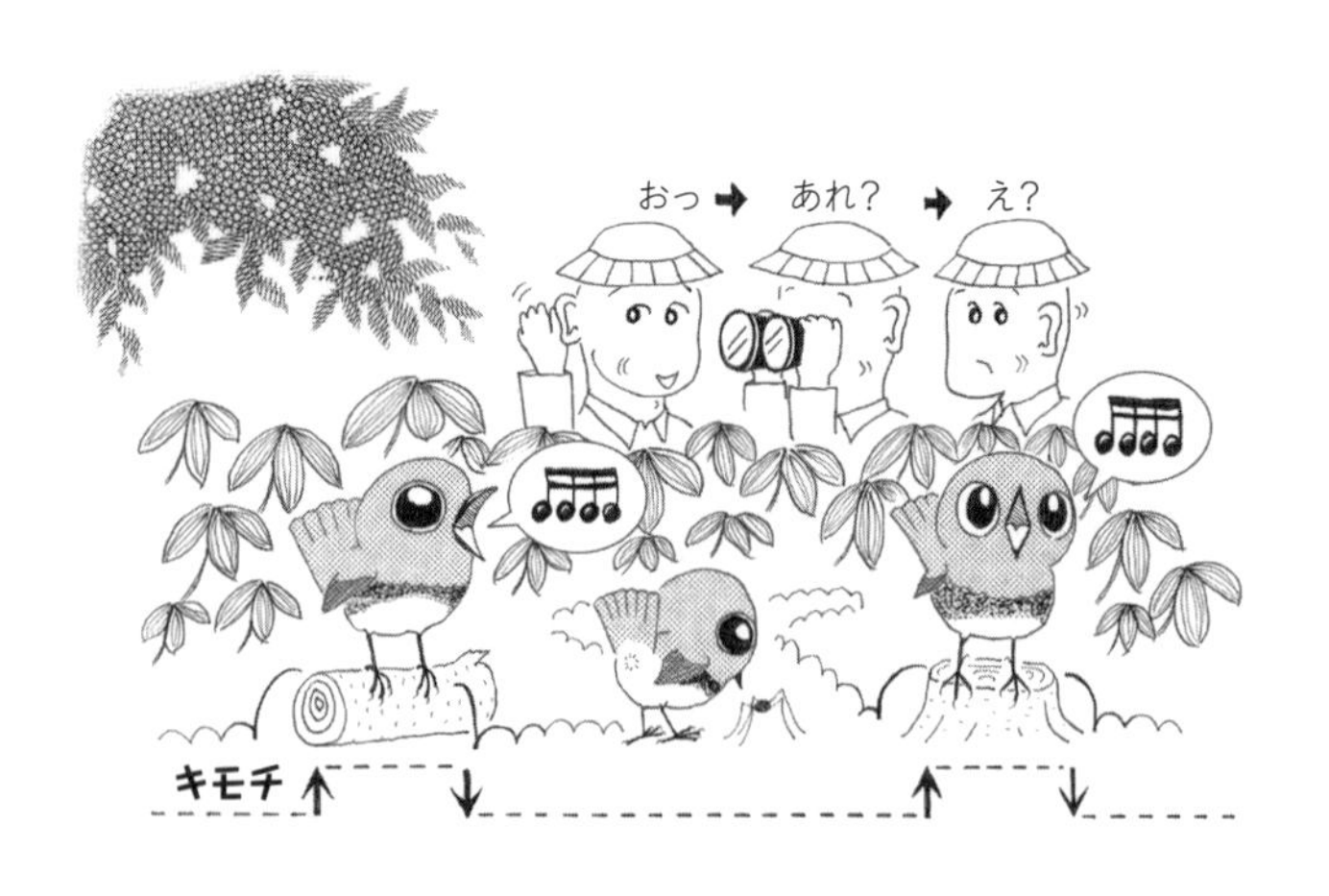

♪あちこちのカラオケ店で、はしご酒？　そんなコマドリは追いきれない

時間を想像するのも楽しいものである。

なわばり内の、どこで歌いたい？

オスの小鳥は歌でなわばりを示すから、ソング・ポストの最外郭をつないだエリアが、たいていはなわばりである。しかし、その中で均一に歌うかといえば、そうではない。見通しがよくて、声がよく通るソング・ポストはお気に入りの場所となり、そこで歌う回数は多いだろう。なわばりの中央付近で歌えば、周囲に同じように自分の存在をアピールすることもできよう。反対に、隣のなわばりに近い場所も、境界を取り決めるのに大事だから、そこでもしっかり歌っておかないと、領土は侵される。繁殖期の初期には、隣人と肉体的闘争を重ねながら、「ここまでは譲れないが、そこからは負けてやる」のような関係づくりができてゆく。あとは、歌によって、境界を守り合っていることが確認できればよい。歌は、無駄な争いを未然に防ぐシグナルでもある。

とはいえ、隣人たちが何をしているか、特にその奥さんのことは気になり、さりげなく観察しているのが鳥というものだ。メスの体は、造巣期前後から最後の一卵を産む前日までが、受精可能なコンディション。それは、どうやら隣のオスにバレバレのようである。つまり、「浮気をしかけるなら今だ」とわかる。

たとえば、ノビタキの独身オスは、周囲の人妻たちのコンディションをちゃんと把握しており、あくまでも自分のなわばりの中でだが、受精可能な人妻のいる側でよく歌う[23]〔図6〕。北の人妻が受精可能なら、その期間は北側でよく歌うし、南の人妻が受精可能になったら、今度は南側でよく歌う。ノビタキは開けた草原や裸地の鳥なので、忍び込むのも難しいだろうが、オスの本音が人間からも丸見えなのだ。

ノビタキの未明の歌合戦では、一〇メートルおきに何羽も歌っていることがある。この鳥では「複なわばり」(不連続な複数の場所になわばりを持つこと)も知られている。未明の過密な場所は、どういうソング・エリアの重なり合いになっているのか興味深い。

昼間のノビタキの浮気心は、観察しやすいから調べられたが、ノビタキだけが特別なはずはない。また、浮気心は独身オスだけのものではない。妻が受精可能期間を過ぎれば、既婚オスだって浮気に出かけているはずなのである。密生した草原や森の鳥でも、忍び込

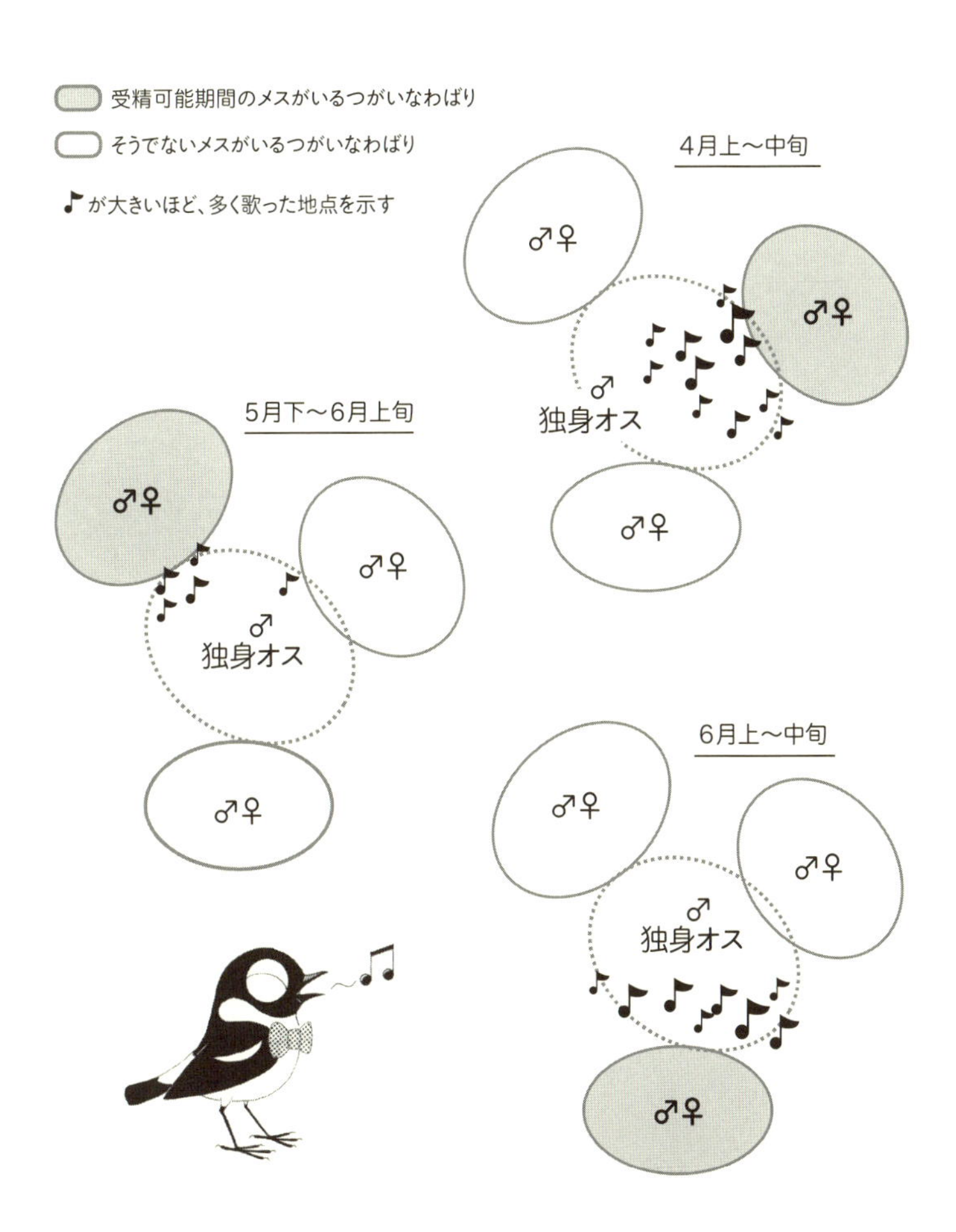

図６　ノビタキのある独身オスが歌った場所
独身オスは周囲の人妻のコンディションをわかっていて、受精可能なメスがいる側でよく歌う。イギリスでの研究（文献［23］を改変）

みさえすれば、隣家の夫婦の様子はわかるし、浮気のチャンスはある。

受精可能期間のメスは、亭主にしっかりとガードされているから、そうやすやすとは浮気できない。でも、メスにも浮気願望がないわけではない。亭主が一瞬目を離した隙に、さっと浮気は行われるだろう。ヨーロッパカヤクグリでは、すぐに亭主が察知して戻り、妻のお尻をつつくことがある。そうして妻は、たった今、送り込まれた浮気相手の精子を排出させられる。そんな現場が何度か観察されている。[55] やられればやり返す、オス同士の熾烈な闘いが、進化の歴史の中で続いている。

たとえ一パーセントにも満たなくても、浮気が成功し、そのオスの遺伝子が残るからこそ、オスが隣接ペアの状況を見きわめたり、忍び込んだりする能力や行動が、今日まで引き継がれているのである。


メスの浮気願望、つまり、メスがつがい外交尾をする意義には諸説ある。パートナーより優良なオスの遺伝子を受け入れて子に残すとか、遺伝的に多様な子を残してリスクを分散させる、などである。気に入らない(?)オスの精子を排出したり、体の中で精子間競争をさせたりして、かなり配偶子を選んでいるという証拠や説もある。つがい外交尾をするオスとメスの利益やコストについては多くの研究があるが、いくつもの説が互いに排他的ではなく、複雑な関係にあり、証明を難しくしている。[56]

隣人の歌は、密林での不謹慎なキモチに歯止めをかける？

密生したヨシ原にすむヨーロッパヨシキリと、わりあい開けた環境にすむスゲヨシキリで、歌の量が測られた有名な研究がある。[16] ヨーロッパヨシキリは、メスが来てつがいになっても、毎日、朝夕を中心に歌う。しかし、スゲヨシキリは、つがいになるとまったく歌わなくなる。しかも、ライバルが侵入したり、録音再生実験でそれを再現したりしても、怒りは示すのだが、歌い返すことがない。[57] こうしたことから、スゲヨシキリの歌にはなわばり防衛の役割がなく、花嫁募集の役割しかないと考えられている。

ホオジロ科のアオジとクロジは比較的近縁な鳥で、どちらもホオジロより茂った森で繁殖する。その環境では、互いに姿が見えにくい。

アオジのオスは互いに行動圏が相当重なり、婚外交尾（浮気行動）が多いという。[58] 私も、アオジの繁殖地で五〇メートル四方に何枚かのかすみ網を張ったとき、短時間でオスが一〇羽も捕獲されて、その過密さに驚いた経験がある。そこは、アオジの繁殖地としては珍しく、常緑広葉樹の密生した海辺のクロマツ林だった。メスを獲得したアオジのオスたちはあまり歌わなくなり、そもそも歌でなわばり防衛をしようとしていないらしい。夜明けの時間帯だけはみんな歌っているので、スゲヨシキリよりは、歌で自己主張をしている。しかし、日中の歌わない時間、彼らは好き勝手に森林内を徘徊し、他人（ひと）のなわばりに侵入することをお互いさまと心得ているのだろうか。

一方、クロジは繁殖期を通してよく歌い、ソング・エリアも個体ごとにほぼ安定しているという[59]。このことは、ソング・エリアはなわばりであり、春先に取り決めた一線を越えないルールがあるように思われる。しかし、実際の行動圏を追跡してみると、各オスは自分のなわばりを出て、やはり広く他人のなわばりに潜入しているという。歌で防衛しながらも、各自の本音は、密林に身を潜めながら、婚外交尾をしようと目論んでいるに違いないのである。

小鳥のオスたちは、一夫多妻になるかどうかは別として、何らかのかたちで複数のメスと関係を持ちたがっている。そして、少しでもそれに成功するような行動をとるオスの遺伝子が、僅差をつけながら少しずつ勝ち残り、戦略が磨き上げられてきた。アオジは、受精可能なメスをガードしつつ、それから解放されれば、歌わずに潜入し合うお互いさまのやり方で、浮気を狙って隣近所の様子をうかがいに行く。クロジは、自分の本音を棚に上げ、それでも「歌」というツールで、できるだけライバル侵入を阻止する、正攻法のやり方を諦めていない鳥のように見える。クロジの場合、ひっそりと潜入されることを一〇〇パーセント防衛するのは難しいが、歌わないよりは歌った方が、相手に二の足を踏ませ、その侵入を最小限に食い止めることができる。そんな、本来の役割が歌にあることを暗示している。

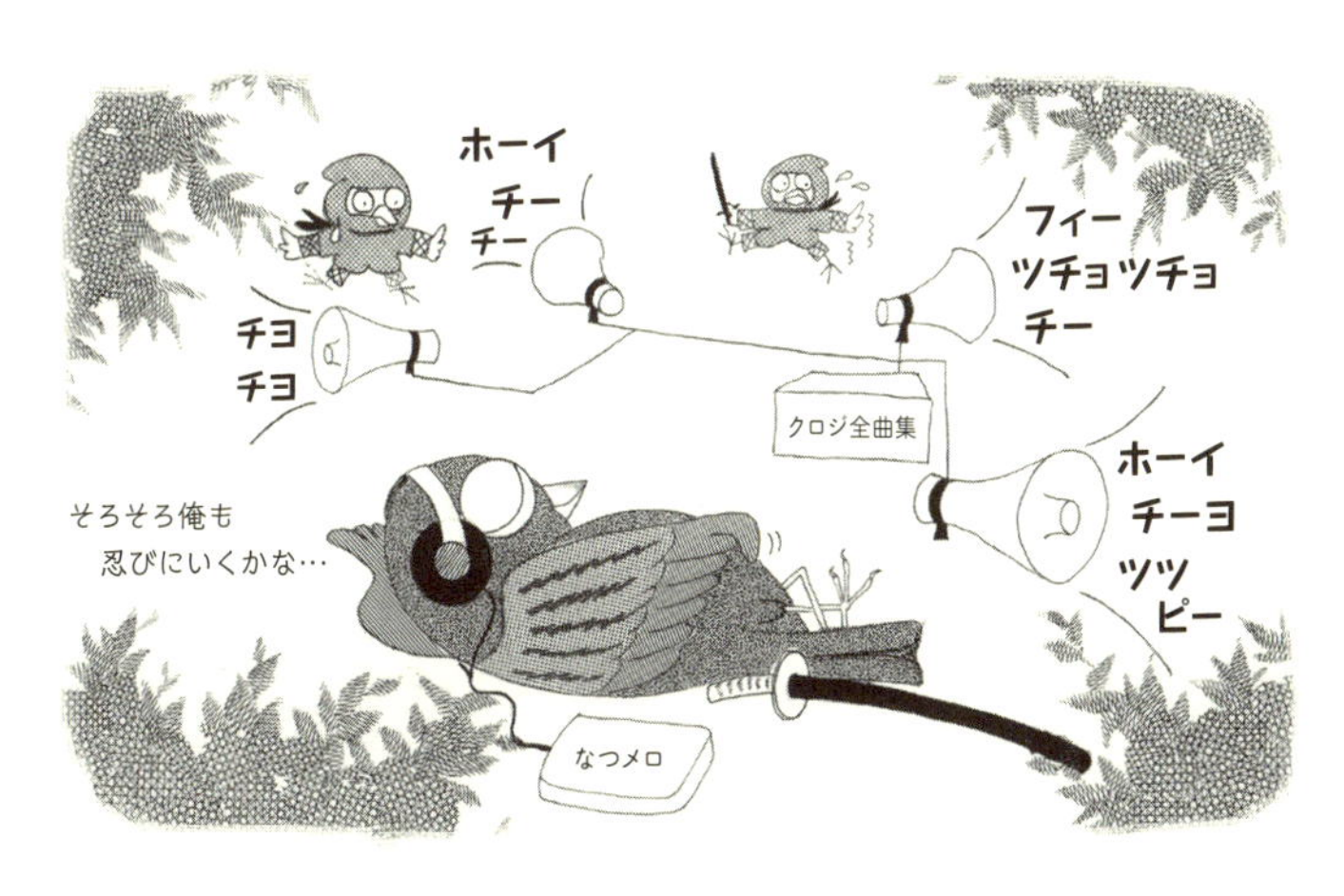

♪「できる者はヒマなものよ」スピーカーで侵入者を防衛するぐうたらなクロジ

二つの「カテゴリー」と「モード」

鳥の歌は、求愛歌、なわばり歌などと、あえて目的限定的に呼ばれることもあるけれど、基本的には、同じ歌が同時に二つの効力を発揮する。一羽が何曲かの歌のレパートリーを持つので、「花嫁募集の歌となわばり宣言の歌を使い分けているのでは？」という仮説を立てて挑んだ研究は過去に多い。しかし、なかなかうまくゆかず、歌に含まれる「同時的二重機能」は簡単に分離できない。つまり、どの曲を歌っても、「花嫁募集&なわばり宣言」なのである。

ただし、オオヨシキリ[60]、ワキアカツグミ[61]、マダラヒタキ[62]など、つがい形成後は歌が短くなるとか、単純化するといった研究論文は少なくない。モリムシクイのオスは、不連続な複数のソング・エリアを行き来して一夫多妻を狙うやり手だが、メスが入っていない方のエリアでは長い歌を歌う[63]。

アリゾナやメキシコにすむホオジロ科のムナフスズメモドキは、変化に富んだ長い歌と、短くステレオタイプの歌を持っている[64]。このような鳥の研究では、何曲ものレパートリーを音響構造から大きく二つのカテゴリーに分類して、それぞれを歌うときの、行動上の文脈を調べる必要がある。この鳥の長い歌はメス誘引の役割を果たし、短い歌はオス同士で使われるという。

ムジセッカのオスは、自分の妻が受精可能期間のとき、ステレオタイプな歌を歌い、近隣のすべてのメスが受精可能であるようなときは、変化に富んだ歌を歌うという[65]。前者は妻を囲うなわばり防衛のため、後者は不特定多数の交尾相手を求めている、と解釈されている。

以上のどの鳥でも、単純な歌はオス同士のなわばり防衛のため、複雑な歌はメスへの求愛のためと考えられている。これらの研究は、「メスは、より複雑な歌を好む」という、別の切り口からの研究成果[66〜68]（メスのカナリアに複雑な「セクシー節」を聞かせた面白い実験成果は多数[69,70]）とつじつまが合う。メスによる性選択の結果、複雑な歌が進化したというわけだ。

これらは、二重機能をみごとに分離してみせた研究なのだろうか。

もし、長く複雑な歌がメス誘引だけだとすると、それを歌ってメスのことばかり思っている時期は、なわばり防衛が手薄で、ライバルに侵入されやすくなってしまう。そんなことが、あるだろうか。

オスは単純な短い歌で、「もうメスはたくさんだから、来てくれるな」と歌っているだろうか。また、単純な短い歌に、メスはけっして惹かれないだろうか。パートナーが見つからないメスは、同種のオスの存在を告げるこの声を手がかりに、妻帯者とわかっていても接近するはずではないのか。モリムシクイの抱卵中のメスは、短い歌ばかり聞かされるわけだが、「あれはオス同士のなわばり防衛の歌だから、自分とは関係がない」と思っているだろうか。抱卵を続けたくなる、何かしらの呪文にはなっていないのだろうか。これらついては、第2章2・3項「キセキレイの二つの歌は別々の役割?」で改めて考えたい。

アメリカムシクイの仲間（ユーラシアにはいない仲間）の歌い方は、単純に同じ歌をくり返すとき（くり返しモード）と、いくつかの歌をとっかえひっかえくり出すとき（混合モード）とに分けられる。そして、メスを引きつけるときはくり返しモードで、オス同士が接近して対立するときは混合モードで歌うという研究結果が多い[71~76]。

こうなると、さっきまでの話と矛盾するようで、わからなくなる。アメリカムシクイ類の歌い方が進化してくる上で、何か別の背景が強く働いたのだろうか。あるいは、二つのモードの話は、歌の構造の複雑さとは別の話であり、ソング・スイッチング（第3章11項）やソング・マッチング（第3章22項）の意味と関連させて考えるべきなのかもしれない。

対メスの歌といっても、厳密には、花嫁募集のための誇大広告、目の前にいる花嫁候補への求愛、受精可能期間にあるつがい相手を見失ったとき、つがい相手の繁殖気分の維持、子の世話を交替する合図など、局面はいくつもある。そのどの場合でも同じ歌を使うとしたら、「歌」というツールで示しているのは「繁殖状態にある自分がここにいること」だけであり、相手にはその場に応じて空気を読んでくれ、あるいは都合よく利用してくれ、というのが近いのかもしれない。

小声の歌は「あなただけに」

鳥が小声で歌っているとき、それが聞こえるのは、ごく限られた範囲である。小声というだけで、目の前の一羽に向けて発信している、という情報になる。

オオルリは、梢で朗々と歌うのを下から見上げる機会が多い。でも、四月下旬、崖のある林道などで、ひどく小声で歌っているのを聞くことがある（口絵Ｐ６参照）。梢などではない。一見オオルリらしからぬ、下枝にとまっている。やたらにビブラート（震え声）を交え、短距離を低く舞ったり、地面へ降りたり、崖にとまったりする。このとき、辺りを見回せば、必ずやメスの姿がある。メスは地味だし、じっととまっているから目立たないが、そのつもりで見渡せばきっとどこかに見つかる。誰もいないのに小声で歌っているはずがないと、疑いさえすれば。

オスのオオルリは、メスよりはるかに美しい羽色をしながら、それでも足らずに歌って舞って、崖の形状まで自慢して、メスを呼び込もうとしているのだ。朗々とした美声につられてきたメスは、オスの歌劇を間近に見て品定めをし、崖を見て、巣を作りたいキモチになれそうか、思案する。

あまり語られないが、このように、求愛時にあえて小声を使うのは、おそらくかなり多くの小鳥に見られると思われる。四月下旬はそんな場面を見るチャンスが多くあり、そのときオスは、彼女しか目に入らず、人間など眼中にないような振る舞いをすることも多い。

マミジロ[77]やサンコウチョウ[78]などは、抱卵の交替などの際に、巣の内外でオスとメスが小声の歌を交わす。ヤイロチョウ[79]も類似した観察報告がある。北米のイエミソサザイでは、オスが小声で歌うのは、抱卵および育雛交替の合図、巣の周辺の安全を告げる合図と考えられている[80]。

巣の位置を敵に悟られることは繁殖する上で致命的だから、巣の周囲に敵がいないときだけ、巣の近くでの歌は発せられるだろう。敵がいるときは発声しないか、危険を知らせる別の発声をすべきなのである（第3章20項）。その意味で、こうした場面での小声の歌は、巣の周囲の安全を保証するものといえる。

国内外とも、小声の歌の量的な調査や実験による検証はほとんど行われていないが、ヒナが自分の親の声を認知しているとか[81]、メスがパートナーの声を認知しているといった[82,83]、別の角度からの示唆もある。

英語では quiet song と whisper song とがあって、紛らわしい。ツグミ類が歌の最後につけるつぶやき声（twitter）は quiet song と表現され[84]、いろいろな小鳥が巣の近くで小声で歌うのは whisper song と表現される[80,85]。日本人としてはわかりにくいが、quiet は単に「静かな」「小さい声の」ということだろうか。whisper は「ささやき」「ひそひそ」といった意味があるので、「意図的に声を抑えている」ということだろうか。そういわれれば、ツグミ類のつぶやき声は大声で聞くことのない、つまり、大声では出し得ない音声のようだ（第3章15項）。そして、巣の近辺でオオルリやマミジロが出すのは、大声でも出せる音声を、あえて抑えて出しているものである（第3章20項）。

16 メスが歌うキモチ

メスの歌といえば、北米にすむショウジョウコウカンチョウ科のチャバライカルなどが早くから注目され、抱卵・育雛を交代する合図、つがいの絆や家族群の維持のために歌うのだと考えられた[81]。

日本で繁殖する小鳥でも、少なくとも十数種類はメスも歌う。前項でも一部ふれたが、マミジロ[77]、サンコウチョウ[78]、イカル[87]、ヤイロチョウ[79]などでは、抱卵を交代するとき、合図のように、巣の内外で歌を交わす。多くの種では小声である。巣は、その場所を敵に知られたらおしまいなので、かなり慎重に出入りする必要がある。「今なら大丈夫」というときに、それでも緊張しているから、声を押し殺した歌というかたちで出るのかもしれない。

オオルリやコルリのメス[88,89]は、敵が巣やヒナに近づいたときに歌う。この場合は、結果的に、オスに「今は危険だから戻るな」あるいは「一緒に警戒にあたってくれ」という信号になっているはずだ。また、敵の注意をヒナから自分に引きつける効果もあるかもしれない。こうした状況で、オスはどういう行動をとるのかはあまり追究されていない。オオルリに関する私の記憶では、メスと同様に小声で歌うオスもいれば、歌うのをメスに任せ、何の声も出さない、いくじなしの（？）オスもいた。

安全で歌うか、危険で歌うか、どちらの方向に進化するかのきっかけは、ちょっとした違いなのだろうか。いずれも、あたかも言葉のように、パートナーに安全や危険を告げているように見えるが、一定の緊張感のもとで声が出る。繁殖期でホルモンの作用もあるから、地鳴きではなく歌が出るのだろう。そして、それが結果として利用価値があるから、進化の過程で選択され残ってきた行動なのだと解釈されるだろう。

一方、高山にすむイワヒバリ[90]やカヤクグリ[91]は、数羽のグループで繁殖し、メスが積極的にオスを誘惑して交尾を誘うことで知られる。メスがグループ内の複数のオスに交尾を迫るのは、オスの全員に、子の父親のような気にさせる利点がある。つまり、オスたちからより多くの労働力を引き出そうという、メスの戦略なのである。メスが歌うのは、オスをそそのかすようなときではないかと推察される（口絵P８参照）。

コマドリ[92]やカワガラス[93]もメスが歌うのが知られる

カヤクグリのメスがオスに交尾を誘う動作。片方の翼をぐるぐる回し、尾を開いて上から斜め下に動かす

が、その詳しい役割は追究されていないようである。
いずれにせよ、親鳥の歌を学習するのはオスのヒナだけ、と思い込んでしまいがちだが、それは偏見だろう。将来歌う機会は少ないが、メスのヒナもしっかり親の歌を聞いて学習していて、緊張が一定の度を超えたときに出す準備はできているし、歌う能力はあるのだ。実験的なホルモン操作で、メスが歌い出すこともある。[5, 94]
熱帯には、オスとメスでデュエットする鳥が多い。まるで一羽が歌っているように間髪を入れず、二羽でつなぎ合わせて一曲にするのである。二羽が接近してダンスも交え、デュエットする鳥も多い。熱帯で繁殖する鳥は、渡りをせず同じつがいで数年、なわばりを保持する傾向にある。だから、つがいの絆を強める行動や、ライバルの同性へ向けたなわばり防衛、パートナー防衛の行動が特に発達したのでは、などと考えられている。イエミソサザイは、北米では一夫多妻でオスだけが歌うのに、中米（熱帯）では一夫一妻でメスも歌うという。[5] 熱帯とデュエットの関係は、長年、議論が交わされている。[8]

17 なぜ、ものまねしたい？

小鳥たちは、生まれてから二カ月ぐらいまでの間に（臨界期）、父親や周辺の大人の歌を聞き覚え、翌年から歌えるようになる。そもそも、自分と同じ種類の声に反応する性質が、遺伝的に備わっていると考えられる。[95] しかし、他の種類の鳥の声も覚え込み、自分のレパートリーにすることが当たり前の鳥もいる。モズの仲間やサメビタキの仲間、一部のヨシキリ類などだ。

モズはオスがメスの目の前で求愛のために顔を左右に動かすダンスのような動きをする。こうしたとき、小声でいろいろな鳥の鳴きまねを披露する（🔊3）。メスはじっとそれを見て聞いて、オスが運んでくる獲物をもらい、営巣場所も検分し、総合評価でオスと土地を決める。春先に小声でぶつぶつと、いろいろな種類の声が入り混じって聞こえてきたら、モズの可能性が高い。この一連の流れを見れば、メスがオスを選ぶ「性選択」によって、オスのものまね能力が洗練されてきたことは、ほぼ疑う余地がない。サメビタキ類も、顔を振り動かすダンスや鳴きまね、メスへの給餌など、モズ類と類似した求愛行動がある。

鳥たちの模倣（鳴きまね）についても、たくさんの研究が続けられており、その意味合いは謎めいたところもあるが、世の中に満ちた、あまたの鳥の声を取り込んでしまえば、手っ取り早くレパートリーが増やせることは間違いない。ひとたび種の壁を超えられた鳥は、それを評価するメスの耳とともに、その能力を伸ばす方向に進化してきたのだろう。一般的に、メスの鳥は複雑な音声を好むから、いろいろなメドレーは、メスにとって心地よいプレゼントのはずなのである。

軽井沢の農耕地では、コヨシキリが明らかにヒバリの歌の一節を、自分の歌に組み入れている。その一方で、ヒバリの方も明らかにコヨシキリの歌の一節を、自分の歌に組み入れているように聞こえる。コヨシキリに関する研究では、一羽のオスが二〜五種類の他の鳥の声を模倣して歌に組み入れているが、多くの種類を模倣するオスほどメスにモテるという傾向は見いだされていない。[96]

ホシムクドリ[97]のように、自分の生息環境にいる鳥の声は当たり前に取り込んでいる鳥もいれば、ヌマヨシキリ[98]のように、越冬地のアフリカの鳥の声までふんだんに覚えてきて歌う者もいる。日本のコムクドリを観察していると、春に渡来してから抱卵期までよく歌い、それはいろいろな鳴きまねをしているかのような、長短不規則で複雑な歌だ(🔊4)。しかし、意外と日本の鳥のまねと感じる音声は少ない。それに、コムクドリはヒナが孵ってからはまず歌わない。つがい形成や営巣ができずにあぶれた者たちは、よそさまの巣穴をよくのぞきに来るが、いつまでも花嫁募集の歌を歌っていない。こうしたことから、ヒナは一体、いつ、誰から歌を学ぶのだろうかと不思議に思う。コムクドリも越冬地のボルネオなどで、熱帯の鳥の声を聞いて覚え、日本で披露しているのではないか、と私は疑っている。

ヨーロッパでは、マネシツグミがものまね鳥として有名だが、日本のクロツグミもなかなかのものだ。特に、歌の最後につけるつぶやき声に、鳴きまねと思しきいろいろな音声が使われる[図7]。つぶやき声の音響構造は複雑だし、つぶやき声のレパートリーが多いオスほどモテるようなので（第3章15項）、ものまねの進化的背景が性選択であった可能性を示唆する。スズ

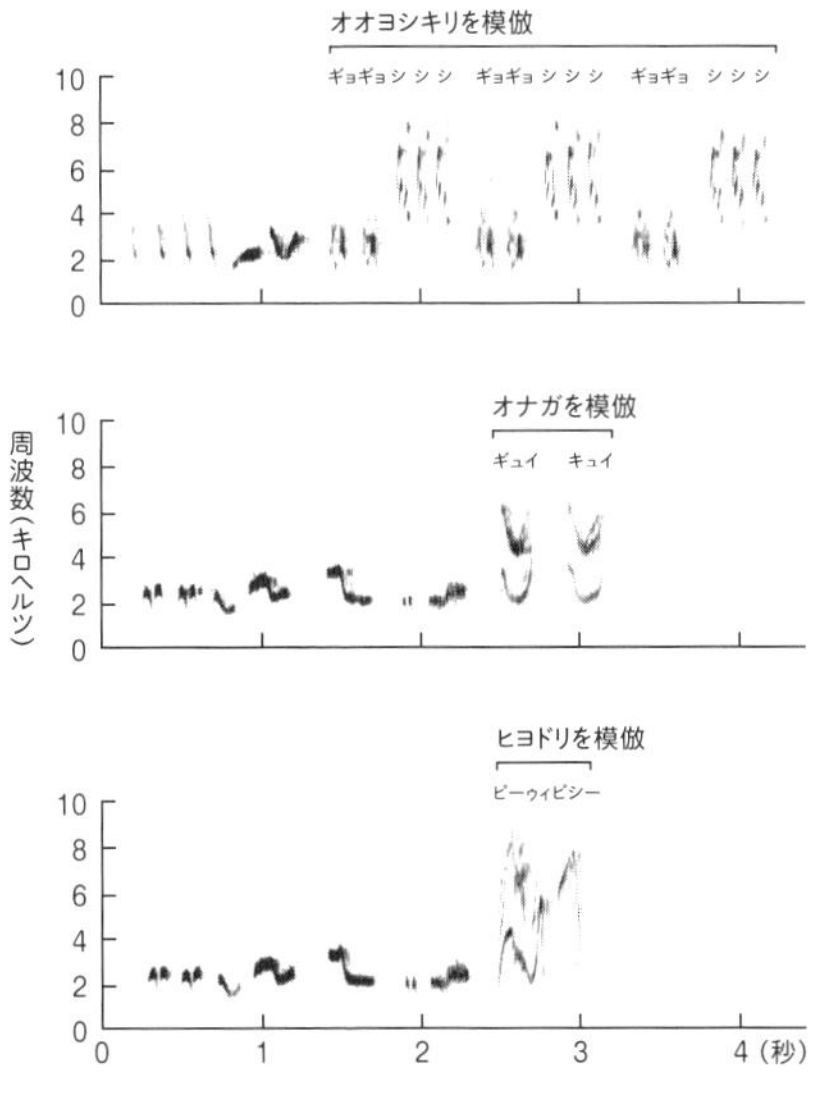

図7　クロツグミが他の鳥の声を模倣していると思われる例（5）

ある一羽のクロツグミの歌より。模倣されている3種類の鳥は、いずれも周辺に生息している

メ、ヒヨドリ、シジュウカラ、オナガ、トビなど身近な鳥の声はもちろん、おそらく「ムクドリの群れ」を模倣した、きわめて複雑な音声を巧みに発していることもある。周囲から聞こえてくる環境音を、分けへだてなく耳に入れて再生すれば、鳥の鳴管というのは、そういう芸当もできるのかもしれない。

日本で中国原産のガビチョウ（特定外来生物）が爆発的に増えた一九九〇年代、クロツグミとの聞き分けをよく尋ねられた。音質的には似ているが、ガビチョウは声量があるし、長く（ときに一〇秒以上）だらだらと鳴く。クロツグミは一曲が二～六秒で、歯切れがよい。ガビチョウは実にさまざまな鳴きまねをするが［図8］、クロツグミのまねをしようとも、それだけをすることはない。しわがれた地鳴きも含め

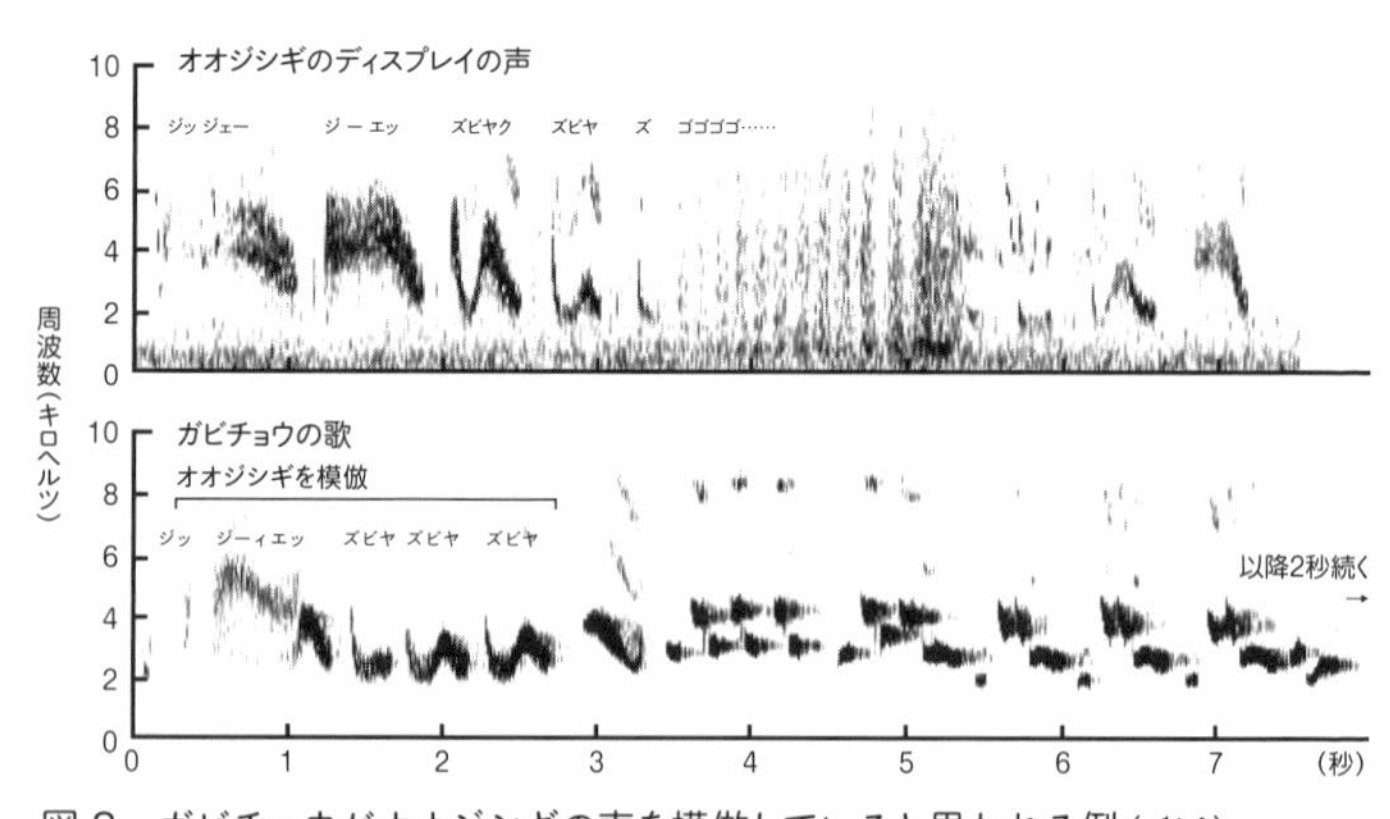

図８　ガビチョウがオオジシギの声を模倣していると思われる例（6）
このガビチョウは、オオジシギの繁殖地に隣接して生息していた。オオジシギの「ゴゴゴ……」の部分は羽音であるが、ガビチョウはさすがにそこまでまねしなかった

て、いろいろな声を出すので、すぐバレる。クロツグミが歌の最後につけるつぶやき声は、ガビチョウにはない。

ガビチョウに限らず、まねされた方は間違えないのか、ともよく尋ねられる。実際、人が口笛でまねをしても反応してしまう鳥はいるので、他の鳥に上手にまねされたら、最初はビクンと反応して注意を引かれてしまうかもしれない。でも、相手は次に他種の声を出すわけだから、騙され続ける状況は続かず、そのうち慣れてしまうのだろう。モズやコサメビタキにしても、次々といろいろな鳥の歌をくり出すのが目的なわけだから、ウグイスのまねを上手にするといっても、ずっと「ホーホケキョ」を続けるわけではない。モズ類やサメビタキ類であれば、小声でぶつぶつ連続的に歌うので、その感じだけで、私たちでもすぐ見破ってしまう。

中国では人気のガビチョウ。日本では好まれず、多くの籠抜け鳥とその子孫が繁栄することになってしまった

オオジシギのオスは鳴きながら飛び回り、尾を開いて急降下し、はげしい音を出す。世界的希少種で準日本固有種

18 渡りの途中で歌ったらどうなるか

四月中旬から五月中旬は、夏鳥が日本へどんどん渡来してくる時期だ。彼らは去年繁殖した場所（その多くは生まれた場所）へ戻る帰巣本能がある。でも、まだ郷里へ帰り着かない旅の途中でも歌うオスはよくいる。春の日長でホルモンが分泌され、渡りたくなるし、繁殖したくなるし、歌いたくなる。そのバランスの個体差や旅先の環境や気候などで、歌いたくなったとしてもおかしくない。

それは、進化的に適応的意義がある行動というよりは、どちらかというと深い意味のない目先の衝動であり、「なんで歌ってるんだよ？」と問いつめるのはかわいそうな気もする。

しかし、繁殖地で歌うばかりでなく、渡りの途中でも歌い、そこへ花嫁も呼び込めて、新天地で家族を増やす者がいたならば、分布域は広がり、種の繁栄にとって大きな意味を持つ可能性がある。鳥たちの現在の繁殖分布というのは、種と種分化の長い歴史の過程にすぎない。繁殖分布の端の方では、繁殖がうまくいって数が増え、密度が高まればさらに分布が外へ広がるだろうし、そうでなければ分布が縮小することになる。分布の最前線は常に揺らいでいるのだ。

かつて私がクロツグミを調べていた石川県金沢市の海岸線の林では、渡りの時期に通過するだけの鳥、そのおよそほとんどの種で、一時的に歌うオスが観察される。そこで繁殖する気にはまずならなそうな、コルリでもメボソムシクイでも、ノゴマでもエゾセンニュウでも、シロハラホオジロでもコウライウグイスでもだ。

ある年の五月中旬、果樹園に囲まれた屋敷林で、朗々と歌い続けるクロツグミがいた。私としては聞き慣れない節のオンパレード、すなわちこの辺りの出身ではない、渡りの途中のオスと思われた。しかし彼はちっとも北へ行こうとはせず、クロマツの高所で少なくとも一週間は歌い続けていた。気になったのは、声はクロツグミなのだが、姿が見えない。クロツグミの場合、独身が高所で歌っているときは、どこかから姿が見えるものだ。

最後に彼の歌を確認してから半月後の六月上旬、屋敷林から二キロ北東の森の小径で、カラアカハラという鳥がオスとメスで仲良く採食しているのに出会った。カラアカハラはクロツグミに最も近縁な鳥で、[99~101]ロシアと中国の国境、アムール川流域が繁殖地だ。渡りの季節にたまに見かけるが、こんなところで仲良くやっている場合ではないはずだ。

その日以来、気にしていると、毎日夜明け前からクロマツの高所でクロツグミさながらの歌が聞かれ、夜が明けるとその下の路上にカラアカハラのオスとメスが現れる。歌を録音して解析すると、半月前に屋敷林で歌っていたのと全曲同じレパートリーだった。クロツグミだと思っていた歌は、カラアカハラだったのだ[102]（🔊7）。

カラアカハラの歌はクロツグミと区別がつかず、地鳴きも他のツグミ類と違ってクロツグミにそっくりな「ヅィー」という声。石川県では加賀地方でも能登地方でも、渡りの季節に毎年少数が観察されるが、新潟県では海岸線の林でもきわめてまれにしか記録されない。このことから、日本を通過する個体は、能登半島を北上して大陸に渡るものが多いのではないかと思われる。

このカラアカハラのペアは、このあと捕獲して足環をつけた（口絵P4参照）。二羽とも前年生まれの若鳥だった。メスにはお腹の羽毛が抜ける「抱卵斑」が出ていた。これは卵に直接皮膚の熱を伝えやすくするための変化だから、彼女もすっかりここで繁殖する体の準備ができていたのである。そして実際、この直後、メスは巣作りをし、巣の上で足環つきの二羽が交尾する行動も観察された。生まれ故郷までまだ二〇〇〇キロの旅を残したところで、オスはメスと出会い、結ばれたのだ。出会っていなかったら、オスは北上を再開しただろうか。いやはや、歌ってみるものだなと、鳥になった気分になった。ただ、このあと、カラスに邪魔されたような形跡を巣に残し、二羽の消息は途絶えた。

　カラアカハラにとっては何十年かに一度の出来事かもしれないが、渡りの途中で歌っていたら、メスもその気になってしまった。オスは歌った責任もあるし（？）、願ってもない繁殖のチャンスである。故郷へ戻っても嫁が来るとは限らない。ここで繁殖しちゃおうか。こんなふうに、鳥たちの繁殖分布は消長をくり返しながら、拡大してきた経緯があるのだろう。

　人が作った木製のデコイで海鳥の繁殖地が誘致されるのだから、鳥の肉声の威力も馬鹿にならない。キビタキに近い鳥、ヨーロッパのマダラヒタキやシロエリヒタキは、巣箱によく入る鳥だ。たくさんかけた

♪カラアカハラの「できちゃった婚」疑惑

巣箱にデコイを添えて、オスの歌の録音を流した巣箱と流さなかった巣箱で比べたら、メスたちは明らかに音声つきの巣箱に寄りついたという実験結果がある。[103]

金沢の海岸線の林では、通常そこでは繁殖しないアオジ、ウグイス、サンコウチョウ、エナガ、それにクロウタドリ（メスだけでおそらく無精卵を温めていた）[104]なども、一時的に繁殖を志したことがある。アオジは一羽が越夏して歌い続けた翌年、同じ個体がまた歌っていただけでなく、歌うオスの数が増えていた。最初のオスを皮切りに、北上を途中で打ちきる個体が増え、あるいは繁殖がうまくいって子孫も帰還するようになり、アオジ村ができたものと思われる。しかし、この繁殖集団は二、三年で消滅した。

立教大学名誉教授の上田恵介さんに、かつて共同研究のお話をいただいたことがある。「亜熱帯にすむオウチュウという黒い鳥は、食べてもまずいらしく、天敵が敬遠するという。クロツグミが梢で歌っていられるのは、オウチュウに擬態するかのような黒さで、いかにも食べてまずそうだから、敵に襲われにくいのでは？」という仮説の検証だ。ツグミ類の三種、クロツグミ、アカハラ、マミジロで比べ、黒くないアカハラだけが梢に出ない傾向があれば、仮説は支持されるのではないかと。私は記録し始めてはみたが、アカハラも梢で歌うし、アカハラもマミジロも数が減ってしまい、その後せっかくのお話をうやむやにかき消して、申し訳ないことになっている。

今、改めて思う。この仮説は、クロツグミと、もっとも近縁なカラアカハラで比較されるべきなのではないかと。あれだけ木の高所でクロツグミそっくりに歌いながら、カラアカハラの姿は見えない。ネット上では梢で歌う動画も見られるが、高所でも葉陰で歌うことが多いのかもしれない。カラアカハラは黒くなく、食べたら美味しそうだから、敵の目を気にしなければならないのかもしれない。でも、今のところ、サンプルは少なすぎる。どなたか若い学究がアムール川の河畔林まで行って、この鳥の歌う暮らしを調べてみる気はないだろうか。

19 秋に歌うキモチ

秋の小春日和に小鳥が歌っているのは、つい数十年前までは「うかれ歌」などといわれ、鳥の方が「間違っている」かのように思われていた。目先の理由でいえば、春のような日の長さや陽気が、歌のひきがねになっているかもしれない。しかし、昨日も今日も明日も歌い、肌寒い日でも歌うのを見て、人の方が間違っていると思わなかったのだろうか。

ホオジロは、一年じゅう移動しない個体が多い地域と、季節移動する個体が多い地域がある[105]。そのため、北日本では冬は少なくなるし、西南日本では比較的多くなる。そんなホオジロの一部のオスが、十月中旬から十一月上旬をピークに、早朝よく歌う。春の歌のピークほどではないにせよ、歌っている個体の数が、この時期に小さなピークとして現れる。秋に歌うオスのほとんどは、翌春、その辺りで繁殖し、それまでそこに居続ける者だ。秋の歌は、次の年にそこで繁殖する気のあるオスが、なわばりを先取りして確保する

♪秋に歌うホオジロは浮かれているのではない。彼は来春、きっと得をする

大事な行動だったのである。[106,107] そのオスたちが冬の間は歌わなくなるのは、秋に概ねなわばり配置が決定されるためと考えられる。

カワラヒワは、群れの中でオス同士が順位を決める儀式がある。[108,109] 梢が枯れたスギの木などに集まり、闘争を勝ち抜いたオスがメスに求愛し、群れから出てゆく。ときどき「キリリコロロチュンチュンチュンチュン……」と歌うオスもいる。午前中だけだが、このにぎやかな儀式を通し、わずか一〇日間でつがいができる。それが京都では秋だったり、長野では春だったりする。

イカルは、夏の終わりから冬にかけて大群になる。群れでいるとき、早朝などに、多くの個体が歌っているのをしばしば聞く。イカルの場合、オスもメスも歌っている可能性がある。春にはつがいで繁殖するが、コロニー状のゆるいなわばり集合体をつくる。それはヒワ類特有の村のようなもので、巣の周辺のなわばりを一歩出ると、隣近所で連れ立って採食に出かける社会だ。多くの小鳥では、春にオスが広くなわばり分散をして、後から花嫁が来るが、ヒワ類の多くは、非繁殖期の群れ生活の中でつがいが決まっていくようだ（アトリ科の中でも、アトリはヒワ亜科ではなくアトリ亜科で、なわばり分散タイプ）。イカルも、繁殖期前に、カワラヒワと似たような儀式をしているのかもしれない。

ヒガラは、何年かに一度、秋に多数が歌っている年がある。一〇羽ほどの群れで季節移動するヒガラもいれば、ほとんど移動せず冬も二羽（おそらく、つがい）で暮らすヒガラもいる。その前者か、はたまた両者かわからないが、針葉樹の種子の豊凶によって、多数のヒガラが大きく移動する年があるらしい[93]。憶測だが、豊穣の森に多数が移ってきた秋ならば、過密になり、ペアで暮らす地つきのヒガラを刺激するかもしれない。そして、結果的になわばりやメスを防衛する本能が働いて、オスに歌わせる可能性はあるだろう。

ヒガラの歌はいかにも気まぐれのように通年聞かれるが、気をつけていると、他の個体との距離や密度などがひきがねになっていることがわかる

ヒガラは状況によってソング・タイプを頻繁に変えたり、頭の冠羽をアンテナのように立てたり寝かせたりする。ソング・スイッチング（第3章11項）がわかりやすい鳥でもあるし、ボーカル・コミュニケーションの観察対象として面白そうだ[110]。

このほか、セグロセキレイなど、明らかに秋も少し活発に歌う鳥がおり、興味深い観察対象である。

第２章

歌う鳥のキモチ〈応用編〉

最新のオリジナル自由研究
成果を大公開！
歌うキモチを野外で実証、
そして新発見！

1 ノビタキに見る歌の日周リズム

第1章で、鳥たちはなぜ夜明けに壮大なコーラスをくり広げるのかを考えた。世界的な議論は続いているが、何よりもその壮大な現象を客観的にお見せするため、草原随一の歌い手、ノビタキを「材料」にして、歌の日周リズムを調べてみた。二〇一七年の五月中旬、場所は軽井沢の田園地帯である。

この年、広い農耕地の中に、七～八羽のオスがいることがわかっていた。その中で、二羽だけが隣接している場所を選び、二四時間に歌う回数をカウントすることにした。二羽のうち一羽は、朝の六時でもよく歌っているのを見かけていたので、独身だろうと疑いながら観察した。

二四時間といっても、連続観察は厳しいので、朝から夕方まで一二時間カウントし、翌日の夕方から次の朝まで一二時間をカウントしてつなげた［図9］。

夕暮れの薄暗い時間に歌うノビタキのオス

未明の三時五分、独身と思われるオスが歌い出した。いきなりのハイペースで、毎分一三回を数えた。隣接する既婚オスもはげしく歌い、毎分二〇回近いことも。結果的にこの三時台は独身オス「七五八回」に対し、既婚オス「七五〇回」と拮抗した。独身オスが辛うじて逃げきったのは、鳴き始めが数分早かったからで、既婚オスの追い上げは実にはげしかった。

既婚オスは、ホオアカやヒバリなど他の鳥が歌い出す夜明けの時刻までで歌を終了し、四時半以降はほとんど歌わなくなった。独身オスも、五時以降は歌が減っていくが、完全に歌わない時間帯はなく、日中も毎時数十回から二〇〇回ほど歌った。二四時間の合計は、独身オスが三八二八回、既婚オスが一〇二四回だった。

たった二羽の、一回だけの観察である。

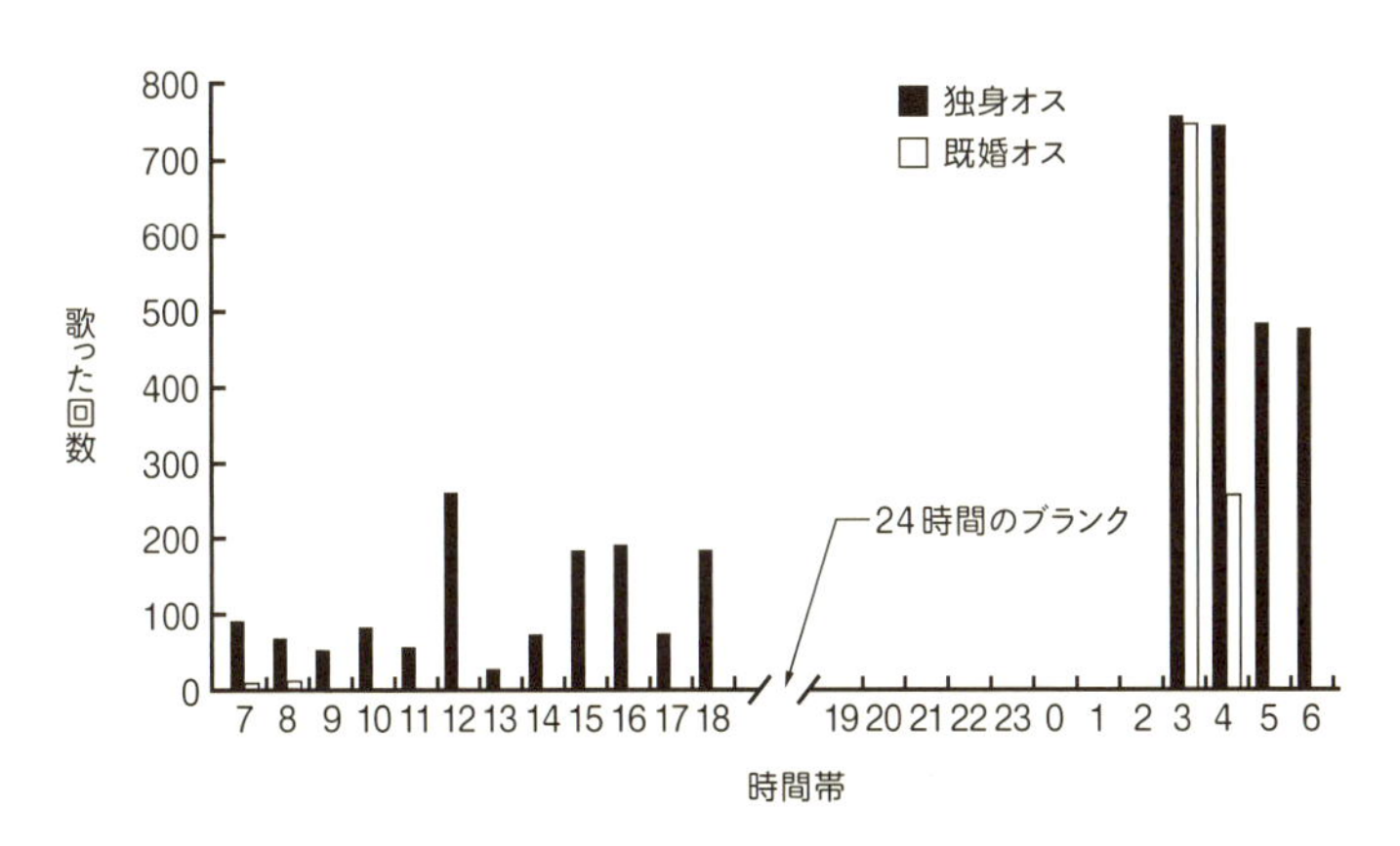

図９　隣り合ったノビタキの２羽のオスが 24 時間に歌った回数（8）
2017 年 5 月 15 日〜 17 日の記録。調査当日の日の出時刻は 4 時 40 分で、その 40 分前から明るくなり始め、草原の鳥たちの夜明けのコーラスが始まった。ノビタキはさらにその 1 時間前から歌い始めた

毎日そっくり同じ波のくり返しだろうと思い込んではいけない。夜明け前は最大限に精いっぱい歌っているから、日による差は小さいだろう。しかし、独身オスの二日目の朝六時台と、初日の朝七時台をそのままつなげられるわけではない。二日目の七時台を見続けていれば、おそらく初日の七時台をはるかに超えるペースであった。それに、初日の昼一二時台は多く歌っているが、毎日一二時台だけ跳ね上がることは考えられない。また、もっと過密な場所で調べれば、互いに触発し合って歌合戦になりやすく、既婚オスでももう少し多く歌う可能性がある。

独身オスは、歌っていない時間、何をしているか。夜の空腹状態のまま、午前三時から二時間近く歌い続けているので、相当エネルギーを消耗している。だからといって、昼間ただ休息しているのはほとんど見かけない。明るくなれば虫が見えるから、見張り場から舞い降りてよくハンティングしている。舞い上がってフライキャッチもする。こうした採食のため、歌はしばしば中断される。歌ってメスを呼んで遺伝子を残すことが究極の使命だが、腹が減っては戦ができない。歌と採食はどちらも大事で、トレード・オフの関係にある。だから、歌い続けられる頑健さを持ち、効率的にハンティングできるようなオスが優秀なのであり、メスにも選ばれるのだろう。

ただし、採食による中断だけでは、昼間の歌っていない時間の長さを説明できない。たとえば、突然、野を低く飛び、遠くへ行ってしまうことがある。その先はわからないが、広い農耕地をある程度把握していて、他のノビタキの様子を探りに行っているに違いない。東に産卵期のメスがいれば、行って積極的に浮気を誘い、西に卵を捕食されたばかりのメスがいれば、行って今度は俺とやり直そうと言う。常に繁殖集団のメスたちの体の受精可能性を知っていなければ、大事な一シーズンを棒に振ってしまうのである。歌うことは第一だ。でも、嫁が来なければ次の手を打たねばならない。しかも、既婚オスたちだって、パートナーの受精可能期間が終了すれば、同じようなことをしているはずなのである。今回観察した既婚オスが、空を飛んで遠くへ行くのも見かけた。独身オスのなわばり内にお隣さん以外のオス（成鳥）が侵入しているのも見た。別の高原で、夕刻の薄暗いとき、一羽のメスを四〜五羽のオスが取り囲んでナンパしているのを見たこともある。

さて、図９に戻るが、初日の一二時台に何があったか。

独身オスは満一歳の若鳥で、黒土の畑、小さなブルーベリー畑、休耕地の原っぱ、それに広い牧草地の所有者で、農道やヨシ原で囲まれた一ヘクタールのなわばり主であった。初日の一二時台、この日唯一、彼の管理するブルーベリー畑に隣のメス（満一歳）が入り込んで採食していたのである。独身オスは、この若奥様に言い寄ったりしていなかったので、「あれ、このオス、実は既婚者だったのか？」と思った。このメスがもう受精可能期間ではなかったから興味なし？　しかし、メスが隣のなわばりに戻ったとき、初めて独身オスはそれを追っていった。すると、別のオスが飛び立ち、はげしく歌いながら二羽を追いかけていった。どうやら私が気づかなかっただけで、隣の既婚オスも（こちらも満一歳）、メスを見守りながらひっそりと侵入していたのだ。既婚オスが妻と独身オスを追いかけ、自分のなわばりに戻ってからしばらく、いざこざが続いていた。因果関係があるように言うのははばかられるが、こうしたハプニングを含む時間帯が、歌の多かった一二時台であった。

一週間後、深夜〇時から、一キロ離れた場所で別の三羽のオスを調べた。一羽は二時半から歌い出し、四時までに六三〇回も歌った。四時以降も歌っていたが、他の鳥のコーラスにかき消された。他の二羽は、三時台に三〇〇回歌い、四時には鳴きやんだ。このように、ノビタキが他の小鳥より一時間以上前に歌い始めること、特に三時台が舌好調なことは、普遍的なようである。

ここまでは、特定の個体が歌う回数をカウントして、歌のピークが夜明けよりかなり前に来ることをたしかめた。どの時間に多く歌うかを知りたいとき、すべての歌の数を正確に計らなくても、たとえば各時間帯に、サンプルとして一定時間だけ観察する方法もある。傾向がわかればよいのだから、類推はできる。

特定の個体を見続ける以外に、数の多い場所を選び、時間帯ごとに、歌っている鳥の数を数える方法もある。この場合、いろいろな繁殖ステージの個体が含まれるが、多くのオスが歌う時間帯の、平均的な傾向がわかる。これは、先生が生徒の出席をとって回るようなものである。ノビタキの場合、生徒たちがいちばん多く返事をしてくれるのは午前三時半だから、もし草原に何羽いるのか知りたければ、この時間に出席をとればよい。

長野・山梨の両県にまたがる八ヶ岳。急峻な山塊だが、その裾野がなだらかになる

♪午前3時半のHR。急げば一人の先生が何クラスもの出席をとれる

辺りの野辺山高原は、牧草地と野草地が広がり、畑の畦の草むらも入り交じって、ノビタキにとって嬉しい環境だ。畑には、ハンティングの見張り場としても、ソング・ポストとしてもうってつけの、杭や柵がたくさんある。六月上旬、一キロのルートを決め、歌っている個体を一時間おきにカウントして歩いてみた［図10］。

昼間は、誰かしら二～五羽が歌っている感じだった。確実に育雛中のオスは二羽で、彼らはほとんど歌わない。歌うモードではないのだ。歌って新たなメスを呼ぶより、既に生まれた我が子を育て上げる方が、自分の遺伝子を残す早道の段階に来ているからだ。一方で、いつも同じ場所で「よく歌ってるやつ」が三～四羽おり、そ

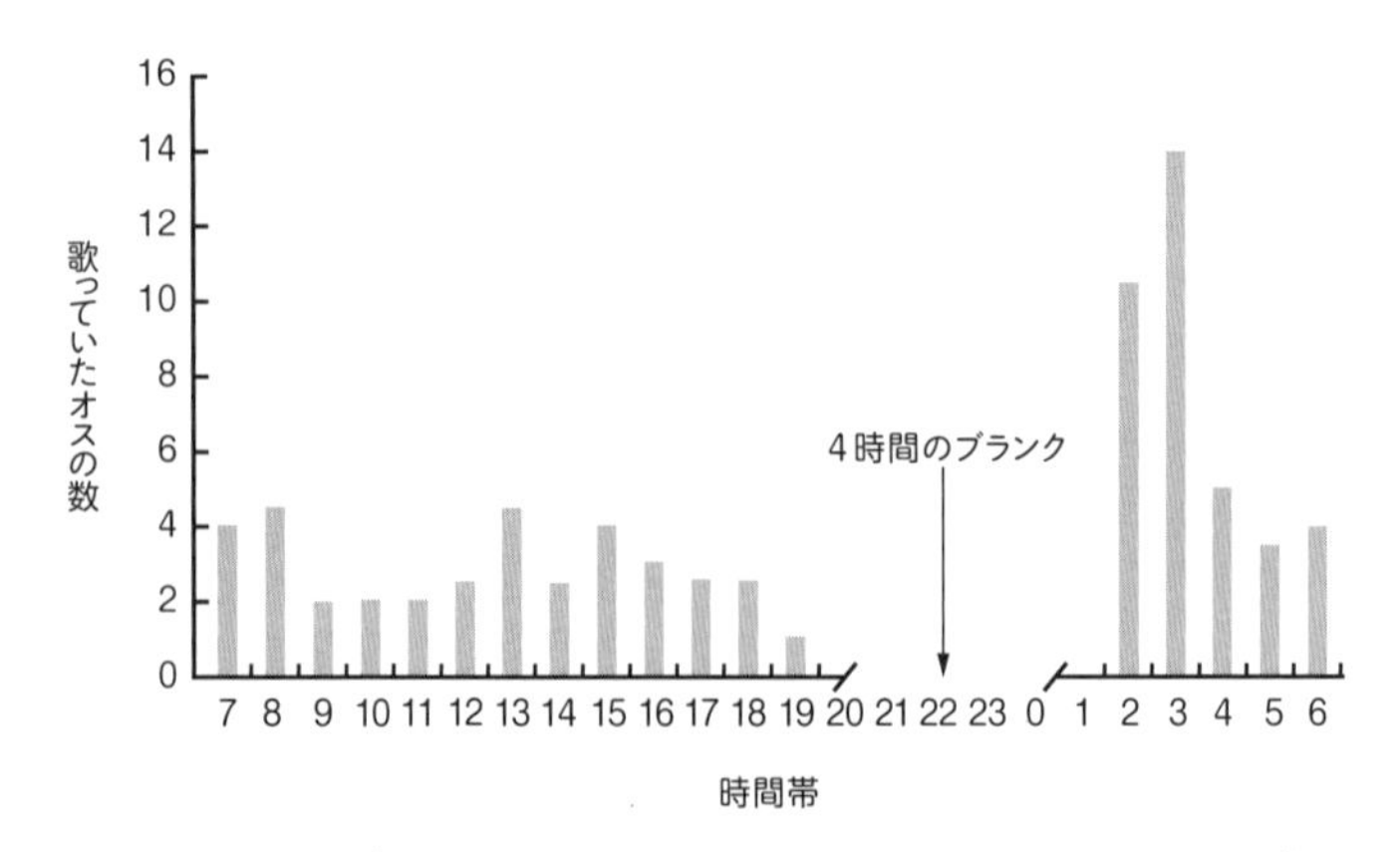

図10　ノビタキの多い1kmのルート沿いで各時間帯に歌っていたオスの数
2017年6月9日～10日の記録。調査当日の日の出時刻は4時28分で、その40分前から明るくなり始め、草原の鳥たちの夜明けのコーラスが始まった。ノビタキはさらにその1時間以上前から歌い始めた

れ以外に、鳴いていたりいなかったりするオスが何羽かいた。

ところが、夜中の二時半から歌合戦は始まり、三時台には一四羽もが歌った。おそらくそれが全員であるが、こんなにいたのか！という感じである。そして四時以降は歌い手が減り、昼間並みの数に落ち着いていった。その傾向は、軽井沢で特定の二羽を調べたのと、そっくりだった［図９、10］。特定の個体が二四時間に歌う量を測っても、多産地で歌い手の数を一時間おきに二四回数えても、どちらも同様な結果になることがわかる。

ノビタキは、なぜ他の小鳥より一時間早く歌い出すのだろうか。早く鳴き出す種類は相対的に目が大きく、明るさの変化に敏感である、という研究もあるが[111,112]、夜中の二時や三時では、明るさの変化はまだまったくない。オスの歌う行動ばかりしかわからないが、その時間帯の侵入オスの存在や、メスの行動、メスの体調（受精の可能性）などとの関連性が疑われる。真っ暗なうちから歌わないと、遺伝子を残す競争に勝てなかった。その結果、現在では未明の三時前から歌うオスばかりが生き残っているわけだ。未明に歌う行動が、より多くのメスを受精させるのに有利だった。だから、その行動が進化の過程で洗練されてきた、ということだけは間違いない。

真夜中から歌っているオオヨシキリは、一夫二〜三妻がふつうにある鳥で、その一方、一羽のメスも得られないオスがいる。こうしたオス間の貧富の差のようなものが、夜通し歌う競争を激化させているのかもしれない。あくまでも個体ごとの事情によって、結果的に夜もやまないほどの歌が量産されているのである。

ノビタキの未明の歌合戦では、すぐ目の前で歌っていても、信じられないくらい姿が見えない。ノビタキといえば、目立つところにすぐとまりたがり、舞っても歌う鳥だ。しかし、一日で一番の歌い合いのときは、草むらの、それもほとんど地面にいるようだ。土手の草むらにいるオスに対し、車のヘッドライトをハイビームにして近づいても平気で歌い続け、ためしに降りて歩いて近寄っても、手の届きそうな低いヨモギの茂みなどで歌っている。なのに、どう照らしても見えない。昼間、田んぼの周りの草むらで無数に鳴いているキリギリスは、手の届きそうなところにいるのに、捕まえるのは至難の業である。未明のノビタキは、まさにそれとそっくりだ（夜のキリギリスは、

未明の歌合戦のさなか、珍しくソング・ポストに姿を現したノビタキ

よく道路に出ているので目につき、昼間のノビタキのようである）。人間など眼中になさそうだが、姿をしっかり隠すのは、フクロウ対策だろうか。それでも、草原で狩りをする耳のよいキツネには、簡単に捕まってしまいそうだが……。この時間帯の歌合戦の終盤、杭の上などに現れることもあるが、空が白みかけるまでの、ほんの短いひとときである。

キセキレイの二つの歌は別々の役割？（１）

前項で「歌の量」の変化を調べたが、次は「歌の質」の変化を調べてみたい。第1章で、「二つのカテゴリー」という言葉が登場した。何曲ものレパートリーを持っていたとしても、それらが音響構造（複雑さなど）で大きく二つに分けられる場合、対オス、対メスのように使い分けているのではないかという論議がある。それで思い当たる鳥として、私が子どもの頃から気になっていたのはキセキレイである。キセキレイは日本からヨーロッパ、アフリカまでふつうにいる鳥で、その歌といえば、どの図鑑にも「チチチチ」「ツィツィツィ」「ピンピンピン」などという、比較的単純な数曲のレパートリーしか書いていない。

私は過去に何度か、この鳥が春先に複雑な美しい声で歌うのを聞いたことがあったが、そのことが明記されている本はほとんどなく、わずかな記憶も薄れ、過去の自分の耳を疑うほどになっていた。ごくわずかな期間しか歌わない、とっておきの歌があるのなら、本書に間に合わせてたしかめたいと思った。果たして、キセキレイで歌の二重機能を分離できるだろうか。

私の住む高原の町では、キセキレイは主に夏鳥で、三月から四月にかけて渡ってくる。朝の冷え込みがまだ氷点下五度の三月、清流が多い山間部の集落へ通い、私はキセキレイの戻りを待った。

最初の一羽が帰ってきたのは三月中旬だった。まだ雪の日もある早春から帰ってくるのは、壮年の強いオスだろう。彼は村一番の場所に陣取るに違いない。直径一〇〇メートルほどの彼のなわばり。そこに含まれるある家には、納屋の外壁に、石を積み重ねた木の棚があった。彼は営巣場所の候補としてそこに目をつけた様子だった。家主様はもちろん、自宅がいつの間にか鳥のなわばりにすっぽり包まれてしまったことを知る由もない。

三週間のうちに数羽のオスが渡ってきた。まだメスは少なく、多くが独身オスと思われ

山間部の川沿いの集落では、春早くから、独身オスが家々の屋根にとまって歌う

たが、みな早朝から単純な短い歌を歌うばかりだった。独身なのに複雑な歌を歌わない。つまり、単純な歌にも花嫁募集の役割があることを暗に示している。単純な歌は、一羽が三～五曲しか持っておらず、これを随意に変えて歌う。人家の屋根や電線の上で、毎分一五回あまり、数分間歌い続けては場所を移動していた。その最外郭がなわばり境界である。

オスはなわばりの中で、ステンレス製の煙突や車のミラーなどに自分の姿が映るので、しばしばそこへ行っておのれと闘う。集落の中央を流れる川にときどき降りて食事をし、そこで隣人と鉢合わせすると本当のバトルとなる。そのときは「チチッ、チチチチッ」という、一種の地鳴きである。

♪いつも気になるアイツは、絶対になわばりから出てくれない。でも、ときどき会いにいきたくなる

一方が他方を追いやると、自分のなわばりの縁に戻り、単純な歌をくり返す。勝ちどきを上げているようだ。このように、オス同士の闘争の場面では、複雑な歌は聞かれなかった。

常に川瀬の音が聞こえる生息地では、気にしていないと、ほとんど単純な歌しか耳に入らない。しかし、ごくまれに、明らかに他の鳥の声ではない、耳慣れない複雑で長い歌が聞こえた。複雑で長い歌といえば、ヒバリ、ミソサザイ、カシラダカなどもそうだが、キセキレイは案外ボリュームが小さい。これも、気にとめられない理由の一つかもしれない。

音響構造を解析し、客観的に「単純歌」と「複雑歌」の二つのカテゴリーに分けられることを示した[図11]。複雑歌の声紋で、キセキレイの声と川瀬のノイズとの周波数の境目は、二・五キロヘルツ付近にはっきりとある。川瀬の音にかき消されない周波数帯の音ばかりで構成されるよう進化してきたのだろう。単純歌は同じ周波数の句を数回くり返すパターンで、それでも一秒に満たない歌だ。複雑歌の複雑たるゆえんは、高周波の句からなる節と、低周波の句からなる節が交互に現れることだ。一曲が七秒ほどもある。この複雑歌を、どんな時期に、どんな行動文脈の中で歌うのかを観察しなければならない。

谷あいの集落にメスが戻り始め、オスはお気に入りの営巣場所候補の近くで単純歌をくり返す。メスはそこへやってくることもあるが、簡単にはパートナーや営巣場所を決めない。広く飛び回り、何日もかけて何羽ものオスと、そのなわばりを検分している。オスは、メスが隣のなわばりまで飛び去ってしまえば深追いできず、また単純歌を再開する。

やがてメスは一羽のオスのなわばりに舞い戻りがちになり、オスの紹介する営巣場所候補を歩き回って、入念にすみごこちをたしかめる。最初につがいができたのは、やはり春一番に戻ってきた、石積みの納屋を所有するオスだった。ただ、営巣場所紹介のときでも、なかなか複雑歌は聞かれなかった。どうやら、キセキレイにとって、よほどのときにしか歌わないらしい。

キセキレイの単純歌と複雑歌は、対オス、対メスという使い分けとはいえそうもない。ほとんどの場合は単純歌で、オスのなわばりが次々と配置されていく過程で

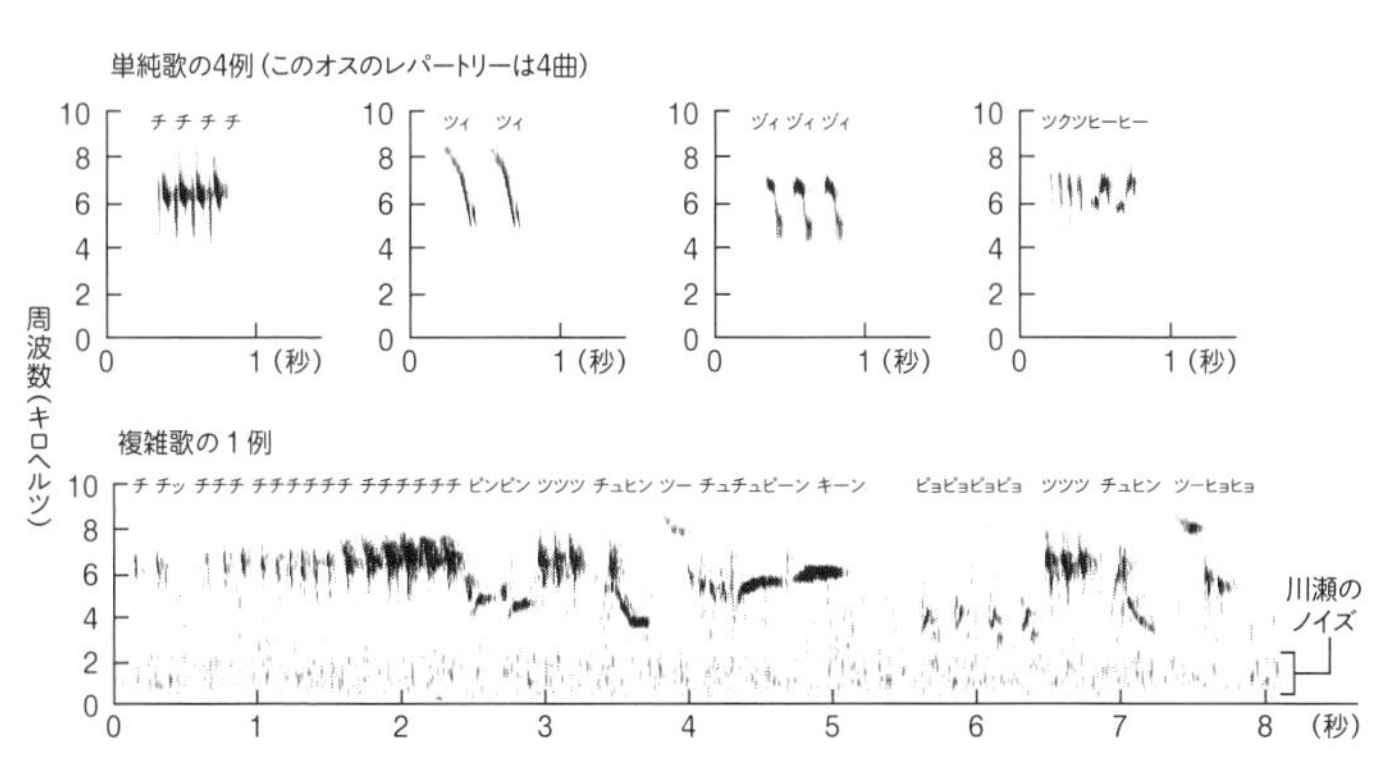

図 11　キセキレイの歌の２つのカテゴリー（🔊9）
「単純歌」は、一羽が３〜５曲程度のレパートリー。「複雑歌」は、おそらくいくつもの節を多様に並べ替えて歌うので、レパートリーが何曲というより、一つの歌の中でどれほど多彩な節を使い、変化に富んだ曲作りをできるかが重要かもしれない

も、メスがオスのなわばりを物色して回る時期でも、圧倒的に単純歌だ。単純歌は両性に対して意味を持つと考えられる。この時点で、二重機能を分離する挑戦は失敗といえそうだが、夫婦生活のなかで複雑歌の使われる状況をもう少し観察してみたい。

この集落はキセキレイにとって最高の環境であるらしく、四月に入ってから高密度となり、いさかいも絶えなくなってきた。足環をつけていないのでつがい関係がわかりにくい上、人家近くでの観察もはばかられたので、そこから先は観察のメインを別の谷戸に移した。

3 キセキレイの二つの歌は別々の役割？（2）

別の谷戸の工事現場に、三メートルほどの高さの石積みの山があり、そこを陣取っているオスがいた。大小の石がさまざまな空間を作り、営巣場所は選びたい放題だ。彼の独身期、何度か複雑歌も聞いたので、複雑歌が不特定の花嫁募集の役割を持つことも示唆されるが、単純歌の一〇〇回に一回くらいという少なさだ。それでも、彼に嫁が来たのは早かった。この石山ペアを、新婚ホヤホヤから、早朝を中心に観察し、単純歌と複雑歌を注意深く記録した［図12］。

オス（イワオと名づけた）は、お山の大将を気取り、てっぺんで単純歌を歌うが、独身時代ほどのペースではなく、毎分数回から一〇回程度。むしろチョッとかチッとかヒィッという短い発声が多くなった。これでは、もはやなわばり宣言もできていない。そして、歩きながら場所を変え、あちらの穴、こちらの穴と出入りする。

メス（ピンコと名づけた）は、遠くからその様子を見ていたり、近づいて自分の足で踏みしめてたしかめたりもするが、この程度の状況では、イワオの複雑歌は聞かれない。イワオがピンコを見失ったとき、歌のペースは速まったが、やはり単純歌のみだった。

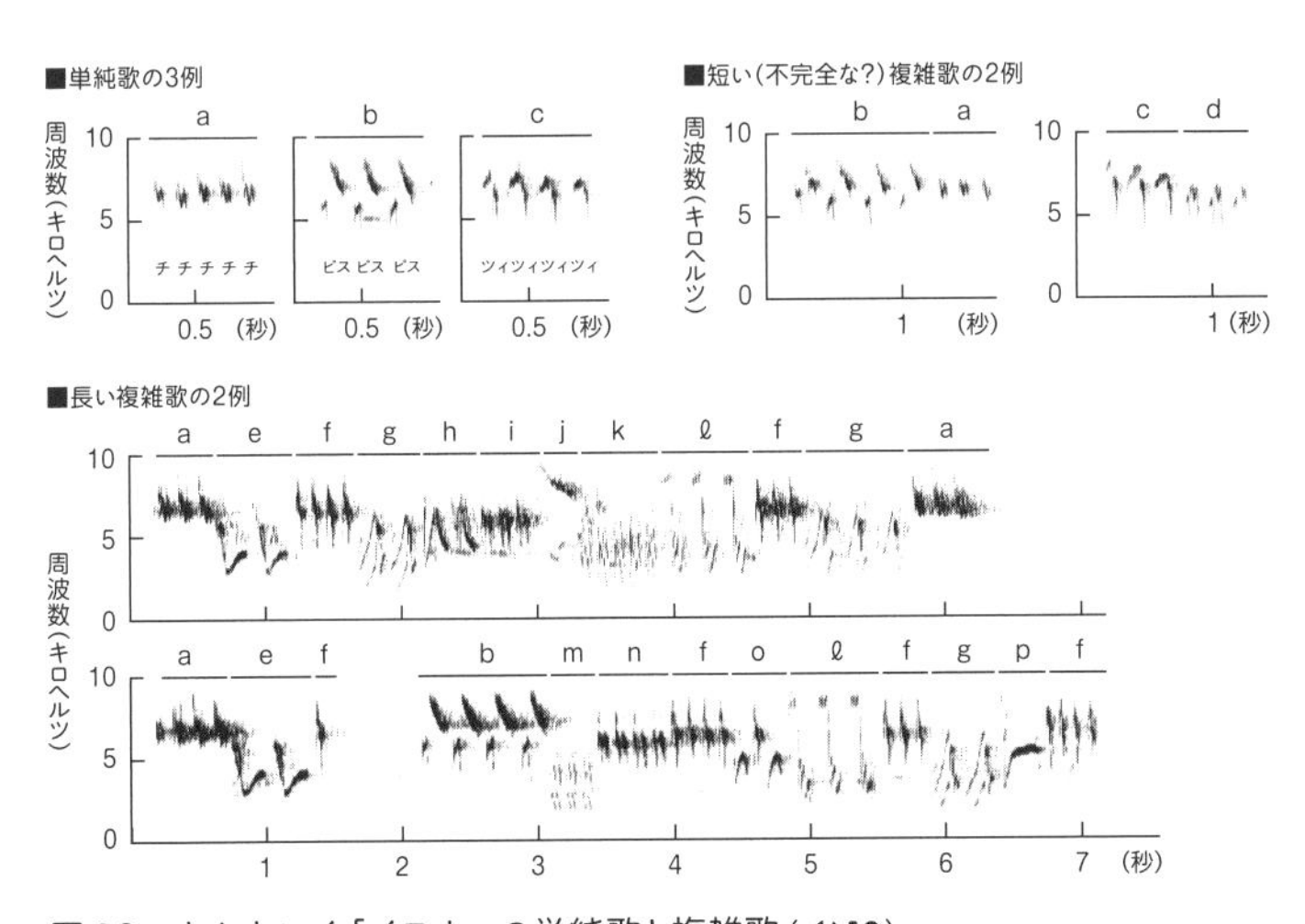

図12　キセキレイ「イワオ」の単純歌と複雑歌（🔊10）

同じ記号は同じ節を表す。単純歌のレパートリーは3種類だが、複雑歌ではかなり多くの節を披露。複雑歌の上段は9種類（12節）。下段は10種類（13節）

キセキレイのオスは、メスの前でディスプレイ飛翔をすることがある。イワオも、ときどきそれを披露してくれた。腰や脇の羽毛をふわふわに逆立てて綿の塊のようになり、翼をごく浅く小刻みに羽ばたかせることで、綿の塊はゆっくり低空を進む。フグの一種「ハリセンボン」は、敵を脅すためにふくらみ、そのために速く泳げなくなってしまうが、その状態に似ている。この鳥は尾が長いので、浮力が保たれるのだろう。そして、最後に翼を開いたままカーブを描いて滑空し、営巣候補地に舞い降りる。では、飛びながら複雑歌を歌うかというと、そうではなく、チョチョチョチョととという強めの発声で、これはどのオスも共通していた。ただ、降り立った瞬間に、短め

♪オスのディスプレイ飛翔はハリセンボンのよう。名づけて「ゆるふわ君」

の複雑歌を歌うことがある。それでも、必ず歌うわけではないし、二、三節で終わってしまう［図12］。

ところがあるとき、イワオが一つの穴に入ったきり、出てこなくなった。ピンコには、これがどうもたまらなかったらしい。しびれをきらし、そこへ入っていった。この時期、せまい穴に二人きりというのは、なかなかない。すると、中から小声の複雑歌が流れてきたのだ。この音量では、人に気づかれなくても仕方ないが、歌は一五秒も続いた。もしかしたら、中で交尾でもしていたのかもしれない。

せまい穴にオスとメスが入ったとき小声の複雑な歌が聞かれるのは、コムクドリなどでもある。オスが歌いながらメスを巣穴に誘い、メスも入るとしばらく出てこないが、その間、穴の中から小声の長い歌が流れてくるのだ。第１章でもふれた通り、小声の歌は「あなただけに」というとっておきの秘策であり、おそらく多くの鳥に共通した奥の手と思われる。

工事現場には、心優しい工事のおじさんがキセキレイの営巣場所として、崖にブルーシートをかぶせてその下に空間を作ってくれているところもある。最初のうち、二羽は石山の穴にも、ブルーシートの下にも出入りして、すみごこちを確かめていた。

やがて、二羽は石山の穴の一つを選んで造巣を始めた。キセキレイは、外装（枯れ草など）はオスとメスで、内装（鳥の羽毛など）はメスのみが運ぶ。ピンコが巣作りの合間に、尻尾をピンと上げてお尻を向ける動作をした。キセキレイはメスもディスプレイに積極的だといわれる。しかし、このときイワオは岩のように動じなかった。

造巣期の後半、つまり内装作りの頃、イワオはもっぱら見張り役だった。歌の減ったこの時期、歌うとしたらほとんどが単純歌で、小声のこともある。つまり、内装を作っているピンコの傍で、彼女の家事を単純歌で激励するが如くである。二羽で採食から戻って石山へ飛来したときなど、イワオは着地と同時に複雑歌を発することがあるが、早朝の二時間を見ていても、一〜二度という、まれなことである。

巣材集めに忙しいピンコ

一方、ほぼ必ず複雑歌を伴うオスのディスプレイがある。首を上に向けて喉の黒い部分が見えるようにし、翼と尾を下げて腰を丸くし、妙な早足でジグザグにメスの周りを歩くのだ。造巣期の、たぶんキモチがよほど盛り上がったときだけに起こる、一朝に一〇秒程度のわずかな行動だ。

一週間で巣が完成し、やがて産卵初日。ピンコが巣にこもっている間、イワオはピンコを見失って探しているように見えた。ふだんとまらない木の枝などにもとまり、単純歌を続ける。ピンコが巣穴から出てくるまでの三〇分間に、二回だけ長短の複雑歌が聞かれた。産卵二日目は、イワオはピンコの巣ごもりを理解していたようで、落ち着いていた。断続的な単純歌のほか、一度だけ石山に降り立った瞬間に複雑歌を発したぐらいだった。ピンコがたぶん産卵を終え、巣穴から出てくると、イワオは例の姿勢で求愛ディスプレイをし、複雑歌を歌った（口絵P7参照）。そして、工事現場の重機の上で、ミラーを見ながら（！）交尾した。そのときも複雑歌が聞こえた。

産卵三日目、様子がおかしかった。ピンコはずっと巣穴へは入らず、イワオがそのことにしびれをきらすように、珍しく巣穴に入ったりした。翌日、事態は判明した。やぶからひょっこりイタチが顔を出し、石山の下から石をくぐり抜け、巣

ミラーを見ながら交尾の余韻に浸る（？）ピンコ

イワオ（右）の求愛ディスプレイ。ピンコ（左）は尾を上げて交尾受け入れの姿勢をとった

の場所まで最短ルートで到達し、やがて石山を越えていった。巣はイタチに見つかっていたのだ。私が初めて確認のため石山へ上ると、空っぽの巣があった。おそらく二卵を産んだ後に捕食されたのだろう。イタチは味を占めたのだろうが、一度捕食に遭った巣へ、次の卵を産み込んだりはしない。

イワオは工事現場の巨大な土の山で、いつもの倍のペース（二〇回／分）で単純歌を歌った。そして、土山のブルーシートの下へ、二羽で本格的に巣材を運び始めた。すぐに立ち直って再営巣を始めたのにはほっとした。

二度目の造巣にも一週間かけ、ピンコは再び産卵を始めた。イワオの歌は基本的に単純歌で、これまで同様、ディスプレイや交尾の前後に複雑歌が聞かれた。産卵三日目は、どうしたわけか、やたらに複雑歌が聞かれた。あるときは、工事現場の上を通過するノスリを、複雑歌を長く歌いながら追い払っていった！　ノスリに求愛するはずはないから、この時期は、ちょっとしたことがひきがねになり、興奮して複雑歌を出すということがわかった。後日、イタチ（またはネコ）や、人に対しても複雑歌を出すのを聞いた。

再繁殖も、産卵三日で、またもや捕食に遭ったらしく、今度は崖の高所にできた穴に巣

ピンコの卵を捕食したと思しきイタチ

作りを始めた。三回目の造巣では、イワオはほとんどピンコに協力しなかったが、やがて交代で抱卵を始めた。抱卵期はもっぱら単純歌であった。だが、工事の影響か何かわからぬが、彼らはまたしてもヒナを孵すに至らなかった。それきりイワオとピンコは見なくなり、いつしか、別の歌のレパートリーを持ったオスが、石山に居着いていた。

以上、断片的な観察だが、独身期に複雑歌が使われるのはごくまれで、複雑歌を不特定多数の花嫁募集に使うとはとてもいえなかった。メスの受精可能期間でも単純歌が基本で、メスと急接近したり、逆にメスを見失ったりして、興奮したり焦ったりす

イワオとピンコが何度も繁殖にチャレンジした工事現場の環境。①最初に営巣した石積み　②再営巣したブルーシートの下　③再々営巣した崖の穴（ヤマセミの古巣?）

るキセチが特別に高まったときに、複雑歌が使われるようだった。複雑歌はほとんどパートナーに向けて歌われ、これは、複雑な歌がメスによる性選択の賜であるという一般的な説に合う。ライバルのオスを追い払うときや、ミラーに映る自分と闘うときには、複雑歌は聞かれなかった。だから、複雑歌はなわばり宣言ではなく「究極の求愛歌」といいたくなる。ところが、敵に対しても複雑歌で立ち向かうのだから、「複雑歌＝求愛歌」とはいえなかった。結局、複雑歌は「繁殖のある時期、興奮や緊張が度を超えたときに発せられる歌」としかいえず、単純歌と複雑歌を人の言葉のように、目的的には分けられないのである。進化の過程を考えると、性選択で発達した複雑歌を、その二次的利用として、他の興奮時にも使うようになったと考えるべきではないだろうか。

仮に、既婚オスばかりのキセキレイ村に、事故で夫を失くしたメスがよそから来たとする。メスは必ず再婚相手を探す。そのとき探す手がかりにするのは同種の異性の声、すなわち既婚オスたちの単純歌しかない。単純歌でも、結果的にメスを誘引するはずなのだ。だから、「単純歌にはなわばり防衛機能しかない」ということはできない。

既婚オスたちは、もし目の前に寡婦メスが現れたら、求愛のための複雑歌に切り替えるだろうか。新しいメスを籠に入れ、差し出す実験を試みてもいい。第二メスが欲しいか欲しくないかを試すのだ。ただ、私の見た限り、オスの複雑歌モードは、そんなことでは簡単に引き出せない気がする。
キセキレイのように、歌が二つのカテゴリーに分けられる鳥ですら、二重機能の分離というものは難しかった。それが結論である。

セキレイ類はオスも抱卵をするので、他の小鳥ほど、抱卵期にオスの浮気行動はないかもしれない。でも、セグロセキレイでは、仲の悪いメス同士がオスのなわばりを分割するかたちで、一夫二妻が起こっている[113]。キセキレイだって状況が許せば、第二メスが欲しくないわけがない。第二メスなんていらないよ、その方が俺の遺伝子は残るよという理由は、進化生態学的に説明できないのである。だから、キセキレイのやり手のオスが、浮気的に複雑歌を使う場面も想像したくなる。

キモチの絶頂？　空で歌うビンズイ

前項で、キセキレイの歌を二つのカテゴリーに分けたが、それでなわばり防衛と花嫁募集という二つの機能が分けられたわけではなかった。ただ、特別なキモチの高まりで、複雑な歌が出ることがわかった。

特別なキモチの高まりを、歌の複雑さではなく、歌を伴う何らかの行動で測ったり、それによって二つの機能を分けたりできないだろうか。

「さえずり飛翔」という行動がある。たとえばヒバリ。ヒバリは地上でもよく歌うが、浅い羽ばたきで地上一メートルの低さにとどまって歌うことも、ゆっくり前に進みながら歌うこともできる。歌いながら宙に舞い上がり、どんどん高度を上げて一〇〇メートルも上空まで昇る様子は、いかにも調子づいてきたように見える。地面で歌うか空で歌うかの割合は、繁殖ステージによっても違うようだ。[114]

鳥が目立つ場所で歌う行動は、敵の目を引きつけるリスクを負うので、それだけのリスクを負えるオスの優秀さのPRであるといわれる。ヒバリのさえずり飛翔の高さや頻度も、危険を冒してでも歌えるぞという、自己PRの表れといえそうだ。

空でも地面でもよく歌うヒバリだが、木にはまずとまらない

そんな彼らの自己ＰＲの強さを測ってみたいが、歩きながらも歌うし、連続的に高さを変えて歌うし、何分も歌い続けるので、その歌を数えたり測ったりするのは敬遠したかった。そこで目をつけたのが「木ヒバリ」ことビンズイだ。この鳥は木から舞い立って歌うさえずり飛翔がよく知られる（口絵Ｐ８参照）。これは繁殖前期に行うといわれるが[93]、もう少し、彼らの「空で歌いたいキモチ」に迫りたかった。

ビンズイはヒバリ科ではなく、セキレイ科タヒバリ属。英名をOlive-backed Pipitという、「オリーブ色の背のタヒバリ」という意味だ。タヒバリの仲間はユーラシア大陸の亜寒帯に広がるヒース（コケモモやツガザクラなどの矮性ツツジ類を主とした、高山帯のような荒地）やツンドラを中心に繁栄し、四〇種類あまりに種分化している。その中で唯一、日本でも繁殖するのがビンズイだ。イワヒバリやカヤクグリと競合するほどの高山鳥ではなく、標高一〇〇〇メートルくらいのスキー場などでも、いるところにはいる。

長野・群馬県境の浅間山は、東側に「小浅間山」という溶岩円頂丘がこぶのようにくっついている（標高一六五五メートル）。この小山の西斜面は、酸性土壌の他、おそらく浅間山の火山ガスが東に低くたなびくせいもあり、標高一五五〇メートルで森林限界となる。砂礫地にまばらに生えた低いカラマツやアカマツ、ミネヤナギやコメススキなどの群落が高山的環境（偽高山帯）となって、この森林限界付近にビンズイが多い。

ビンズイを見ていると、基本的には木の枝にとまって歌っている（🔊11）。しかし、ソング・ポストからソング・ポストへ移動するとき、ほぼ必ず空中で歌った。つまり、さえずり飛翔の回数はソング・ポストの移動頻度と相関しそうだ。しかし、三羽のオスを見ていると、一カ所で数十回以上歌い続けて移動頻度の少ない二羽と、数回から十数回で歌うのを中断し、ソング・ポストをよく移る一羽がいた。

ビンズイの多い偽高山帯の環境

移動頻度の少ないオスは、移動中に飛びながら歌うにしても、ほとんど水平移動中の歌だ。よく移動するオスは、直線的な移動ではなく、いちいち高々と舞い上がり、その分、風にも吹かれて滑空も長く、いかにもさえずり飛翔を目的とした移動のように見えた。

そこで思ったのは、彼らのさえずり飛翔は三通りに分けられる、ということだった。一つめは、二つのソング・ポストを直線的に結んだルートを飛びながら歌う行動、名づけて「歌移動」。二つめは、あえて高々と（五〜二〇メートルほど）舞ってから移る、仮称「歌

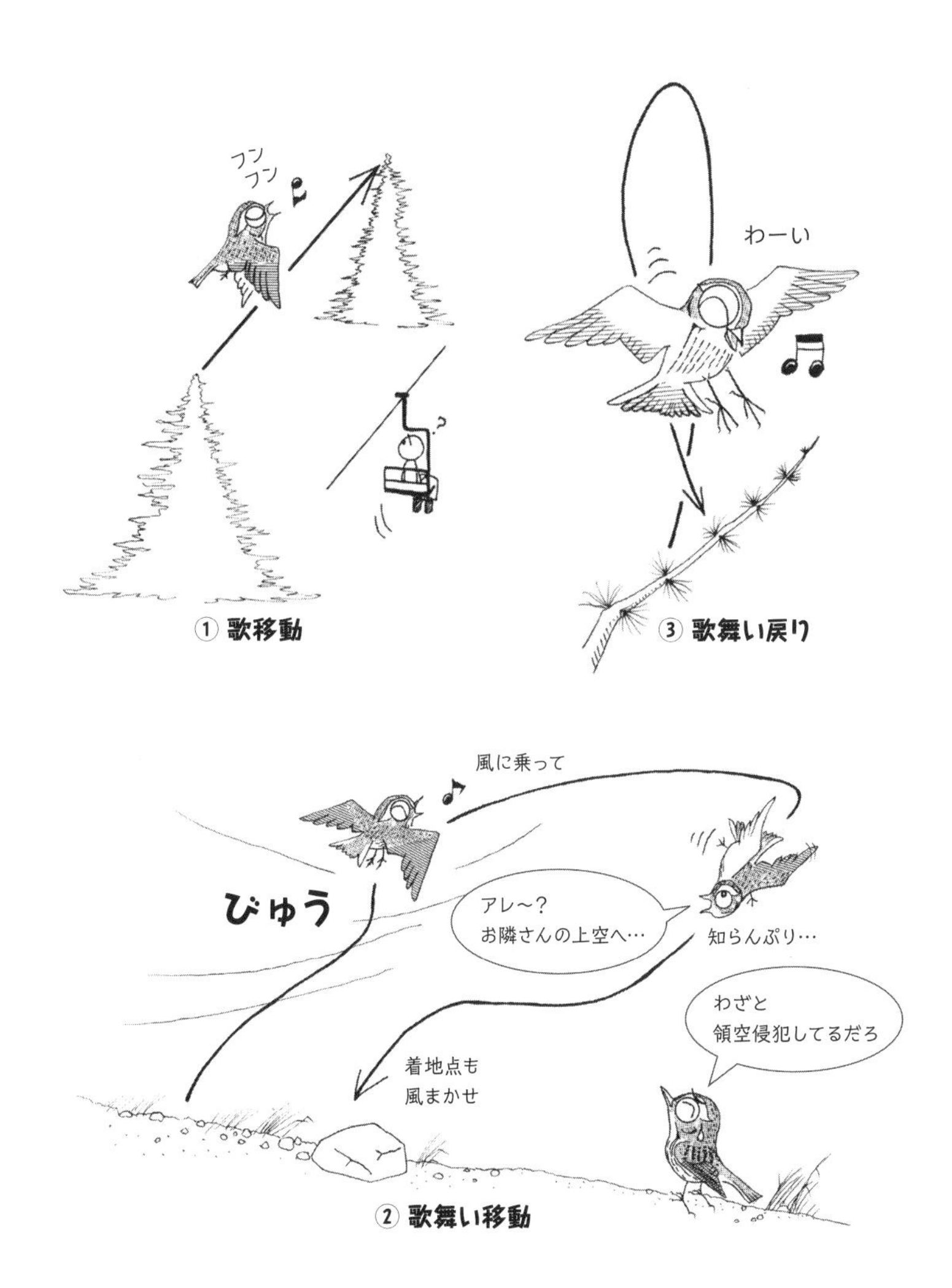

♪ビンズイのさえずり飛翔の3パターン。キモチのピークは歌舞い戻り？

舞い移動」。そして、三つめは、高々と舞って同じソング・ポストに戻る、仮称「歌舞い戻り」だ。

観察の初日、三〜四羽のオスを見ていたが、「歌舞い戻り」は一羽のオスにしか見られなかった。このオスは、朝五時から九時まででサンプルにした時間（三〇分間×五回）のいずれでも、歌を七〇〜三〇〇回と大量生産し、それは他のオスの数倍にものぼった。要するに、このオスは歌以外に費やす時間が少なく、独身ではないかと疑われた。「歌移動」が移動を主目的とするついでの歌だとすれば、「歌舞い戻り」は、歌って舞って目立つこと自体が目的なのである。だから、独身オスほど頑張るべき行動だと考えれば腑に落ちる。自分のなわばりに手頃なソング・ポストが少なければ、「歌舞い移動」より「歌舞い戻り」が多い、という傾向もあるかもしれない。

その翌週、再び山に登った。この日は、何羽かの中で、よく歌う二羽に目をつけた。標高から、二羽を千五郎（以下、センゴロ）と千六助（以下、センロク）と名づけた。先日よく歌っていたオスは、たぶんセンロクだ。センゴロとセンロクは登山道より上をなわばりにするオスで、そこは尾根に近く、岩石や砂地が多い。登山道の下のオスたちは、なわばりにカラマツやダケカンバの木立、コメススキなどの草地を多く含む。森林限界の疎林・林縁が好みとはいえ、まったくの裸地では巣も作れないだろう。植生が貧しすぎる尾根部のオスたちは、嫁が来にくい不毛のなわばりしか手にできなかった劣位のオスだと仮定する。すると、センゴロもセンロクも未婚オスだと思え、やたらによく歌うのとつじつまが合うのだ。

ある三〇分間、センゴロが一人で突如、六五回も歌舞いをした[図13]。その中には、三八回もの歌舞い戻りが含まれる。それは、近くに来ていた別の個体を意識した行動としか思えなかった。彼の連続的な歌舞いの最後、地上にいた一羽が飛び立ち、センゴロはそれを追っていった。そして、どこかでUターンして戻ってきた。

地上にそんな一羽が接近していたこと

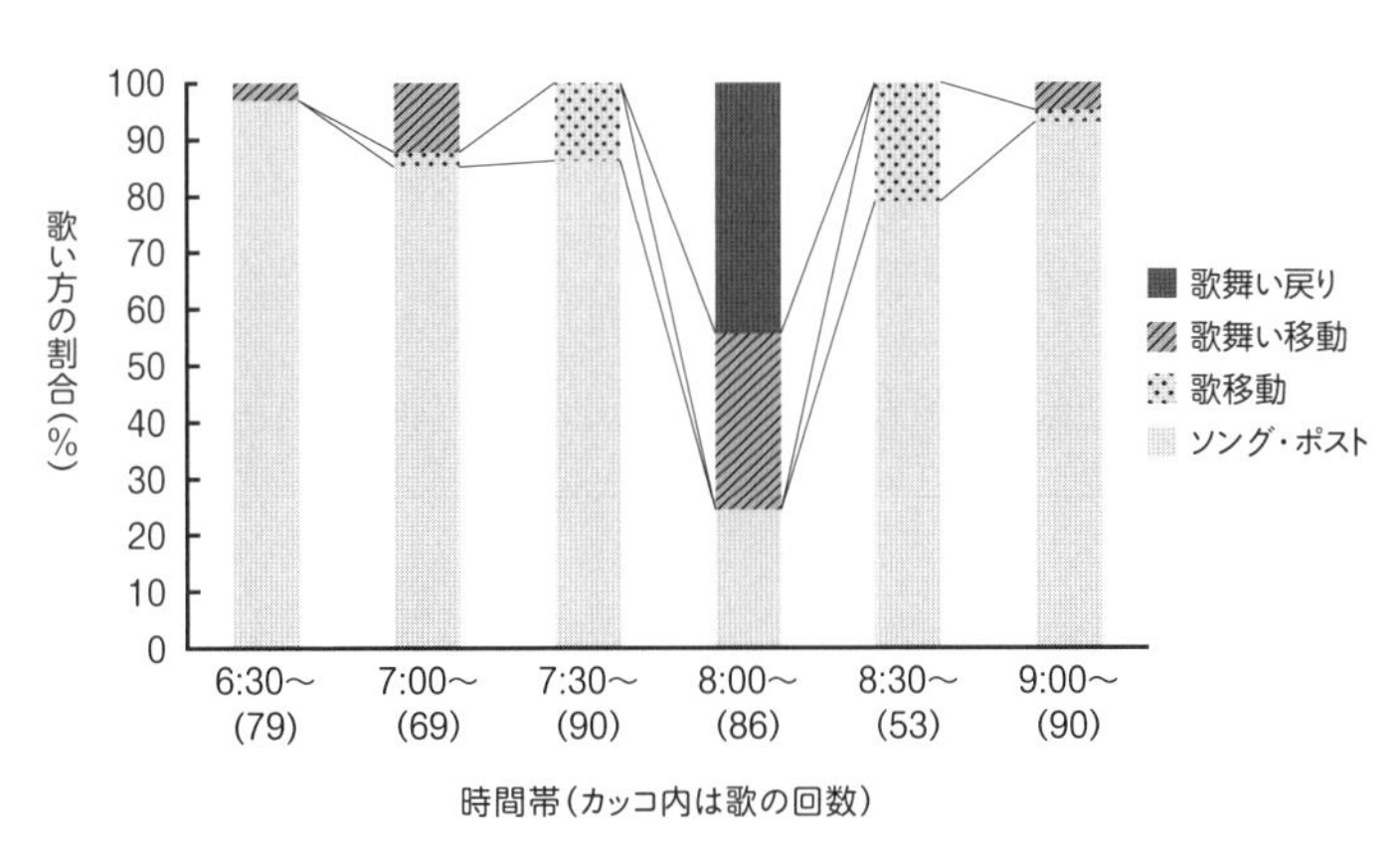

図13　ビンズイ「センゴロ」の歌い方の内訳
2017年6月6日の午前中、30分ごとの観察。8時からの30分間、歌舞い戻りを含む歌舞い行動がさかんにくり返された。地上にいる別の一羽へのディスプレイ行動と思われた

に、私はそれまで気づかなかった。もしその相手がセンロクなら、すぐとっくみ合いの喧嘩になるのが常だが、このときは喧嘩にはならなかったし、センロクはセンロクで歌っていた。相手が他のオスだったとしても、さっさと追い払えばよいのだ。なので、このときセンゴロが意識して歌舞い戻りを見せつけ、最後に追っていった相手はオスではなく、メスだった可能性がある（ビンズイは雌雄同色で、姿からは区別しにくい）。このときの彼の果てしない歌舞いのくり返しは、なわばり防衛ではなく、求愛のディスプレイに思えたのである。

「歌舞い戻り」で垂直に下りてきた「センロク」

ちなみに、そのときの六五回の歌舞いは、お気に入りの枝での一〇回の歌舞い戻りを除き、地上から舞い立ち、地上へ降りるディスプレイだった。それは、裸地ばかりでよいソング・ポストが乏しい、センゴロのなわばりの質に関係している可能性も感じさせた。

同じ仲間では、ヨーロッパビンズイ、ヨーロッパタヒバリ、マキバタヒバリ、ムネアカタヒバリなどでも、ソング・ポストでの歌とさえずり飛翔があることが知られ、その役割の違いを論じた研究もある。[115,116] いずれも、なわばり境界を定めるためにさえずり飛翔が用いられるのだとか、さえずり飛翔のときの方が複雑な歌い方をするので、メスに向けたものであるとか、二つの機能が別々に語られがちである。

ヒタキ科のオガワコマドリもさえずり飛翔をし、初期の研究では「メスをより早く引きつけるのに役立つのだろう」と解釈された。[117] しかし、数年後、同じ研究者によるプレイバック実験では、「第一義的に、なわばり防衛のため」と結論が軌道修正された。[118]

これらの研究を眺めると、歌の二重機能を分離できなかった研究史をくり返し見ているようだ。結局、歌の複雑さも、歌を伴う飛翔行動の活発さも、歌う行為そのものの活発さの延長上にあるのだろう。だから、「飛ぶか、飛ばないか」で、歌の二重機能を分離しようとするのには限界があるのかもしれない。

「歌移動」はオオルリでもしばしば見られ、一〇〇メートル以上飛びながら三曲歌ったのを見たこともある。ノジコでも何度か見たし、クロツグミやゴジュウカラでも見た。これらの種では、あえて「さえずり飛翔」とは呼ばれないが、おそらく多くの鳥がやればできる技で、キモチが絶頂ならば、移動中にもつい歌が出てしまうのだろう。

シマセンニュウ、オオセッカ、セッカ、ノビタキなどは、草にとまっても歌い、大きく弧を描くように舞っても歌う。舞って歌うのは明らかに自分の存在を目立たせるさえずり飛翔だ。セッカはオスが求愛巣を作り、さえずり飛翔はその位置を示す行動としても知られる。イソヒヨドリも、さえずり飛翔を観察するのに面白い対象だと思われる。

歌移動をするオオルリ。尾羽のつけ根の白色を目立たせている

エゾムシクイで「モード」の切り替わりを見る

多くの小鳥の歌になわばり防衛機能のあることは、第1章で紹介したように、野外実験でも証明されている。なわばり荒らしが来ると、にわかに歌い方を変える鳥もいる。

たとえば、ウグイスは、その歌（ソング・タイプ）が高いタイプ（H型）と低いタイプ

（L型）に分けられ、なわばりに他のオスが侵入するとL型が増える。飼育鑑賞歴の長いウグイスだが、そのことがつきとめられたのは野生下で、しかも一九八〇年代に入ってからのことである。[119] 一羽のウグイスは平均三〜四曲の歌のレパートリーを持つ[120]（12）。そのうち、「ホーホケキョ」や「ヒーホケキョ」などと聞こえるのがH型。「ホーホホホキョロッ」などと聞こえるのがL型。この他に、いろいろなきっかけで出される興奮時の「ケケケケ……ケキョケキョ……」という「谷渡り鳴き」がある。いずれにせよ、そのときの社会的状況、つまり自分と他人との関係性によって、使われるソング・タイプが変わる傾向は、「モードの変化」などといわれ、海外でもいろいろな鳥で気づかれ、検証されてきた。

ただ、ウグイスはなわばり荒らしに対し、いつまでもL型だけで歌うのではなく、L型の頻度が高まる、というところが要である。鳥の歌はどれほどレパートリーがあっても、その一つ一つが言葉ではない。「L型が多く出るモード」のようにいうべきだろう。多くのレパートリーを披露することも、自分の能力を示すのに必要なのだ。

少し前まで「ウグイス科」として同類に扱われていたエゾムシクイ（現在はムシクイ科）も、似たようなモードの変化が歌に表れているのではないかと、私は以前から疑っていた。

エゾムシクイの歌は、渓流の音に消え入りそうな「ヒツキ、ヒツキ」というかぼそい声で、聞こえにくく、教わらないと気づかないほどだ。深山の鳥だが、低地でも春の渡りの途中にその澄んだ声を聞くことがある。よく聞いていると、どの図鑑にも書いてある高い「ヒツキ、ヒツキ」ばかりでなく、たまに「ツゥキィヒィ、ツゥキィヒィ」という、やや低く不機嫌そうに聞こえる調子でも歌う。若鳥がたどたどしく歌っているのだろうか。いや、たまにとはいえ、これは決まったパターンとしてあちこちで聞かれるので、歌い損ねや地域限定歌ではなく、どのオスも持っている曲のようなのである。実際に繁殖地へ行くと、二、三羽のオスが接近して歌い合っているときに、誰かしらがこの不機嫌節で鳴いている。

百聞は一見にしかず、まずは声紋を見ていただくのがよいと思う［図14］。いわゆる「ヒツキ」は、一音一音が同じ周波数（音の高さ）を保っている。ふつう、三音のうち「キ」だけが高い音に聞こえるが、声紋を見ると三音とも異なる高さで、しかも最も高いのは「ツ」であった。遠くからだと「ツ」が聞こえないこともある。

エゾムシクイは葉の裏にいる虫に下から飛びついて捕らえるのが得意。上面はごく薄いオリーブ色なのに、緑陰だとなぜか茶色に見えるのが特徴

それに対し、私が「ツゥキィヒィ」と聞こえるのは、上がり調子の音と下がり調子の音が組み合わされ、花火大会でときおり見る火花の消え方さながらに、声紋が踊っている。小文字の「ゥ」や「ィ」で表したくなるのが、この曲がりくねった形なのだとわかった。声紋を見ながら改めて聞くと、まるでムンクの絵画を見たときのような、何とも不穏なものを感じる。

ウグイスの低い声が威嚇モードの象徴であるのと同様、エゾムシクイの不機嫌な調子は、本当に不機嫌なときの歌なのではないか。これをたしかめるために、録音再生実験（プレイバック実験）によって、ライバルの侵入を模作すること

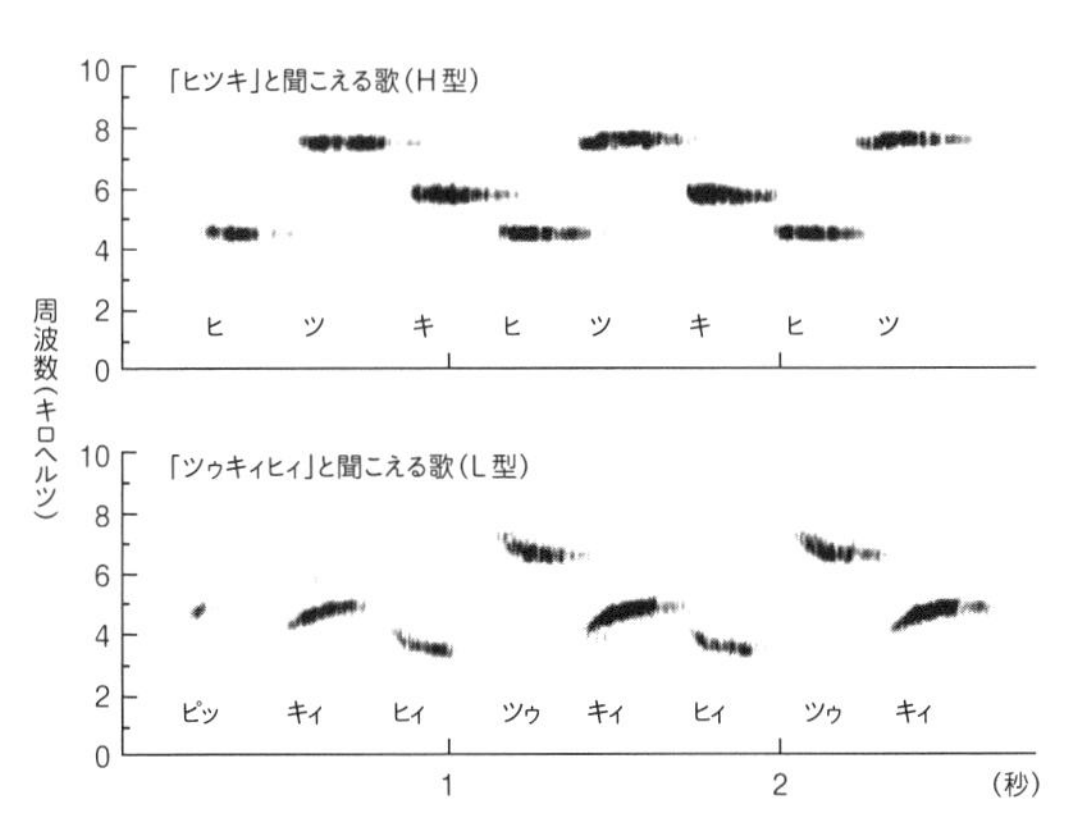

図14　エゾムシクイの歌の２つのタイプ（🔊13）
典型的な２つのソング・タイプを声紋で比較したもの。高い（High）、低い（Low）とはいうものの、その周波数帯は、高い歌で４～８キロヘルツ、低い歌で３～７キロヘルツ。重複が大きいので、「高い」「低い」とは、３音の平均、または最高・最低の周波数が違う、という意味とする。安定型と変調型といってもいいかもしれない

にした。

エゾムシクイは、本州中部から東シベリアというせまい地域で繁殖する。分布の中心で、名の由来でもある北海道では比較的多く、必ずしも山岳ばかりではないようだが、本州では崩壊地など急傾斜のある深い山の森で局地的に繁殖する。

長野県には、たとえば美ヶ原高原の麓などに、エゾムシクイが高密度にいる場所がある。美ヶ原は、山頂が広い牧場にもなっていて、その形からは想像しにくいが、古い火山である。周囲には切り立った崖や、古さゆえに深く浸食された渓谷がある。渓流に沿ってエゾムシクイのなわばりが数珠つなぎになっている谷間があるので、そこで二〇一七年の六月初旬に実験を試みた。五月初旬に繁殖地に渡来し始めるこの鳥にとって、この時期はまだ抱卵期ぐらいが多いのではないかと思われた。なるべくなら、ヒナが孵ってオスが忙しくなる前に挙行したい。幸いどのオスも、昼間もよく歌っていた。歌い方の「変化」をたしかめたいのだから、最初から歌っていてほしいのだ。独り者もいるだろうが、既婚オスも日中さかんに歌うのだとしたら、高密度ゆえかもしれない。

実験は一〇カ所のなわばりで行った。それぞれ、歌っているオスのなるべく近くで、H型の歌のテープを五分ずつ流し、実験前の五分、実験中の五分、実験後の五分それぞれで、スピーカーへの接近回数と、歌の回数、およびソング・タイプを記録した。

一〇羽のうち、スピーカーにまったく接近しなかったのが三羽いた。同種の声に反応しないような個体の遺伝子が、進化の過程で残ってきたはずはない。だから、既にヒナが孵った巣のオスだとか、周囲のオスより劣位な独身者など、何らかの歌えない事情があったことが考えられる。また、ある場所では、隣近所のオスまで集まってきて大混乱に陥った。その一回もデータには含められない。それらを除く、六羽の実験結果をご紹介したい。


なわばりのせまい種類にプレイバックしたり、なわばりの境界付近でプレイバックをしたりすると、しばしば複数の個体が反応し、実験は「おじゃん」になる。擬人的にいえば、誰しも闖入者の顔を見たいだろうし、隣家への侵入者でも、次は我が家にやってくるかもしれないのだから。そして、隣近所から来る野次馬は、なわばり主に「お前だったのか！」と勘違いされ、八つ当たりされ、とばっちりをくらい、大混乱となるのだろう。

そんなこともあって繁殖を妨害しかねないので、趣味の撮影のためなどで、やたらにテープを流すのはよくない。彼らは決して仲間だと思って来るのではなく、他の種類へは感じ得ない、とてつもないストレスを抱えて接近してくることを忘れてはいけない。長時間流されれば、血眼になって見えないライバルを探し続け、疲弊し、注意を怠って天敵に捕まってしまう危険すらある。侵入者の声に対して妙に「慣れ」が生じると、それもまた本来の生態に影響を及ぼす可能性がある。

実験中の五分間、各オスは見えない侵入者を探して四〜一一回（平均七回）、スピーカーの周囲を飛び交った。歌の回数は、プレイバックとともに微増し、テープを止めてもその傾向は続いた。ただし、二羽はプレイバックとともに歌が減った。しばらく声を呑み込んでしまうほど、ときならぬ大事件だったのかもしれない。こうした個体差は、いろいろな鳥に見られる。鳴かないから怒っていないのではなく、声も出ないほど怒っていた可能性があるのである。

いずれのオスも、実験前は一〇〇パーセント「ヒツキ、ヒツキ」のみで歌っていた。これをウグイスの研究に倣ってH型と呼ぼう。ところが、テープを流すとすぐに飛んできて、いきなりの「ツゥキィヒィ、ツゥキィヒィ」である。これをL型と呼ぶことにする。何しろ、すべてのオスが最初はH型ばかりだったのだから、その変化は歴然だ［図15］。実験で他のオスの侵入を再現し、それによって歌い方が変わることがたしかめられたのである。

さらに、「ヒツキ」一辺倒と思われがちだったレパートリーが一つや二つではないことを知って、エゾムシクイも侮れない、やはり小鳥の歌は奥が深いと思い知った。通常「ヒツ、ヒツ」と二音ずつ歌うオスも複数いたし、H型とL型のそれぞれを少なくとも二種類持つオスもいた。「ヒィツキ、ヒィツキ」というユニークなL型を披露してくれるオスもいた。ヒガラと区別がつかぬほどテンポの速い「ヒツキヒツキヒツキ」で歌い返す個体もいた。このヒガラモドキは、高さからいえば音程の安定したH型だが、プレイバックによって引き出されたはげしい歌い方だとすれば、単純に「不機嫌だと低くなる」とはいいきれない。

文字にすれば同じ「ヒツキ」でも、隣のオスとは高さが少し違うことがある。

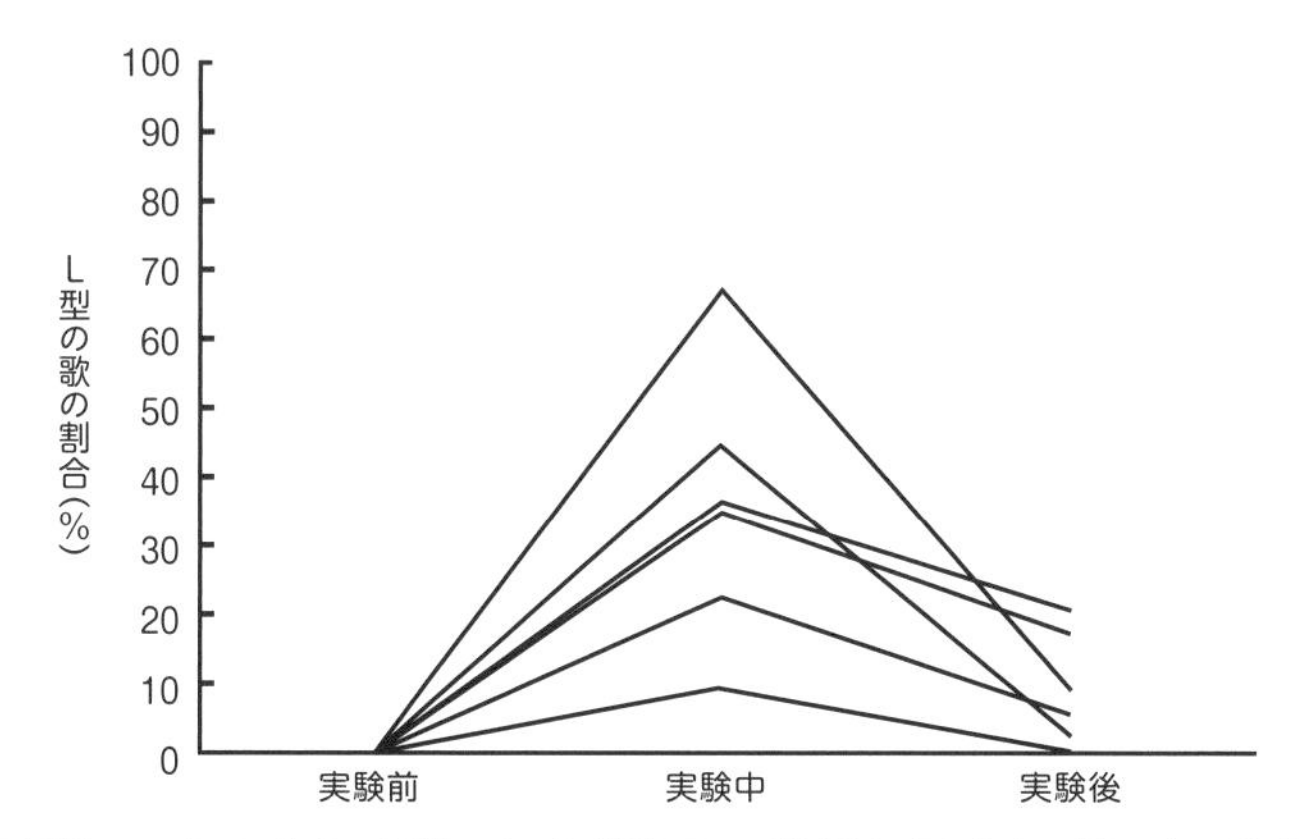

図15　エゾムシクイの6羽のオスに録音テープを聞かせたときの歌い方の変化
テープを流す前・最中・後の各5分間の変化。すべての歌の回数（どの5分間も20～40回程度）のうち、L型の占める割合。6本の折れ線のそれぞれが同一個体を表す。実験中、9～67%、平均36%がL型となり、テープを止めると歌い方は元に戻っていった。6羽のサンプルでも統計的に有意な変化だった

同じ一羽が微妙に変えて歌うのかもしれない。また、歌の一節はわずか三音だが、三音の間隔を自在に変えて歌うのでは、という印象も持った。どこまでが同じソング・タイプで、レパートリーが何曲あるのかは、意外とわかりにくい。彼らにしてみれば、すぐ型にはめたがる人間なぞに理解してもらうまい、と言っているかの如くである。

実験に先立ち、道路に立つ私から見て、被験者が川の轟音の向こうにいる場合、テープレコーダーで音声を流しても、聞き取ってくれるかどうか不安だった。しかし、それは無用な心配だった。彼らは瞬時に聞き取り、すぐに飛んできた。または、固唾を呑んだかのように一瞬沈黙した。それも聞こえた証拠である。

エゾムシクイは急斜面にそびえる大木の根元の穴などに営巣する。それは何万年かの種の歴史で洗練されてきた習性であり、渓流沿いの環境に適応してきた歴史を伴う。当然、発する音声も、渓流のノイズの周波数（低音）と離れるように進化してきたはずなのだ。そうでなければ嫁も呼べない。人にはかぼそく聞こえ、録音家泣かせであるが、彼らには進化の過程で獲得した、必要十分な周波数なのである。そして、それに順応した聴覚も進化させてきたに違いない。

一緒に歌うのは、圧倒的にオオルリ、キセキレイ、ミソサザイの三種であった。いずれも高周波の音声が多いが、オオルリは比較的声が太く、川瀬の音に負けない音量がある。ミソサザイも音量がある上、その早口で長い歌の中には、エゾムシクイの一音とぴったり一致する音があり、一瞬、エゾムシクイの声を人の耳から奪い去る。しかし、ミソサザイは非常に複雑に歌うので、すぐにエゾムシクイの周波数をよけてくれるのだった。エゾムシクイ側は、一音一音を伸ばすゆっくりしたテンポによってミソサザイの歌と区別され、ミソサザイの歌の暴力から逃れているようにさえ思えた。同所的に暮らす歴史が長ければ、似た声にならないように進化した、すなわち、他種の声も進化を促す常なる環境要因になり得る（本章6項）。

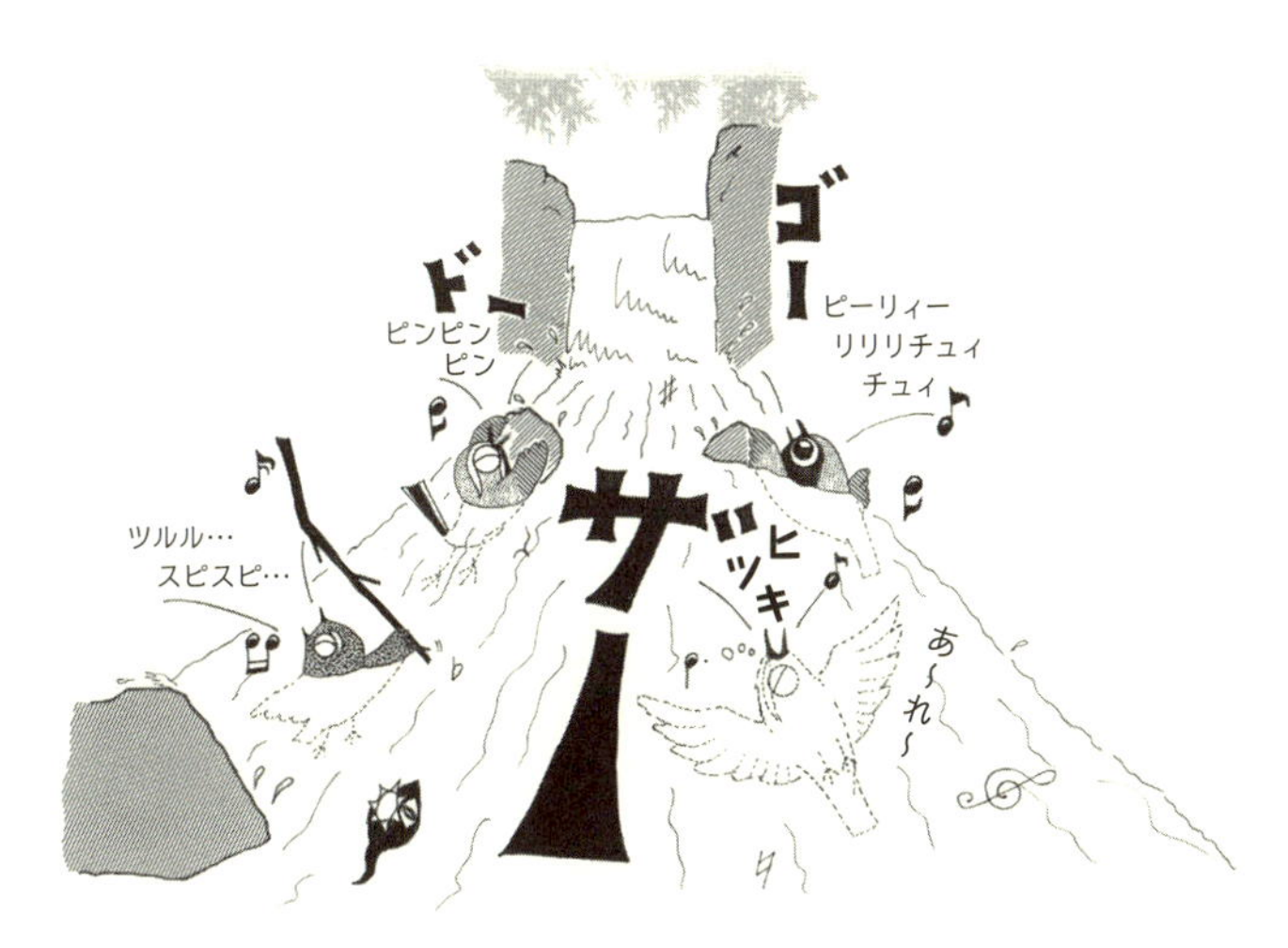

♪渓流の小鳥の声は、川瀬の轟音との戦いの中で進化してきた

エゾムシクイは地鳴きも「ピッ」という甲高い声で、さえずりより強いくらいである。一方、「チュッ」とか「ジョッ」などと辛うじて聞き取れただみ声もあった。多くの鳥がそうであるように、近距離の相手を威嚇する低い声だと思われる。「ピリリ」とばかり鳴くサンショウクイですら、不機嫌なときは「ジョッ」と鳴く。

同属のセンダイムシクイは、エゾムシクイに比べ、歌のレパートリーは明らかに多い。「チヨチヨビー。チチヨチチヨジー。シッチピジー。チュインチュインチュイン」と、毎回曲を変えて歌っているオスがいる。一方、別の谷では、「チヨチヨビー」ばかりをくり返すオスがいる。後者のオスに録音再生実験を試みたが、彼はスピーカーにはげしく近くものの、頑固一徹「チヨチヨビー」の一点張りであった。繁殖期も終盤の頃、「チイチイチイ」と、くり返し歌う鳥がいて、シジュウカラだと思っていたら、それもセンダイムシクイだったことがある。単にレパートリー数の個体差なのか、混合モードとくり返しモードがあるのか、追究の価値がありそうだ。

クロツグミはカラアカハラの歌を区別できない!?

第1章で、カラアカハラというツグミの一種が、日本で初めて営巣した記録にふれた。もっとも、人が見つけたのが最初というだけで、彼らの歴史の中では初めてでない可能性の方が高いだろう。

カラアカハラは、クロツグミに最も近縁な鳥である。[99〜101] 実際、カラアカハラとクロツグミの歌や地鳴きは非常によく似ていて、私には区別できない。声紋を採って、その構造や周波数帯から区別するのも不可能だった。[102] たった一ペアだが、彼と彼女がクロツグミの多い森で繁殖する気になったのは、自分たちに似た歌声に満ちた森だったことと無縁だろうか。そんな、証明しようのない疑問も浮かぶ。

カラアカハラの繁殖地は、ロシアと中国の国境を流れるアムール川流域を中心とした一帯だ。クロツグミは、中国の内陸にも繁殖地があるとされるが、主には日本列島で繁殖する、日本の準固有種である。両種の繁殖分布を見ると、いかにも、日本海が形成されるに伴って二種に分かれたように見てとれる[図16]。そのシナリオは次の通りだ。まず、日本列島が大陸から離れるにつれて、同一種が二手に隔てられ始めた（地理的隔離）。その後、交流のなくなった両者は、それぞれで遺伝子の変異が進んだ。そして、いつしか互いに交雑できないまでの遠い間柄となり（生殖的隔離）、別種となった。クロツグミはオスが黒いほどメスにモテて、カラアカハラはオスが青いほどメスにモテて……という別々の性選択が進み、オスの色が見るからに違う種になった。次に近縁のムナグロアカハラやヒマラヤハイイロツグミも含め、メス同士は今でも互いによく似た色模様だ。

ここで一旦、共存する鳥同士の話題を交えたい。ヨーロッパには、キビタキに近縁の、マダラヒタキとシロエリヒタキがいる。マダラヒタキがいる地域で繁殖するシ

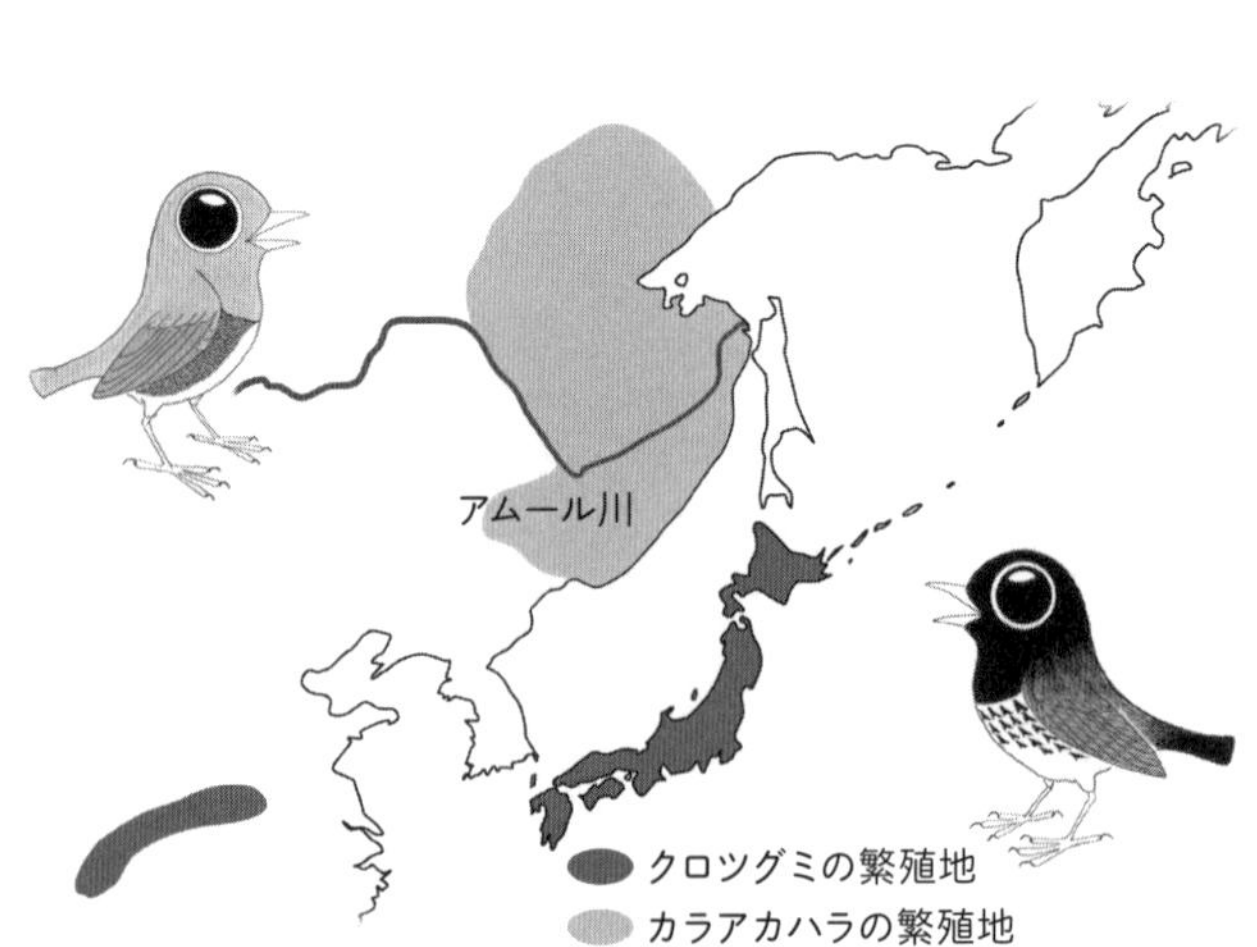

図16　クロツグミとカラアカハラの繁殖分布図
翼・脚・嘴の長さが同じ両者だが、なぜか尾羽だけクロツグミが5ミリも短い

ロエリヒタキの亜種は、マダラヒタキと区別しやすい歌を歌う。しかし、マダラヒタキのいない地域で繁殖する亜種は、二種の中間的な、特徴のはっきりしない歌を歌うという。[122]

日本での研究も紹介しよう。九州から沖縄にかけての島嶼(とうしょ)には、シジュウカラとヤマガラが共存する島もあれば、どちらかしかいない島もある。シジュウカラだけの島では、シジュウカラの歌はいろいろで、ヤマガラに似た歌い方もあるという。一方、ヤマガラと共存する島では、シジュウカラの歌はかなり厳密に「シジュウカラ的」であるという。[123,124]

これらの研究は、小鳥の歌の変化、ひいては進化が、他種の声の影響を環境要因として受けていることを示唆する例である。共存する者同士で歌が紛らわしければ、オスは無駄なパトロールやなわばり争いにエネルギーを費やし、肝心なことにコストを集中させきれない。メスは誤って他種の歌に惹かれ、子孫の残らない交雑を起こしかねない。だから、厳密に歌い分け、聞き分けるオスの遺伝子と、しっかり聞き分けるメスの遺伝子が、より多く残る方向に自然選択が働くと説明できるのだ。ヤマガラと共存する島で、シジュウカラばかりが歌の厳密さを迫られるのは、ヤマガラの方が大きくて強いからだと説明される。弱い者ほど選択圧が強くかかるので、シジュウカラの方が、歌の制約を受けるのだ。

これらのことを知ってから、私はカラアカハラとクロツグミの関係に思いをめぐらせた。比較的最近まで同種で、生殖的に隔離されて別種になっても、分布域が重複しないのであれば、歌い方まで変える必要はなかったのではないか。歌は学習によってコピーされ、歌い継がれていくものである。DNAのコピーとは原理が違う。人間ごときの耳で聞き分けられないのは当然としても、もしかしたら、彼ら自身も聞き分けられないままなのではないかという、まさかの疑念に片足をかけた。そして、思いきった野外実験に踏みきった。種間プレイバック実験である。

カラアカハラの歌は、幸い日本初営巣記録のときの録音テープがあったので、それを用い、クロツグミに聞かせることにした。テープを再生するのは五分間。その前後の五分間と比較し、歌い方の変化や、スピーカーへの接近を記録するのである。

二〇一七年六月に思いつき、すぐ実行した。まず、神奈川県の箱根仙石原で、六羽のオスに対してテープを聞かせた。繁殖進行上の諸事情や、隣接オスへの遠慮などで、反応に個体差が出ることは承知の上である。通りがかったサイクリングのおじさんは、私のやっていることを興味深げに聞いた上で、「動物も馬鹿じゃないから来ないでしょう」と言った。

ところが！　驚くべきことに、四羽が「ツー、キョキョキョキョキョッ」という烈火の如き憤りの声を出し、育雛に忙しそうな一羽を除く五羽が、スピーカーめがけて飛んできたのである。歌い返す場合も、テープ再生前の穏やかな歌い方から、怒りが如実に現れた歌い方へと変化した。そして、テープを止めると怒りの声は収まっていった。要するに、同種の歌を聞かせたときと、まったく同じ反応が引き出されたのである。反応の詳細は、クロツグミにクロツグミの歌を聞かせる実験の項を参照されたい（第3章13項）。後日、長野県の軽井沢でも九個体にカラアカハラの歌を聞かせ、放浪ぎみの独身オス（彼は同種の声のテープにも反応を示さなかった）を除く八個体から、緊張しいらだった反応を引き出すことができた。

　クロツグミの歌は、ウグイスの「ホー、ホケキョ」やアカハラの「キョロン、キョロン、ツリリ」などのように、基本パターンというものがつかめない。同じ節をくり

♪クロツグミはカラアカハラの歌を同種と誤認して、無駄にイライラ＆ガッカリ

返す歌い方もそうでない歌い方もある。一羽のレパートリーも多様だし、二キロも離れれば共通の歌がほとんどない。地方色が豊かなあまり、カラアカハラの歌をも同種内のバリエーションとして誤認したものと思われる。

一つの分布域内では、常に遺伝的交流、すなわち撹拌やシャッフルが起こるので、種は保たれてきた。その一方、交流のなくなった二つの分布域では別々に遺伝子の変異が進み、別の種として歩み始めていた。しかし、小鳥の歌は遺伝ではなく学習による文化的伝承なので、聞き覚え、伝播されるだけだ。種が分かれてから、遺伝子変異によるメスの好みの違いのような、歌い方を左右する別々の選択圧が働かなかったのではないか。だから、歌の構造を変える要因がなく、互いを別種と認知する必要が生じなかったと考えられるのだ。

もし将来、両者の繁殖分布が接し重なるようなことが起これば、しばらくは混乱が生じるだろう。しかし、いずれは、なわばり争いや交雑など、無駄なコストを避ける方向に推移するだろう（遺伝的距離によっては、種が融合するという可能性もある[125]）。つまり、オスは歌の特徴をより異質なものに特化させ、メスもより厳密に聞き分けられるように、淘汰が進むことが予想される。

今回行ったプレイバック実験を綿密に計画し直すならば、対照実験として、クロツグミと共存しない、カラアカハラ以外のツグミ類の歌を聞かせることも必要かもしれない。また、両種の遺伝的な近さを思うと、カラアカハラが金沢でつがい形成したとき、カラアカハラのメスが、周囲にたくさんいるクロツグミのオスではなく、一羽しかいないカラアカハラのオスをちゃんと選んだことも、忘れてはならないような気がする。同種とはいえ、同郷の可能性は低いわけだから、お国なまりには聞き覚えがなかっただろう。それでも、歌のどこかに、種を聞き分けるポイントがあったのだろうか。もちろん、歌で区別できなくても、独身的な歌い方に惹かれて来てみたら、父親を思い出させる懐かしい青灰色だったのだから、迷うことなくつがいになったのであろうが……ちょっとしたロマンである。

ところで、クロツグミはアカハラと繁殖分布が重なり、互いの歌を誤認しない。アカハラの方が少し大きいから、遠い過去、クロツグミは、アカハラとの誤認を避ける方向へ、歌に制約がかかったかもしれない（繁殖中のクロツグミが、渡り途中のアカハラを追い払うのを見たことはある。共に繁殖する場所で種間なわばりがあるかどうかは、たしかめられていない）。一方、大陸では、カラアカハラが、シロハラやマミチャジナイ（この二種はアカハラと近縁）と誤認が起こらないように、歌に制約がかかったかもしれない。アカハラ・シロハラ・マミチャジナイは歌い方が似ているから、たまたま同じ選択圧（淘汰圧）が、クロツグミとカラアカハラに同時的にかかったのであろうか。

いや、日本列島が大陸とつながっていたとき（一〇〇〇万年以上前）、クロツグミ・カラアカハラ（さらにムナグロアカハラなど）の共通祖先「A種」と、アカハラ・シロハラ・マミチャジナイ（さらにアカコッコなど）の共通祖先「B種」は共存していただろう。だから、「そっちが歌い方を変えろ！」という選択圧があったとしても、それはもっと古い時代、彼らの原種であるA種とB種の時代のことだったのではないか、と想像される。

カラアカハラにクロツグミの歌を聞かせる実験は、大陸へ渡らないとできない（近年、西日本でカラアカハラの繁殖を示唆する観察例もあるようだが）。しかし、アカハラとシロハラなら、日本国内で相互の反応をたしかめることができそうだ。アカハラは、東日本から千島列島で繁殖する。シロハラは、朝鮮半島からアムール川下流部で繁殖するが、日本の中国山地や対馬で繁殖している可能性も高い[126]。渡りの途中では互いに歌を聞き合い、聞かせ合っているが、なわばりを張っていないので大きなトラブルには至らない。しかし、隔離分布している繁殖地では、アカハラとシロハラは相互の歌に反応するだろうか。

　DNAの塩基配列に基づく遺伝的な差異を測ると（※）、現在知られている限り、日本の鳥の中でもっとも近い二種は、アカハラとアカコッコである。この二種は、世界的には同種扱いされている。次に近い二種はカッコウとツツドリで、三番目に近い二種が、何とクロツグミとカラアカハラなのである。[100]
　これらは、この方法による世界的な基準をあてはめると、一般的な種間（別種）の遺伝的距離よりはるかに近く、同種内の変異の範囲に収まってしまう。これらが分かれたのは、鳥類が約一万種に分化した一億五〇〇〇万年の歴史の中では、たとえば数十万年以内という（桁違いの誤差があるかもしれないが）、きわめて最近の出来事の可能性すらある。
　ちなみに、マガモとカルガモ、セグロカモメとオオセグロカモメでは、個体によってはこの部分の塩基配列が完全に一致し、この方法では区別できないことがある。一方、同種とされる中でも、一般的な種間の差以上の遺伝的変異のある例が、少なからずある。[100]

　※正確には、ミトコンドリアDNAの、ある六四八の塩基対部分の配列のうち、何パーセントが共通しているかを調べる方法。同種内では二パーセント以内の変異であることが多い。種を定義する概念には、交配の可能性を重視する説や、識別の可能性を重視する説など複数あり、併合主義や細分主義にも分けられ、統一されていない。

色や骨格、大きさなどの形態のほか、生態、行動、生理など、種を分類する基準は多々あり、総合的に識別されるべきと考えられている。DNA塩基配列を用いる方法は、現代的な分類の一手段である。

7

夜明けのノジコがアオジっぽく歌うのはなぜか

前項で、日本海の形成に伴って隔てられ、種分化した例として、クロツグミとカラアカハラについて述べた。同じ因果関係で種分化したと考えられる例に、ノジコとアオジがある(口絵P2、3参照)。

ノジコは世界でも日本の本州だけ、それも主に中部以北でしか繁殖しない、一万羽に満たないとされる鳥だ。系統的にノジコとごく近縁なのがアオジである[127]。アオジは本州中部から東北、北海道、シベリア東部にかけて繁殖する、数の多い鳥だ。

島国だけに残り、そこで進化してきたのがノジコ。大陸側に残って進化したのがアオジ。前項でもふれたが、まず地理的隔離が起こり、その後、遺伝子が一定頻度で変異を起こして生殖的隔離に至ったという筋書きだ。その後、アオジが繁殖地を北方から南へ拡大し、本州でノジコと再会したと考えられそうだ。

もう少し詳しくいえば、ノジコは、本州中部の日本海側では標高三〇〇メートル以上、太平洋側では六〇〇メートル以上、一三〇〇メートルぐらいまで生息する。河畔林や湿地の疎林に、数つがいずつひしめく場所がある。

アオジは、本州中部では標高九〇〇メートルから一七〇〇メートルぐらいにかけてすみ、明るいカラマツ植林地や河畔林、牧場の周囲の林縁部などにいて、ものすごく過密な場所もある。新潟県や東北地方では低山にもいて、北海道では低地の林にもふつうにいる。アオジは一九九〇年代以降、新潟県や石川県の海岸線の林でも、急に繁殖集団を作り始めた。新しい繁殖集団は数年で消滅することもあるが、依然として繁殖分布を南や低地へ広げようとする勢いがあるのかもしれない。

ノジコとアオジの歌は音質が似ていて、しばしば間違われる。ノジコは「チョンチョンピピチョチョツツピー」など、同じ音を二〜三回ずつくり返し、高低のメリハリをつけて、テンポよく歌い上げる。アオジは「チッ、チョン、ツピー、チロー、チチロ、ジー」など、一音ずつが多く、区切り区切り歌う。

ところが、朝の四時前後、夜明けの時間帯には、ノジコが「チョン、ピピ、チョチョ、ツツピピ、チョチョチョ、ピンピン、ツツピー、チリリ……」と区切り区切りに歌い続ける［図17］。断続的な節のくり出しで、個体によっては、一曲の終わりがまったくわからない。同じ音素が二〜三個続く部分や、ピリリンという特徴的な響きの音で、辛うじてノジコとわかるが、テンポだけを頼りにしたら、アオジと誤認されても仕方がない。以上のことは、図17でおわかりいただけると思う。

まず、なぜ夜明けのノジコ

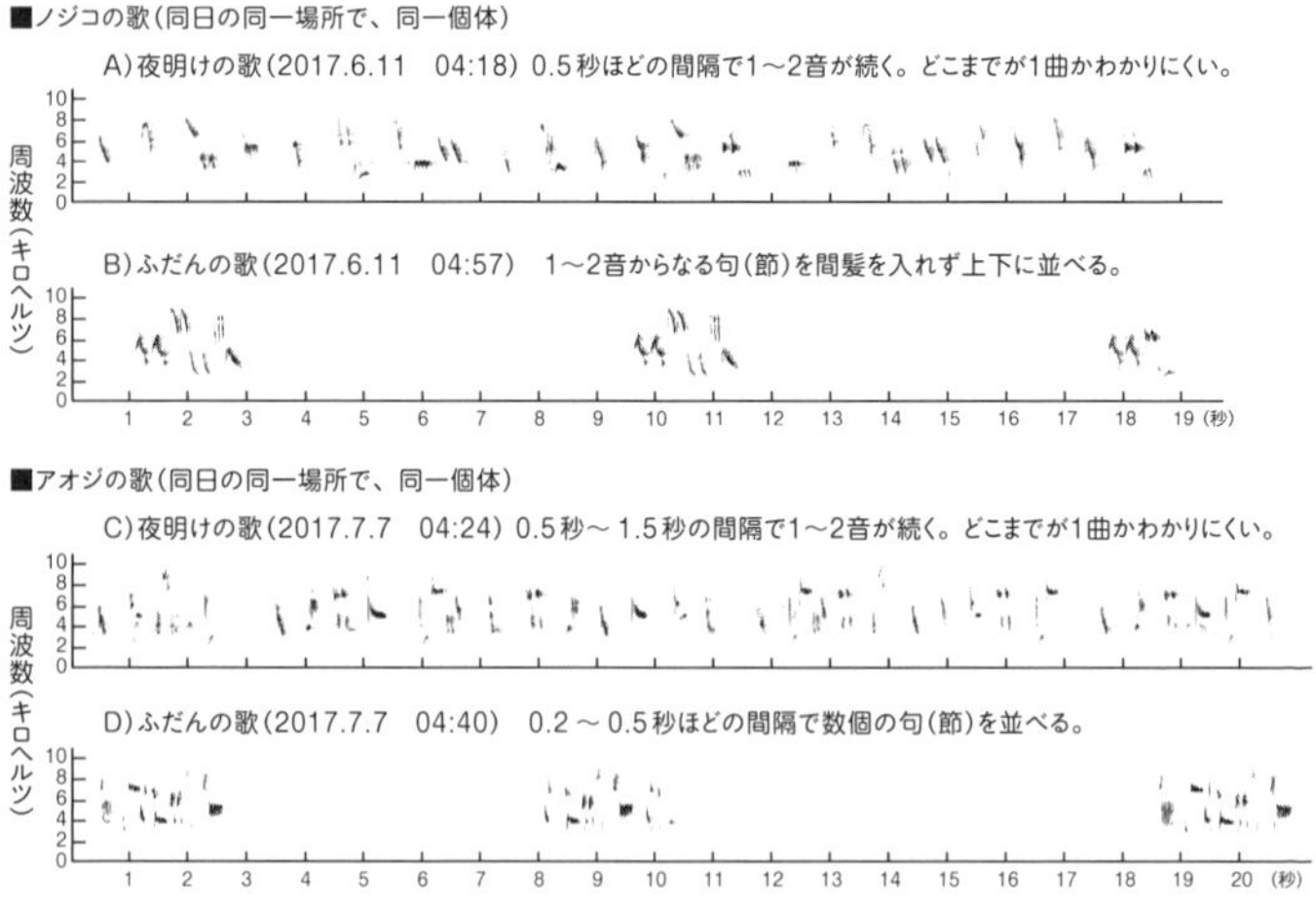

■ノジコの歌（同日の同一場所で、同一個体）

A）夜明けの歌（2017.6.11　04:18）0.5秒ほどの間隔で1〜2音が続く。どこまでが1曲かわかりにくい。

B）ふだんの歌（2017.6.11　04:57）　1〜2音からなる句（節）を間髪を入れず上下に並べる。

周波数（キロヘルツ）

■アオジの歌（同日の同一場所で、同一個体）

C）夜明けの歌（2017.7.7　04:24）0.5秒〜1.5秒の間隔で1〜2音が続く。どこまでが1曲かわかりにくい。

D）ふだんの歌（2017.7.7　04:40）　0.2〜0.5秒ほどの間隔で数個の句（節）を並べる。

周波数（キロヘルツ）

（秒）

図17　ノジコとアオジの夜明けの歌とふだんの歌（🔊14）

ノジコのふだんの歌（B）は、高さの違う2音ずつが間髪を入れず続くので、歯切れよく聞こえる。アオジはふだんの歌（D）でも音素間が0.2〜0.5秒開くことが多い。そのため、アオジの歌はゆったりした印象なのだろう。この図の夜明けのノジコ（A）は、夜明けのアオジ（C）以上に、音素の間隔を開けて歌っているので、ノジコらしくなく聞こえるは間延びした歌い方なのか。昼間ふつうに聞かれる歌の方が、圧倒的に元気よく聞こえるので、「夜明けはまだ寝ぼけているのだろう」という声も聞こえてきそうだ。しかし、他の鳥が皆ガンガン歌っているのに、世界でノジコだけが寝ぼける科学的根拠が説明されなければ、その説は却下だ。なので、ノジコにとって、この歌い方が「ガンガン」なのだと解釈する方が理に叶う。

　すると、ノジコは節と節の間隔（インタバル）を開け、全体として曲の切れ目をなくすことで、他者に「歌い続けている」と思わせる戦法が考えられる。さらに声紋を見ると、夜明けの歌は意外にも、短時間にいろいろな音素をくり出していることがわかる。そのことも、同じ曲をしばらくくり返す昼間の歌い方と、モードが異なっていることを感じさせる。つまり、間延びしながらも、けっこう神経を使って歌っていそうなのだ。

　では、夜明けのアオジはどうだろうか。いつも区切り区切りの印象なので、変わらないだろうと思っていた。しかし、改めて聞きに行ってみると、ふだんより少し音素や句の間隔が長く、音素をバラした感じで、その分、曲と曲の境目がわかりにくかった［図17］。

　夜明けは、ノジコもアオジも、句や節を小出しにし、インタバルを開けすぎず詰めすぎず、歌い続けてみせている感じだ。私たちはつい「どこまでが一曲か」にこだわってしまうが、彼らには、それは重要でないのかもしれない。いろいろな節をレパートリーとして持っているという、そのことを披露するのが最重要課題なのだ。

四時半を過ぎると、彼らの歌もぼちぼちメリハリがつき、一曲一曲がはっきりしてくる。ときには、歌い続けている中で、インタバルがみるみる広がってゆく。夜明けの歌だけがエンドレスな感じなのは、ノビタキでも感じることがある。


次に、ノジコとアオジの歌い方が、どういう過程で分かれてきたかについて考えたい。現在、ノジコとアオジが同居している場所はいくらでもあるが、結果的に喧嘩や交雑がたぶん起こっていないのは、歌い方を違えてきたことも役立っているに違いない。そのプロセスに関する仮説は大きく二つだ。

一つは、両者の再会とは無関係に、ノジコのメスの好みが少しずつ変わってきて、その好みは遺伝する性質だった。その結果、二、三音ずつ音程を上下させてテンポよく歌うオスが選抜されてきた、というような可能性。同様に、アオジの方が一方的に変化した仮説も立てられ、証明はできない。

もう一つは、一方の歌が他方の歌い方を変えさせる環境要因になったという仮説である。生殖的にも隔たり、両者が出会わない地理的状況下では、歌い方を変える必要はなかったかもしれない（本章6項）。しかし、ひとたび別種になった者たちが、歌を区別できないまま再会すれば、種間のなわばり争いや、別種の異性に惹かれてしまうなど、無駄にコストを費やしてしまう。無駄なことをするような個体の遺伝子は、効率よく行動する個体の遺伝子に、徐々に負けて淘汰されていくだろう。この場合、だめなアオジができるアオジに、または、だめなノジコができるノジコに負けるのだ。だから、再会して分布が重なるにつれて、互いに（あるいは弱い方の種で）紛らわしくない歌い方をする個体の遺伝子ばかりが選ばれて残ってきた、という可能性がある。聞く方も、聞き間違えないような注意深さを持った個体の遺伝子が残ってきた。相伴って、分布が再び重なりながら、歌い方が区別されるように自然選択されてきた、という可能性だ。

　繁殖期にノジコと接触のない地域のアオジは、どのような歌い方なのだろうか。亜種シベリアアオジ（日本のアオジとは、オスの色彩が少し異なる。遺伝的距離からして、いずれ別種扱いされる可能性がある）[100]の歌はわからないが、道産子アオジは、基本的には本州のアオジと変わらない気がする。すると、ノジコと再会しようがしまいが、アオジはずっと歌い方を変えていないのかもしれない。前項で紹介したヤマガラとシジュウカラの関係のように、体の小さいノジコの方が、歌の混同によるリスクを負いやすいのかもしれない。シベリアっ子も道産子も、アオジは堂々と昔のままに歌い、本州にアオジを迎え入れたノジコだけに選択圧が強くかかり、歌にメリハリを利かせたノジコの子孫だけが生き残ってきた、と考えたくなる。ノジコの数が少ないことも、アオジより低い山で繁殖することも、アオジに競り負けたり、すみ分けたりしながら何とか生き残ってきたことを想像させるが、それは私の勝手なファンタジーとしておく。

アオジの歌が両者の先祖の歌に近いものだとすれば、ノジコが夜明けにアオジっぽく歌うのは、ノジコにとって、それこそ朝飯前なのかもしれない。

ノジコが夜明けにゆったり歌っても、概ね「二音ずつ高低高低」で歌ってくれれば、アオジは誤認しないのだろう。一方、録音したノジコの歌の音素をバラし、高低の規則を変えて並べ、ノジコに聞かせたら、ノジコ自身も反応しないかもしれない。アオジの歌の音素をバラし、ノジコ的に配置して聞かせたら、ノジコは反応するだろうか。ぜひ、誰かにやってほしい実験である。

第3章

歌う鳥の私生活

日本一の歌い手の、
面白すぎる私生活と、
暴かれた
オスたちの本音

主人公とその歌声

私は大学四年生のとき、森でよく歌う小鳥の子育てを観察してみたい、という単純素朴な理由でクロツグミの観察を始めた。クロツグミは山の鳥なので一般的には観察しにくいが、北陸や東北には海岸線の松林で繁殖しているところがある。石川県金沢市のＦ森は海浜公園となっていて歩きやすく、フィールドとして好適地だった。一羽や二羽がいても調査対象にはならないが、おそらく二桁のつがい数からなる安定した繁殖集団と思われたので、調査対象にふさわしかった。夏鳥だから冬はサボれるし、オスとメスで色が違うから、そこで悩むこともない。新発見などしようと思っておらず、ただ個体の戸籍のようなものが作れて、経年的にも追跡できたら、鳥に愛着が湧いて面白いだろうな、くらいのつもりだった。

鳥の体の扱い方を学ぶ講習を受け、鳥を捕獲し足環をつける調査の資格を取った（渡りルートなどを調べるため、環境省が行っている「鳥類標識調査」。公益財団法人山階鳥類研究所がセンター）。そして鳥をかすみ網で捕獲し、クロツグミには環境省の足環のほか、カラーリング（色足環）をつけた。そこまでは難しくなかった。が、密林の中に放した後は枝葉に隠れ、簡単には足環の色が見えなかった。それに、かなり多数のクロツグミが渡りの途中に立ち寄るのだろう、いくら足環をつけても、やっと双眼鏡で見ることができても、足環のない者ばかり。F森で繁殖するクロツグミに足環をつけるという意味では、渡りの季節が終わる五月下旬までは効率が悪すぎた。もともと無欲な上、そんなふうに難航し、大した成果は上がらなかった。一九八〇年代終盤のことである。

　就職した郷里の神奈川県では、箱根がクロツグミの名所だった。一九九三年、ためしに仙石原湿原の疎林へ行ってみると、改めて聞くその歌が明朗で美しく、録音したくなった。録音して初めて気づいたのは、

4月下旬、クロツグミが続々と渡来し、つがい形成をしている頃の海岸砂丘林。林内はまだ明るく、林床はハマダイコンの花が満開

一羽ずつしっかりしたレパートリーがあり、それを順ぐりに歌っていることだった。クロツグミの歌はもともと好きだったが、それまでは、彼らの歌は複雑すぎ、自由自在、無限に作曲しながら歌っているように思い込んでいた。だから、鳴き声を研究するなどとんでもない、泥沼にはまり込むからけっしてやるまいと耳をそむけていたのだ。

箱根の録音でわかったのは、歌は数節からなり、その第一節は、一羽がせいぜい十数種類のレパートリーだということ。十数種類のそれぞれを、個体ごとに一定の割合で使っているということだった。そして、同じ鳥であれば、どのソング・ポストで歌ってもそのパターンは変わらない。何曲かは隣のオスと同じ持ち歌で、何曲かは共通していない。

ここで、クロツグミの歌というものを、きちんと定義しておこう。

クロツグミの完全な歌（フルソング）は、笛のように音色のよい主旋律で始まり、ジジーッとか、ツリリンとか、ツピーツピーなど、小さなつぶやき声をつけて終わる。[128] 主旋律もつぶやき声も、いくつかの「節」からなる。声紋［図18］を見ていただくと、前者は周波数帯が低くせまいのに対し、後者はそれが高く広いことがわかる。周波数帯が高く広いというのは、物をたたいたりこすったりするときに出る、タンタンとかザーザーとかギリギリといった耳障りな音と同じだ。

歌が完全な構成をなしているか、最後のつぶやき声を省いているか。それが、これからの話で重要なキーになる。

さて、歌でオスの個体識別ができることを、足環つきのクロツグミがまだ残っている金沢のＦ森で、きちんと調べ直そうと思った。先行投資をして、翌年の春から夏に週末のためだけのアパートを借り、毎週末に羽田空港と小松空港を往復した。望遠鏡を駆使して足環の色を確認し、歌のレパートリーで個体識別できることをたしかめた。

個体ごとに歌の第一節のレパートリーをカナで書きとめ、それぞれが聞かれるたびに「正」の字を書いていく。一〇〇回以上聞いたところで、それぞれの曲が歌われた割合をパーセントで表す。すると、どのオスも「キヨコ」で始まる曲を持っていたとしても、一〇回歌ううちそれを四回も使うのは誰で、二〇回に一回くらいしか使わないのは誰で、といった個性がわかる。また、ほんの数パーセントでも、

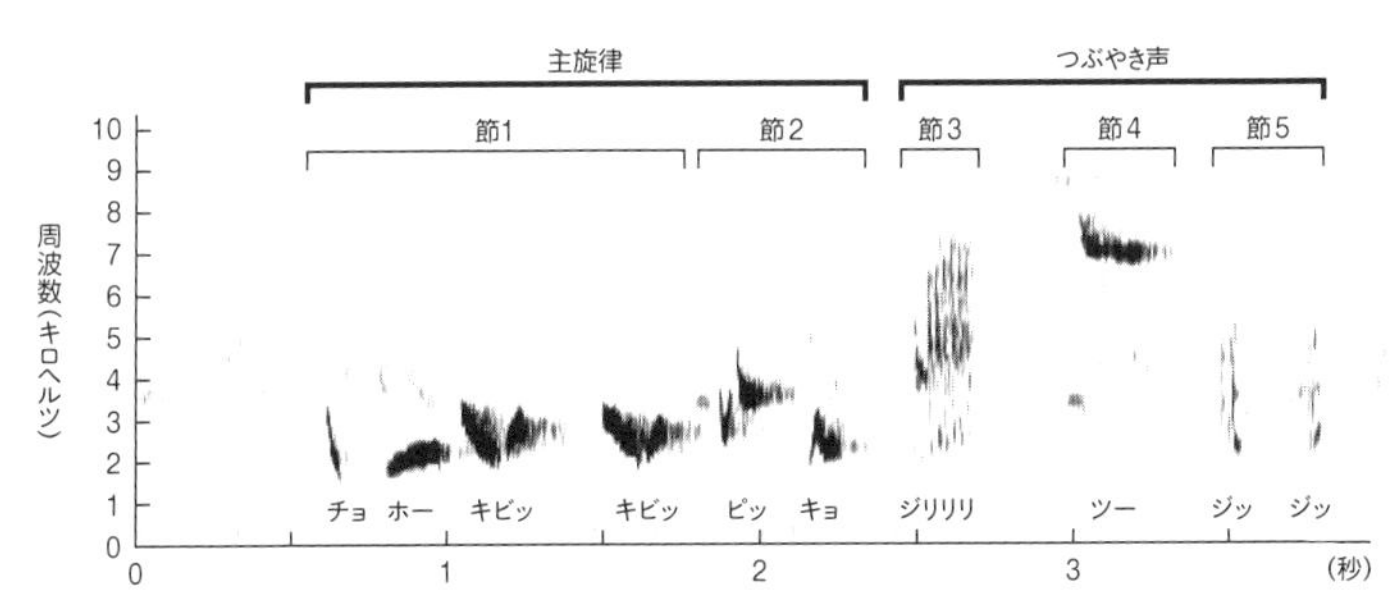

図18　クロツグミの完全な歌（フルソング）の構成（15）
完全な歌は音色のよい「主旋律」で始まり、「つぶやき声」で終わる。主旋律もつぶやき声も、いくつかの音素や、同じ音素をくり返す「句」からなるが、いつもひとまとまりとして使われる音素や句の集まりを一つの「節」と定義する

ある一羽しか使わない曲があれば、それを聞けば一発で誰かわかるのだ。オリジナル・ソングがある理由としては、幼鳥時代の学習能力の個体差でアレンジしたような結果になったり、歌のお師匠さんが亡くなり、その曲を歌うのが一羽だけになったりした可能性が考えられる。

さあ、ここまできたら、今まで密林の中でわかりにくかった行動を声で追跡し、声を切り口に彼らの社会生活を暴いてやろうと思った。やがて転職し、四月から七月まで、出張で調査に打ち込める仕事環境に移った。いや、本当のことをいうと、目の前であからさまに一夫二妻を演じるあのオスがいたからこそ、私の研究は初めて面白みを増し、転職まで決意させたのだ。そのオスは、足環の色がレッド（R）、ブルー（B）、オレンジ（O）だったので、その頭文字をとって、「ルビオ」と呼ぶことにする。

第1章で述べたように、声は聞く相手がいるからこそ進化した社会行動だ。彼らの社会生活は鳴き声に表れるはずである。そこまで確信して臨んだわけでもないけれど、クロツグミは独身と既婚とでこんなにも歌い方が変わるのか、そして、既婚者なのに独身のふりをしたくなるのがオスの本音なのだということを、すべてルビオ一人が教えてくれた。そうしたことを、あとから多くのオスで追加検証したけれど、ルビオ一人の行動に、すべてが盛り込まれていた。ときと場合による歌の使い分けについて、ほとんどの点で、ルビオは飛び抜けてわかりやすかったのである。

クロツグミは夏鳥として九州から北海道で繁殖し、冬は中国南部やベトナムへ渡る。まれに日本国内で越冬個体が見つかることもある。中国南西部にも繁殖地があるとされるが、それに関する情報は少ない。ツグミより少し小さく尾が短め。オスは目立つところに出て歌う大胆さがある。メスは開けたところで採食する個体もいるが、茂った森の下の方にいることが多い。キョッという地鳴きはアカハラなどより低く、チョッに近く聞こえる。飛翔中に出す地鳴きはヅィーと聞こえ、アカハラなどのツィーより濁っている。はげしい闘争などのときはツー、ツーとかチョッチョチョチョチョッと強く鳴く。あまり知られていないが、二歳以上のオスは背中が屋根瓦のようなスレート黒色で（銀灰色に近い）、頭部の漆黒との差が明瞭になる。ゴリラの強いオス「シルバーバック」のようだ。

英名はJapanese Thrush、またはGrey Thrush

2 繁殖地への帰還

中緯度地域で繁殖する鳥は、どこかしらの夏鳥であるものが多い。越冬地から、春に繁殖地へ帰還する。ハクチョウも、日本では冬鳥だがシベリアでは夏鳥である。日本は南北に細長いので、その中での季節移動で渡りが完結する鳥も多い。同じ地域で一年じゅう見られる鳥でも、一部が渡っていたり、夏と冬で個体が入れ替わったりしていることも多い。南国から日本列島への夏鳥の渡来は、ざっくりいって、四月下旬から五月上旬頃がピークで、早めのものは三月から始まり、遅めのものは六月までかかる。

「生きものごよみ」の例として、よく夏鳥の「初認日」が記録され話題になるが、同じ種類でも、最初に到着する一羽から、最後に到着する一羽まで、一カ月余りの開きがある。

クロツグミは「四月十日頃に渡ってくる」などの記述もあるが、それはあくまでも初認日のこと。金沢の海岸林で、私が歌のレパートリーで個体識別して記録をつけていた限り、四月二十日から四月三十日までがオスの到着ラッシュだった[図19]。この期間、去年のなわばり主たちが、ほぼ同じ場所に、日に日に帰還してくる。そして、主が戻らなかった空き地などに、新成人たる若鳥が入り込む。

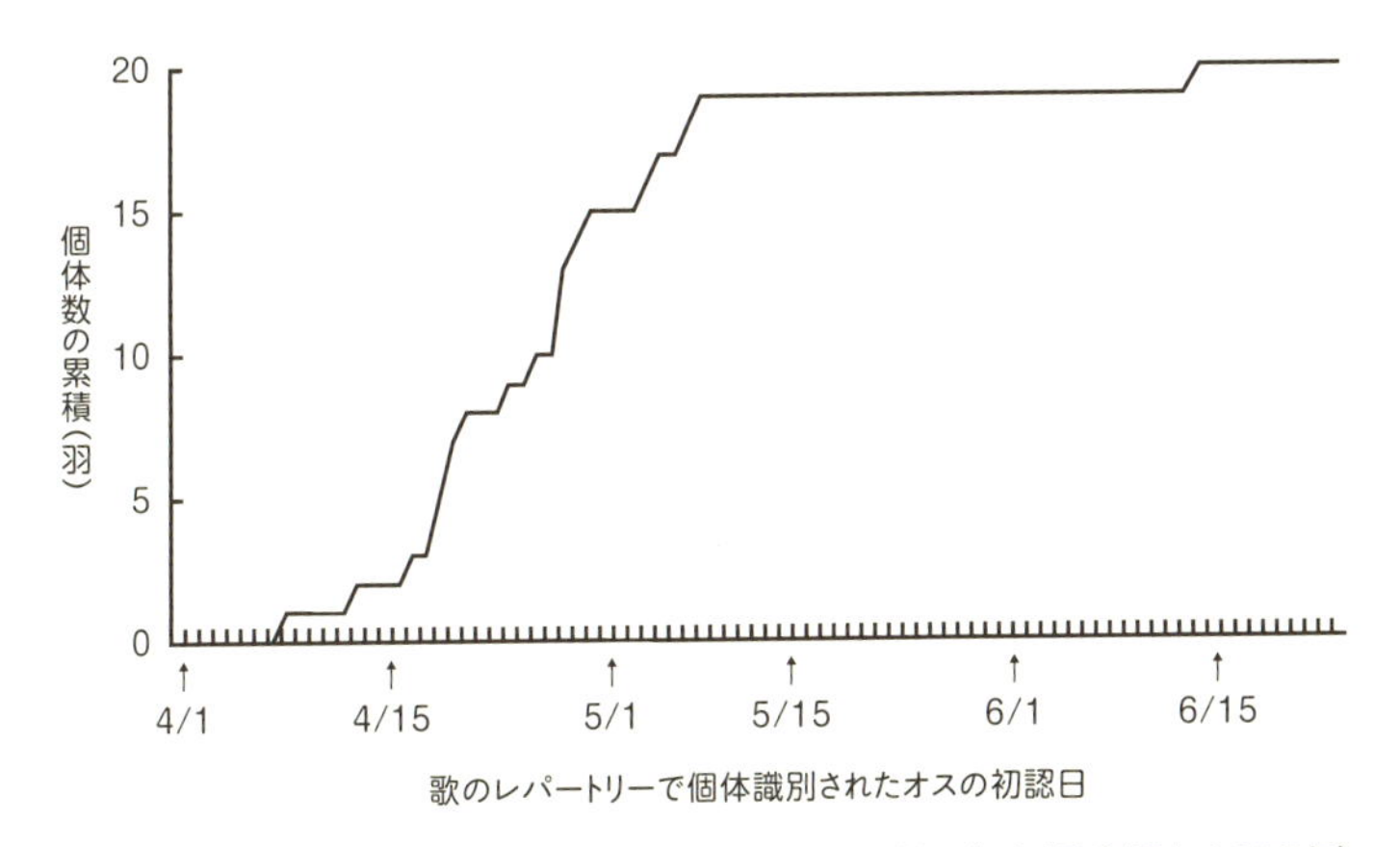

図19　クロツグミのオスが繁殖地へ続々と帰還する様子（石川県金沢市 1996年）
最初の一羽は4月8日だが、急増するのは4月20日から4月30日にかけてで、繁殖集団の大半がそろうのには約1カ月かかることがわかる

♪一気に渡るのは、星の出ている夜。
一刻も早く繁殖地に帰還して、夜明けにはなわばりを宣言したいところだ

天気の悪い夜はあまり渡らないので、この一〇日ほどの間に二、三回の波として、到着便はやってくる。五月十日には、オスのほぼ全個体がそろう。繁殖地への帰還は、一般的に成鳥ほど早く、オスほど早いといわれる。そうした傾向はあるだろうが、実際には、若鳥やメスがその年の初認になったこともあった。

小鳥たちは体内にある磁石のようなものと、星の配置で方位を認知しながら、多くは夜に渡る（星座というと語弊があるが、北極星から三五度以内にある星の位置を見て、方角を定めているという）[129]。春の渡りは、丸めたカーペットを南から北へ転がして広げていくように、南の繁殖地ほど早く到着し、定着する。北をめざす者も同時期にそこを通過しており、顔を見てもわからないが、そこではゴールインした者と旅の途中の者とが一時的に混在している。同じ種類の夏鳥が九州に到着し始めてから北海道に到達するまで、一～二週間の差が出る。

3 なわばり形成

クロツグミのように、基本的に群れで生活しない渡り鳥は、繁殖が終わればペアを解消する。バラバラに南へ渡り、単独で越冬生活を送り、春になると個別に北上を始め、繁殖地に戻ってくる。そして毎年新しくつがい形成をし直す。

例外もあるが、多くの鳥で一般的に、オスは一足先に渡ってきてなわばりを確保し、メスは少し遅れて渡ってくる傾向がある。オスには、よいなわばりを確保するための闘いがあり、それに勝つためには早く渡来した方が有利だからと説明される。メスは結婚しそびれることがほぼないので、遅れて渡来しても何とかなる。繁殖のための栄養補給を優先しながら渡ってくるべきだろう。

早く到着したオスから好きな場所になわばりを構え、歌でそれを宣言する。成

草原に面した木の頂や、目立つ立ち枯れの梢など、声が通るところでなわばり宣言

鳥オスは、だいたい前年と同じ場所になわばりを占有する。勝手知ったる場所の方が、繁殖の成功を見込めるのだろう。結果的に、そうした方が有利だから、進化の歴史の中で、帰巣本能にかかわる遺伝子が受け継がれてきたわけである。年をまたいでなわばりを調べられた二十数羽のオスのうち、前年に繁殖した場所をやめて一キロも離れた場所になわばりを持ったオスは、一羽だけだった。

若いオスは成鳥オスより遅めに帰還する傾向があるから、初めての繁殖期の場所とり合戦では、実力（自信？）の差と場所への執着心の差で負けてしまい、空いている場所へ追いやられることが多かろうと思われる。でも、隣接するオス同士、持ち歌が共通する傾向はあったから（図39、表2）、生まれた近辺へ戻ろうという本能はあるのかもしれない。

つがい形成と離婚

四月中旬から五月初め、オスがなわばりを確保してガンガン歌っているのを見ていると、実際、花嫁候補がひょっこり姿を現すことがある。クロツグミのメスはふだん目立つ高枝などには出てこないが、このときだけは、オスに近づくため、目につくことがある。

ここで、オスは歌い方を変える。何と、私たちにはいい声に聞こえない、つぶやき声だけをぶつぶつと長く続けるのだ[図20]。五分以上続けることもある。大きな声ではないし、ヒバリほどではないが、ツグミの仲間でも休まず歌い続けることができるというわけだ。「つぶやき声だけの歌」はこのあとで重要なので、覚えておいていただけるとありがたい。

メスはしばらくそれを聞いていて、森の中へ飛び去る。オスはそれを追うが、隣のなわばりまで行かれてしまうと、深追いはできずに諦めて戻ってくる。おそらくそんなくり返しで、つがいができてゆく。

前年と同じつがいで繁殖することもふつうにある。相手を覚えているというよりは、前年に繁殖がうまくいった記憶がその場所への執着を促し、結果的に同じ相手になるという方が正しいように思う。足環の色がオレンジとピンクだったことから、それらを混ぜた色の名「サーモン」と呼んだオスは、ピンクとモーブ（藤色）の混合色から「ビオラ」と呼ばれたメスと、毎年F森の同じ場所で繁殖した。人から見ると息の合ったこのペアが、シーズン中に三回の子育てをすることもあった。

ヤブサメやウグイス、セッカなどでは、一繁殖期の中での離婚、再婚が頻繁にある。冷めたつがい関係を承知で、複婚を進化させた戦略といえるかもしれない。一方クロツグミやシジュウカラなどは、一繁殖期の中ではほとんど離婚がないようだ。しかし、茂った植生の中では浮気が十分にあり得る。しっかり入籍してから浮気をする戦略なのかもしれない。

仲よさそうなつがい関係の一方で、シーズン初期の離婚を二例見た。

サーモンが満一歳の年、若鳥だったにもかかわらず、彼は四月八日に森へ一番に帰ってきた。二日後、これも早々と渡ってきたメスがいた。他にオスがいないので、サーモンは難なくこのメスと結ばれたように見えた。仲良く地面を歩きながら採食を行い、たまにサーモンが小声で歌っていた。しかしその後、海岸林に二〇羽以上のオスが渡ってきてから、蓋を開けてみれば、このメスは、一キロ近く離れた隣のS森で、別のオスとつがいになって繁殖した。サーモンが生涯の妻、ビオラと結ばれたのはその後のことである。

さて、今後たびたび登場する「ルビオ」というオスの話だ。ある年の帰還当初、彼は前年にペアを組んだピンクの足環の「ピーコ」というメスと再会し、一緒に地上採食をしていた。「今年もこの夫婦で繁殖するんだな」と思っていたのだが、一週間後、ピーコはルビオの生涯のライバル「ドール」のつがい相手となっていた。幸い、ルビオは別のメスとつがいを組んだので、その年を未婚で終えることはなかった。ちなみに、ドールの名は足

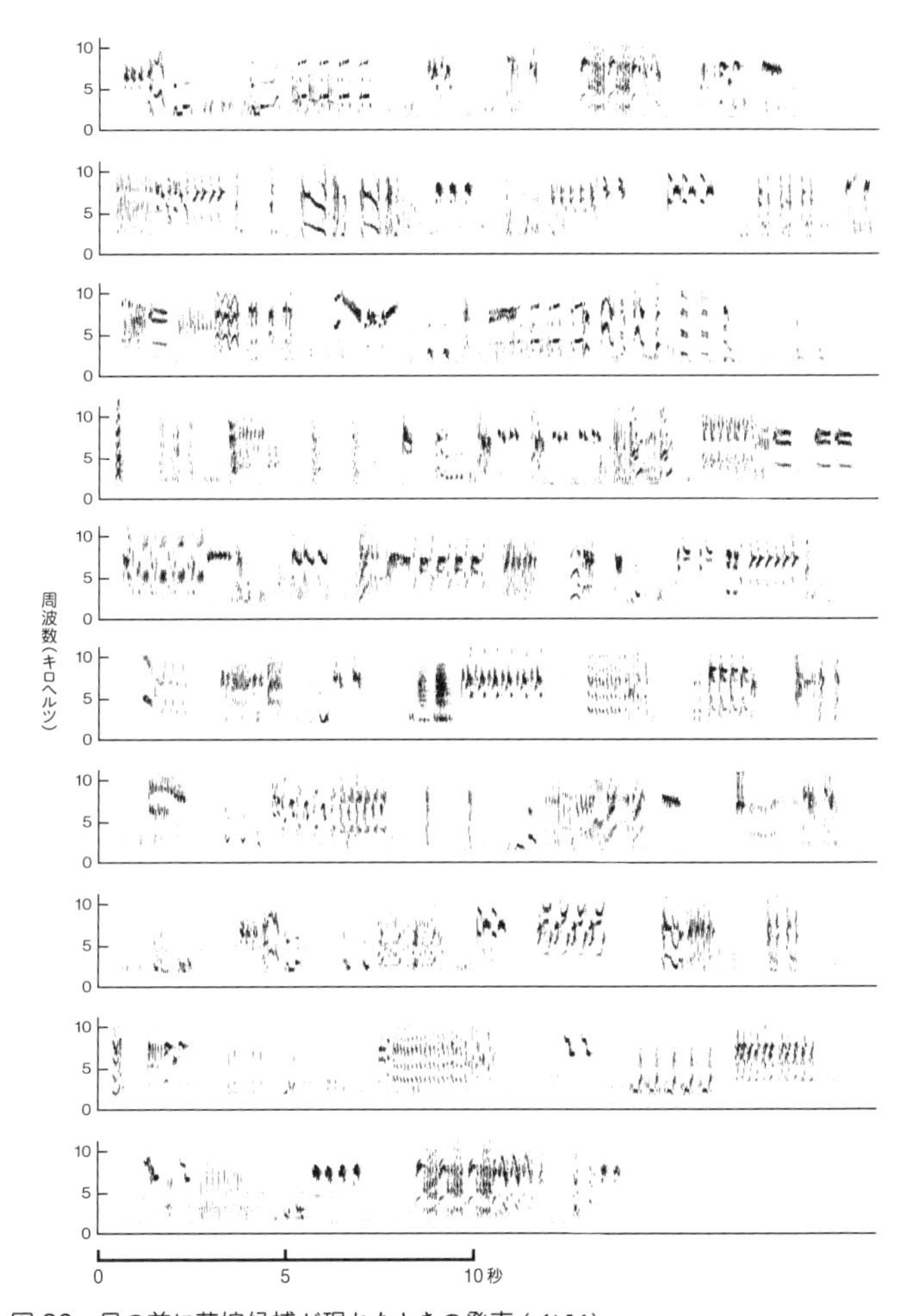

図20　目の前に花嫁候補が現れたときの発声(16)
約3分15秒連続したつぶやき声。似ている波形でも、まったく同じものはほとんどない。小声の主旋律も交じるが、大半は周波数帯の広い複雑な音響構造。クロツグミという種の情報は伝達されにくいが、それでもよい理由は本章15項を参照

環の色のダークグリーン（D）、オレンジ（O）、レッド（R）に由来する。

これらのように、シーズン初期は、メスとしては選択肢が少ないので、仮のつがいになることがよくあるのだろう。実際は、メスは何日もかけてしっかりオスの品定めをしているのだ。結果的にいえば、最終的に自分をその気にさせてくれたオスとつがいになるのであろうが、その評価基準が何であるかについては、次項で考えることにする。

つがい形成の時期、オスはメスと行動を共にし、ときどきささやくように地上で歌うが、目立つようにはほとんど歌わない。その状態は、メスがいよいよ繁殖気分になって巣を作り始め、卵を産み終わるまで続く。一旦なわばりがなくなったように見えるが、それはすなわち、メスなき土地に意味がないことを示している。オスが究極的に守りたいのは、土地そのものではなく、自分の子を確実に産んでくれるメスの存在であり、メスの受精可能期間なのだ。その証拠も、次項で述べることにする。

オスが必死にメスをガードしていれば、メスが受精可能期間であることがかえって他のオスにバレるはずである。なわばりも事実上、縮小しているわけだから、他のオスはますます侵入してきて、メスを奪おうとする。でも、同じことがあちこちで起こっていれば、つまり、メスが毎晩どんどん渡来する時期になっていれば、どのオスもよそのペアに介入するゆとりはなく、自分も新着メスを確保し、それをガードする立場になるだろう。

オスのソング・エリアとメスの営巣場所

モズやセッカ、ミソサザイなどは、オスが巣のベースを作り、メスが、あるいはオスとメスが協力して仕上げをする。しかし、クロツグミや他の多くの小鳥は、造巣作業をするのはメスだけであり、営巣場所の決定はメスの意思による。クロツグミのオスは、せっかくお気に入りのソング・ポストが多い場所になわばりを張っていたのに、あっけなくメスに遠くへ連れていかれることも多い。

植生が豊かなF森では、メスは常緑広葉樹の低木や蔓植物、風倒木などが複雑に入り組んだ場所に巣を作る。なので、オスはそれまでよく歌っていた明るい林から数百メートル離れた場所で「歌わされている」ことがよくあった。私が集中的に観察した一九九〇年代半ばは、それだけクロツグミの密度が低く、メスの自由が利く森になっていたのかもしれない。

一方、植生が単純なS森では、冬の季節風のため低くしか育たないクロマツの密林が海側にあって、メスがその中へ巣を作りたがる。その結果、陸側にある、ハリエンジュの疎らな高木林にあったオスのソング・エリアが、海側に移動するケースがしばしばあった。

つまり、オスのなわばりは出会いの場ではあるが、最終的にはメスに密林に連れ込まれ、当初のなわばりを捨てさせられるほど尻に敷かれる[図21]。

キセキレイで見たように、鳥の種類によっては、メスがオスを選ぶ基準として、なわばりの質や、オスが紹介する営巣場所候補が重要かもしれない。しかし、クロツグミではそれは二の次ということになる。メスは別の基準でオスそのものを選び、あとはオスが必ずついてくるに違いないから、自分が安心できる場所へ移動する。ただ、S森ではクロツグミの密度が高いので、おそらくメス同士の仲の悪さによってメス自身が動き回れる範囲がせばめられ、オスとの出会いの場所からあまり遠くで営巣できないことも多い。だから、オスのなわばり内の植生がまったくどうでもいいということはないだろう。

若いオスは明らかに黒さが鈍く、その見た目でメスに却下されやすいだろう。見た目は、経験を積んでいるかどうかの指標になる。若い者が皆だめなわけではないけれど、壮年・熟年のオスは、生き残るのにタフな遺伝子の持ち主である可能性があるから、より選ばれやすい。若鳥の中でも、前年の遅くに巣立った者ほどメスのような色をしていて、それは栄養状態が不十分なまま換羽に入った証拠であり、メスに敬遠されやすいかもしれない。

また、体の大きさや、なわばり防衛の強さは、働いてくれるかどうかの指標にもなるだろう。越冬地で早く渡りに備えて栄養をつけ、繁殖地に早く帰還したオスは、若くても健

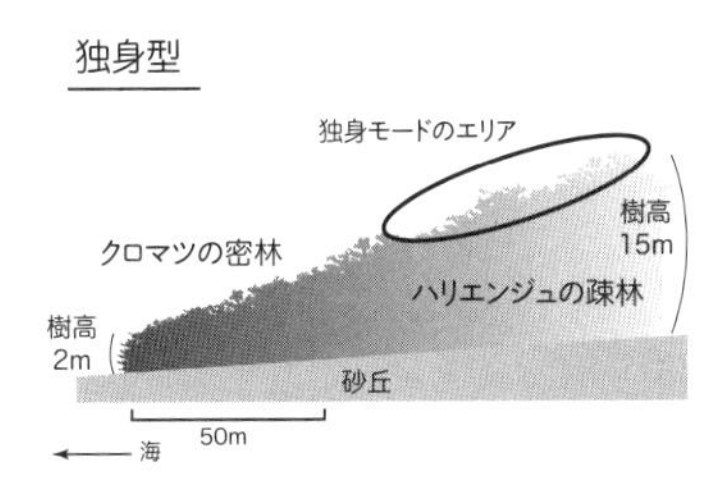

一見愛妻型

連続二重型

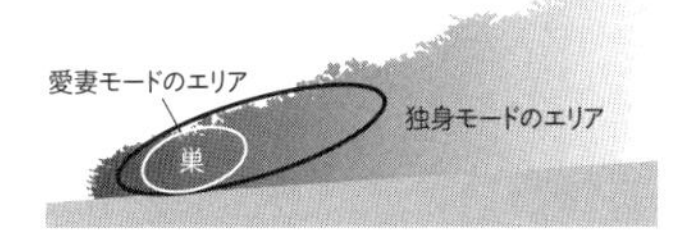

分離型

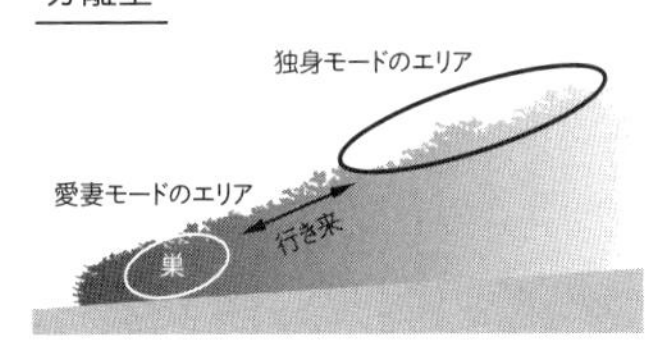

一夫二妻型

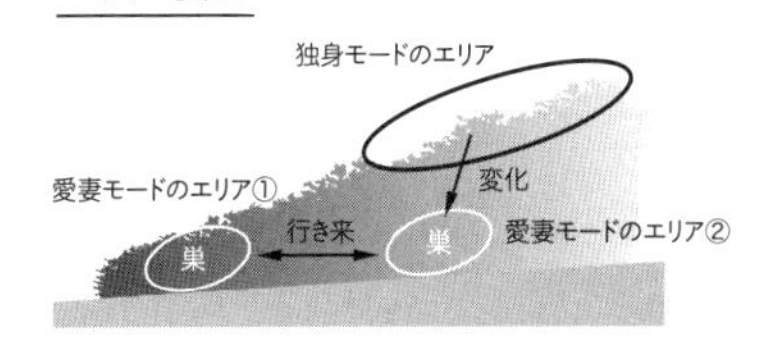

図21　ソング・エリア構造の5タイプ
歌い方は「独身モード」と「愛妻モード」に分けられる（本章8項）。オスは樹高が高く明るい林で歌い、花嫁を募集したい。メスは密生した林で営巣したい。そのため、つがい形成後、繁殖集団が高密度なら連続二重型に、低密度なら分離型になることが多い。第二メスが来れば、愛妻モードのエリアが2カ所にできる。セッカでも、不連続なソング・エリアを持つ複なわばり的な行動は、隣り合うオスが少ないときに限られるという[130]。詳しくは本章12項や16項の具体例を参照

康優良児であり、働き者の素質があるかもしれない。歌のレパートリーも、個体の質の何らかの指標になっている。

これらの中で、メスが選ぶ基準として、どういう優先順位になっているかは微妙だし、メスによっても多少違うだろう。同じオスでも、あるメスから見れば「あり得ない」だし、別のメスから見れば、「まあ、こんなもんでいいか」となるかもしれない。若いメスは、オス選びの達人にはなっていないかもしれない。

メスたちはいつまでもオス選びに時間をかけず、次々と配偶して、あぶれオスが減っていく。集団の繁殖スケジュールが全体として前に進んでいくのは、一夫一妻があくまで制度上のことで、その気になれば浮気ができるから、といったら言いすぎだろうか。でも、条件のいい独身オスが後から現れた場合、第二回繁殖初期など、しかるべき時期に夫の目を盗んで浮気をし、四個の卵のうち一個ぐらいにその遺伝子を混ぜ込んでおけば、最低限の満足感は得られようというわけだ。翌朝に産む卵の受精に強くかかわる四日間、しつこ

左は喉から胸、脇腹にかけてメスに似た色の若いオス。おそらく前年の巣立ち時期が遅く、秋の換羽を栄養不十分で迎えたのだろう。右は成鳥オス

く迫る夫を一日だけ上手にかわせば、浮気相手は呼ばなくても来てくれる。

造巣期から産卵期

つがい関係がしっかり固まると、メスの体は次のステージへ進む。巣を作りたくなってくるのだ。オスはメスの傍にいるが、クロツグミではメスのみが巣作りを行う。細長い枯れ葉や枯れ草を何度も何度も口いっぱいにくわえてきては、それらを編んで、多少の土を混ぜ、お椀型の巣を作る。最近はモズ、ヒヨドリ、メジロなどと同様、細く裂かれた白いビニール紐もよく使われる。外側に緑色のコケを貼るが、その有無や程度はまちまちで、同じメスでもコケを使ったり使わなかったりする。

巣を作るのは地上から平均一・七メートルの高さ。一般的には、木の股に作ることが多いようだが、私の調査地では、半倒木が生木と接触している交差点上にあることが非常に多かった。それは、防風林・防砂林として多く植林されたハリエンジュの寿命が短く、直径一〇～二〇センチほどの風倒木が多いこと、そうした場所には、目隠しとなるアケビ、スイカズラ、ノイバラ、キヅタなどの蔓性・半蔓性の植物がよく絡みついていたためと思われる。そんなやぶのなかであれば、人工物の上に造巣したこともある。動物園のケージ内に用意した巣台で繁殖するクロツグミもいるから[131]、不思議ではない。

地上からの高さが五〜一〇メートルのところに造巣することもあり、それはほとんどクロマツの横枝のつけ根だった。人が通る道の頭上のこともあった。メスさえ人を気にしなければ、その大胆さが功を奏して、ヒナを巣立たせることもある。人が通るところは天敵のカラスが近寄りにくいからだろう。

造巣期はメスの受精可能期間に入っているから、よそのオスが接近してくることも多い。ある年にルビオとつがった若い「ネイビー」というメスは、初めて作った巣で卵が捕食され、三〇〇メートルあまり離れた別の場所に作り直していた。そのとき、やたらと迫ってきたのが若いドールで、ルビオはしきりにドールを追い払おうとしていた。そこは、クロマツの地上五メートルほどの横枝で、彼らの騒ぎで私が巣をすぐ発見できたくらい目立っていた。

メスのネイビーは、そんな騒ぎで落ち着かなかったのか、作りかけたその場所を諦め、午後にはさらに二〇〇メートル離れたクロマツの高所に新しく作り直していた。しかしやはり目立っており、アカモズが何度もやってきて巣材を盗んでいくし、オナガが食料となる卵でもないかとのぞきに来たりして、可哀想なことに、やはり安住の地にならなかっ

風倒木と蔓植物が多いクロツグミの営巣環境

人がよく通る道のすぐ上にも営巣（矢印）

人工物利用の営巣（左の写真と同じメス）

た。その後はどこに行ったかもわからない。

クロツグミのメスは、一般にはあまり観察できない森陰の鳥であるが、多くの個体とつき合っていると、大胆なメスもいれば慎重なメスもおり、個性はさまざまだ。造巣は朝だけ行うことがふつうだが、ネイビーは失敗をくり返して一日じゅう巣作りをしていた。体の発情に追われていたのかもしれない。このような例を見ると、いろいろな鳥でそうであるように、若い鳥の繁殖成功率は低かろうと思わざるを得ない。

巣は三～五日程度で完成する。それから毎朝一個ずつ、ほとんどの場合で四個の卵を産む。四卵目を産む前日が、受精可能の最終日だ。造巣期から産卵期にかけて、毎日交尾する。鳥はそう簡単に交尾を見せてはくれず、私はクロツグミの交尾を三、四回しか見たことはないが、初めて見たときを除いて夜明けのコーラスが終わった直後、朝の四時半過ぎだった。初めて見たときは午前九時、それもまた、やんちゃなルビオであった。

さて、最終卵を産む前日まで、オスはメスをガードしきれば、四卵すべての父親になれる。そして翌日からメスは抱卵に入り、オスはガードから解放されるのである。

7 卵を抱くメスのキモチ

ふつう、メスは最後の一卵を産み終わった日から抱卵に入る。温め始めなければ卵は生きたまま長持ちするが、温め始めてしまうとスイッチが入って発生が始まり、途中でそれを解除することはできない。一～二時間も放置されて冷えれば卵は死ぬことになる。だから、メスは四卵すべて産み終わるまでは中途半端に温めず、四日かけて産み終えてから、そのすべてを同時に温め始める。そうすればヒナは同じ日に孵り、同じ日に巣立つので、育てやすくもなる。ただし、シーズン終盤の繁殖では、全部を産み終える前に慌ただしく温め始めることもあり、その場合、ヒナの成長や孵化日にずれが生じる。

メスは抱卵期の前に腹部の羽毛が抜け、肌が裸出する。これを抱卵斑という。腹部の薄い皮膚はしわしわになって表面積が増す。いずれも、体温を効率的に卵に伝えるための体の変化だ。抱卵中以外は周囲の羽毛で閉じられているので、抱卵斑は外からは見えない。抱卵中、ときどきくちばしで卵を転がし、上下左右、均等に温まるようにする。これを転卵という。

いずれにせよ、抱卵開始日からメスの体はもう受精可能期間ではないので、オスはメスのガードを解くことができ、卵が孵化するまで、自由の身となる。

第1章でも述べた通り、メスの抱卵期にオスがさえずり活動を復活させる種が多く、その行動は、第二メス誘引の意味合いが大きいと解釈されている。その活発さには個体差があり、第二メス募集活動があからさまに見える者と、一見、愛妻家だが、歌わずに他人のなわばりに潜入して浮気を狙う者、その中間的な者などがいる。抱卵期には、なわばり内外のどこで歌うか、小声か大声かなどに注目すべきだろう。そうしたオスの戦術は、後の項で詳しく述べることにする。

抱卵中のメスはときどき巣を離れ、空腹を満たしに出かけるが、たいていは二〇分以内で巣に戻る。メスの抱卵中、頻繁にオスが給餌に来る種もいる。モズ、サンショウクイ、コサメビタキなどだ。メスの負担を軽くして栄養をつけさせること、卵が冷える時間を減らすことは、オスにとっても自分の子をより確実

メスが巣を空けるのは20分以内。卵が冷えないうちに食事を済ませ、巣に戻る

に残すために有利だろう。クロツグミの場合、オスはそうした協力をしてくれないから、メスはときどき自分で採食に出かける。約一三日の抱卵でヒナが孵るまで、オスが巣に顔を見せることはほとんどない。

一般に抱卵期の歌や給餌は、パートナーの繁殖意欲やつがいの絆を維持する機能も考えられる。ツグミの仲間でも、マミジロ（トラツグミと同属で、クロツグミやアカハラなどとは別属）はオスも抱卵を行い、巣の内外でオスとメスが小声で歌い合う（第1章15項）。

オスの歌の役割を調べるため、抱卵期のメスを一時的に隔離してみたことがある。二〇分だけ隔離しようと、狙ったメスを捕獲した。そして、薄暗い段ボール箱の中で落ち着かせ、停めてある自動車の中にその箱を置いておいた。営巣場所から車までは歩いて五分ほど。再び森に戻って、折りたたみ椅子によっこいしょと座った途端、私は驚いた。巣でメスが卵を抱いているではないか。半信半疑のまま慌てて車に戻ると、段ボール箱はもぬけの殻。暑くなりすぎないように少し開けておいた窓のすきまから脱出して、さっさと巣に戻っていたのである。

捕獲によるパニックもあったろうし、外に出たついでに道草を食って小腹を満たしたくもなりそうなものだが、彼女は一刻も早く巣へ戻り、卵を温めることで頭がいっぱいだったのだ。発生を始めた卵への執着は当然のことながら強く、人の目にはけなげに映る。私は驚き、反省し、安堵した。これ以降、メス隔離実験はあくまでも産卵前に行うことにした（本章14項）。

ところで、このメスは、本章でたびたび登場するオス「ルビオ」の娘であった。巣にいるヒナのうちに足環をつけた個体だったから、それとわかったのである。一般的に、巣立ちビナが翌年まで生き残る確率は低く、巣内ビナに足環をつけても、帰還率はきわめて低い。私も何十羽かのヒナに足環をつけたが、ほとんど帰還を確認できなかった。人が巣へ近づいたことが原因で、巣が敵に見つかるようなこともあるので、巣内ビナに足環をつけるのは早々にやめた。だから、このメスは、私がまだヒナに足環をつけていた頃の生き残りであった。ルビオは後述するように、F森の主として多くの子を残したはずなので、その子が帰還して目撃される確率は高かったのかもしれない。

ルビオの娘の出生地はF森で、嫁入り先は二キロ近く離れたS森の一角だった。鳥の場合、メスの方が出生地から遠くへ分散する傾向がある。オスについては、初めての繁殖期に出生地からどのくらい離れた場所に定着するかはわからずじまいだった。でも、隣近所の歌のレパートリーの共有性（第4章の図39、付録の表2）からみると、オスは出生地付近になわばりを持ちたがる傾向があるかもしれない。父親が生きていれば、その近所だ。それに比べると、海岸線に沿って細長いクロツグミ村の中で、あちこち移動して近親交配を避ける役割を担っているのは、若いメスたちなのかもしれない。そして、もっと遠い山国まで分散している可能性もあるだろう。

独身と既婚を見分ける六つのポイント

オスのなわばりが増えていくにつれて、メスも続々と渡来し始め、つがいが形成されてゆく。そのとき、いなくなったかのように、昨日までのなわばりが静かになる。よく探すと、道端などをオスとメスが仲睦まじく歩きながら食事をしている。オスはときおり小声で主旋律を歌っているが、注意しないと聞き取れないし、歌う回数も多くない。メスが本格的に自分と土地を気に入って受精可能期間に入るまで、しっかりとエスコートするので、ガンガン歌っている場合ではないのだ。

この時期まではまだ離婚もあるが、メスが巣材をくわえ出すと、オスがメスを本格的な繁殖気分にさせた証拠である。メスが最後の一卵を産み終えるまで、オスはガードを強める。夜明けの薄暗い時間や、侵入オスを追い出した後などだけガンガン歌うが、それ以外は歌うとしてもメスの近くで優しく歌う。

ここで、クロツグミの「フルソング」（完全な歌）の構成を振り返りたい。それは、音色のよい笛のような「主旋律」と、響きの悪い「つぶやき声」からなっていた（本章1項）。結婚すると歌の量が減るだけでなく、歌い方も変わるのがクロツグミの特徴だ。

独身時代は①梢で［図22］、②終日、大声で歌い続ける。③歌うテンポが速く、一分間に一五回前後にもなる。④その多くがフルソングだ。つまり、主旋律の後につぶやき声をつける［図23］。⑤毎回のように曲を変えて歌うので、持っているレパートリーが次々と披露される。⑥一度歌い出すと、数百回も歌い続けることがある。このように歌っている状態を「独身モード」と呼ぶことにしよう。

これらに対し、結婚後は、①メスや、メスのいる巣の近くで歌うため、茂みの中で歌うことが多い［図22］。②声をさほど張り上げない。③歌うテンポは遅くなり、一分間に五〜一〇回程度だ。④つぶやき声を省くことが多い。⑤しばしば同じ曲を続ける。⑥一度に歌うのは多くても数十回、ふつうは数回から十数回でやめてしまう。このような歌い方の状態を「愛妻モード」と呼ぶことにしよう。

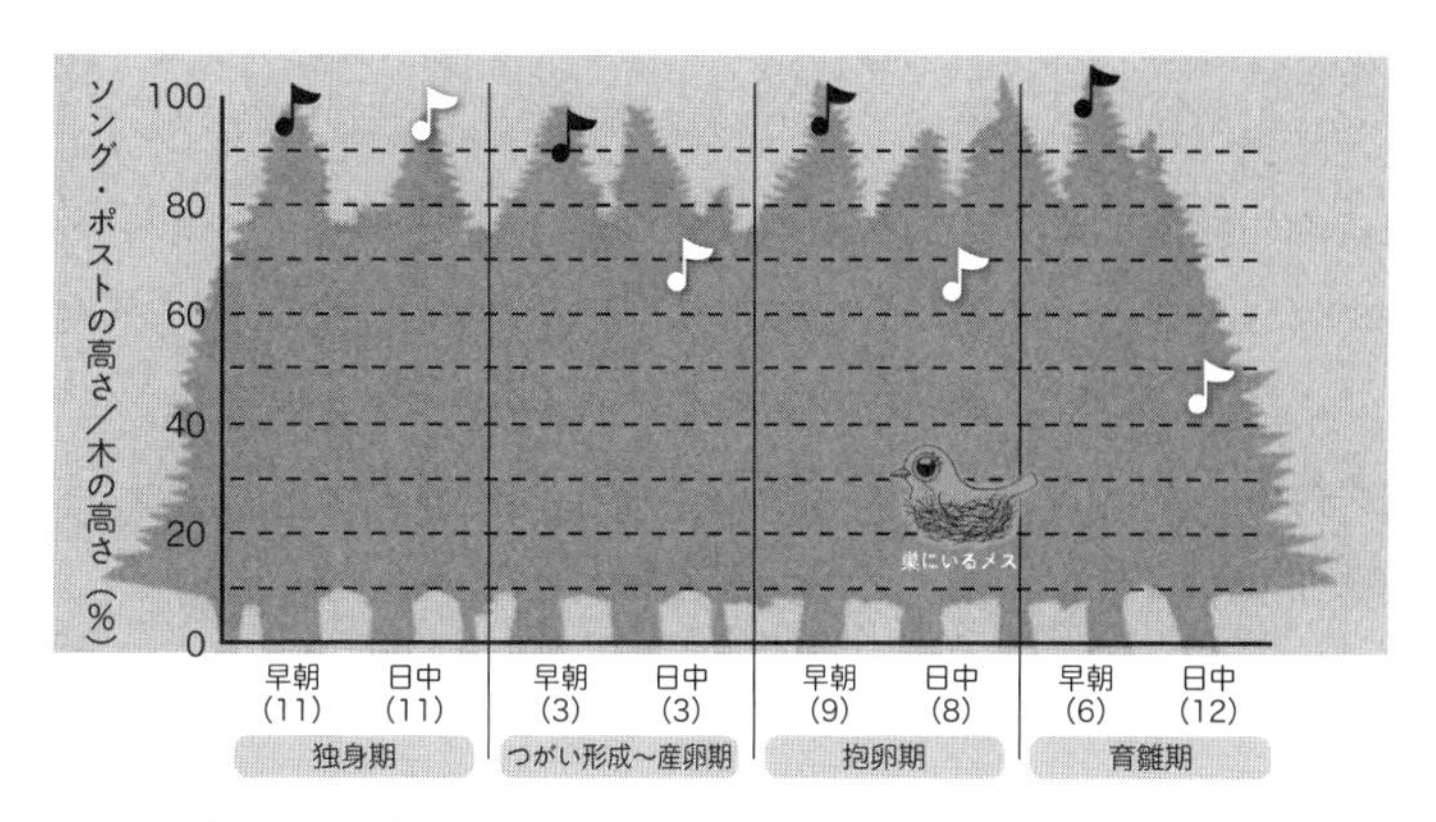

図22　木のどこで歌う？
早朝は4時台、日中は5時以降の平均。カッコ内はサンプル（オスの個体）数。独身期は終日、梢で歌うが、結婚後は早朝を除いて樹冠で歌うことが多くなる。「クロツグミは梢でよくさえずる」と書いてある図鑑もあれば、「クロツグミは枝葉の茂みでさえずるので姿が見えにくい」と書いてある図鑑もある。主語は「クロツグミ」ではなく、「独身オス」か「既婚オス」かだったのだ

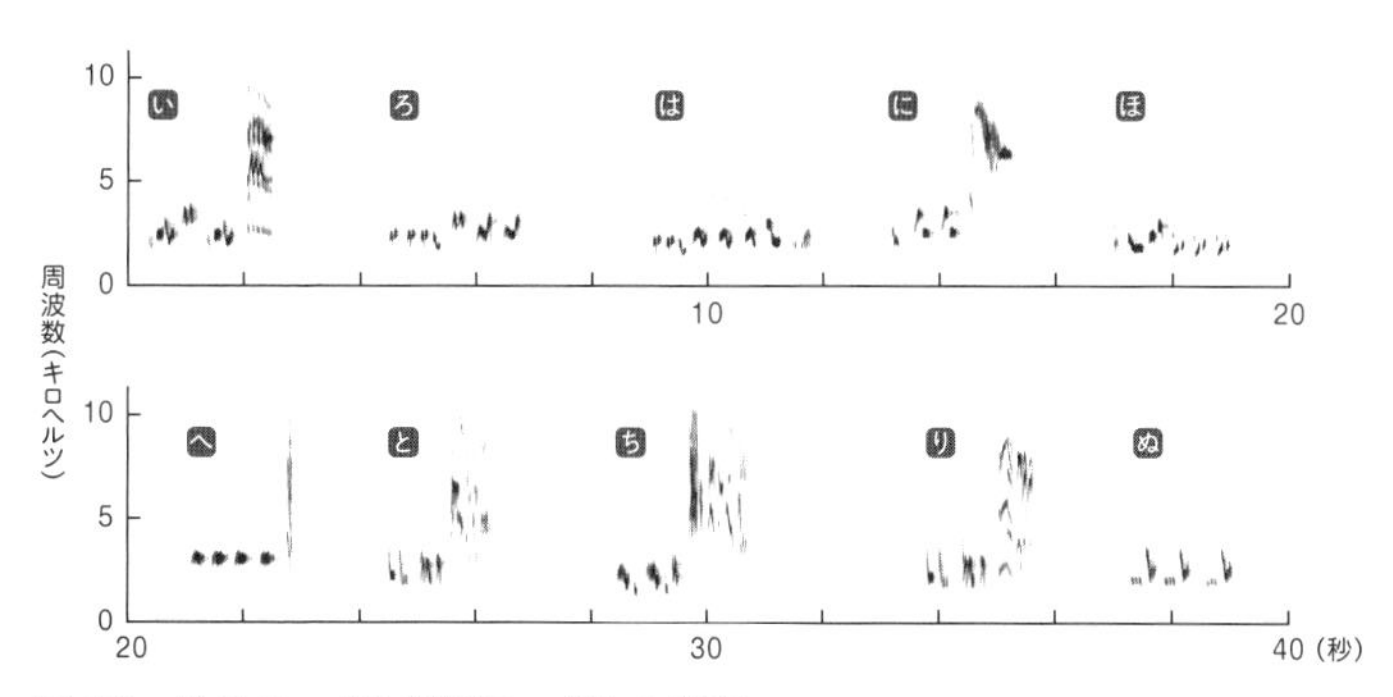

図23　独身モードか愛妻モードかの判定
「い」から「ぬ」までの10曲を、約40秒で歌ったときの声紋。1分に換算すると15回も歌っていることになるし、10回のうち、「い」「に」「へ」「と」「ち」「り」の6回（60%）につぶやき声をつけているから、独身モードといえる

既婚オスでも夜明けには全員が独身モードで歌うから[図22]、騙されてはいけない。しかし、五時以降であれば、どっちつかずの歌い方はほとんどないので、一つ二つのポイントだけで判断できる。朝五時以降で、ぽつりぽつりとした歌い方だったら、まず既婚者と思って間違いない。

それでも、浮気心のある既婚者は日中も独身的に歌うし、それをしに、わざわざ遠出するほどのやり手もいる。面白いのはむしろそこなので、追い追い紹介していきたい。

森の中枝で、愛妻モードで歌うオス。余裕をかまして(?)一本足立ち

9 「毎分一〇回」が、独身か否かを見きわめる目安

クロツグミの「ルビオ」が歌う速さの一日の変化を、独身期から育雛期までの四つの繁殖ステージごとに表した[図24]。歌っていないときは除外して、あくまでも歌っていると

きの速さを「一分間に何回歌うか」で示している。どのステージでも早朝四時台だけはダントツだが、五時以降はある程度落ち着くことがわかる。第1章で述べた通り、鳥にとって五時はもう早朝ではないのである。それでも、独身時代だけはほぼ一日を通して毎分一〇回以上の速さで歌う。頑張って歌わなければならない身の上なのだ。

結婚後の日中は、歌っていても毎分一〇回以下、ほとんど五回前後である。これが愛妻モードの典型的なテンポ。こうしたときはほとんど姿が見えない。たいがいメスのいる地上付近や巣の傍で歌っているから、必然的に低い茂みの中で歌い、梢に出る意味がないのである。

五時以降なら、腕時計でも見ながら一分

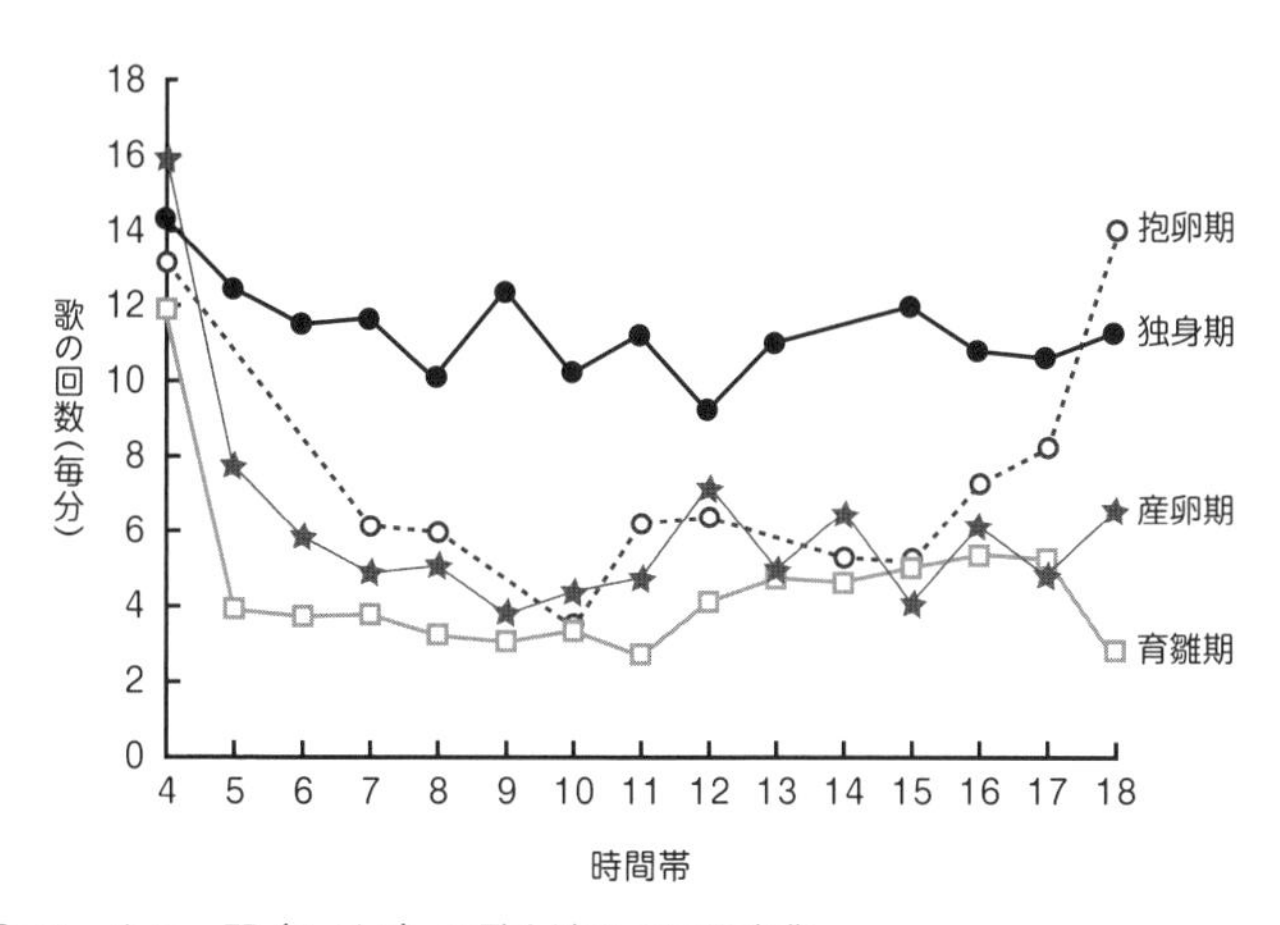

図24　ある一羽（ルビオ）の歌う速さの日周変化
独身期は終日、テンポがあまり落ちないが、結婚後の昼間の歌い方は、早朝の半分以下のテンポ。黄昏どきは、早朝のようにはげしく歌うこともある

間に歌う回数を数えれば、独身か既婚かがわかる。脈拍を測るときのように、一五秒間に歌った回数を四倍しても見当がつく。

ただし、この愛妻モードはあくまで平均像であり、基本形としておきたい。自分をとりまく社会的な事情や個体差で、日中でも梢で比較的ガンガン歌う既婚者がいる。それは、メスの受精可能期間が終わったのをいいことに、第二メスを呼び込みたいがため、独身ぶって歌っているのである。この恐るべきモード変化については後述することにする。

10 急いで歌うときほど完璧に歌う

音色のよい笛のような主旋律で始まり、きしむようなつぶやき声をつけて終わるのが、クロツグミのフルソング（完全な歌）と定義した。最後のつぶやき声はしばしば省かれ、フルソングでなくなる。「しばしば」と言ってしまうと、たまたま、あるいは気まぐれのようだが、実はその「しばしば度」に意味があった。

独身オスが梢で朗々と歌っているときは、歌の多くにつぶやき声をつける、つまりフルソングで歌っている。独身オスは早朝でも日中でもフルソングが多いのに対し、既婚オスは早朝こそ独身なみにフルソングだが、日中になると多くの歌でつぶやき声が省かれるのである［図25］。四時台と五時台で、どのオスも劇的に変わる。

本章4項「つがい形成と離婚」でふれたように、目の前に花嫁候補が来たときにつぶやき声だけを長く続けるのだから、どうやらこの音声が「勝負音」であり、独身オスが毎回のようにつぶやき声をつけるのとつじつまが合う。

独身モードと愛妻モードはいくつもの点で明瞭な違いがあるので、そのどれとどれを比べても相関関係がある。

たとえば、「歌う速さ」と「歌の最後につぶやき声をつける割合」の関係を見てみる［図26］。例示した四羽のオスのいずれ

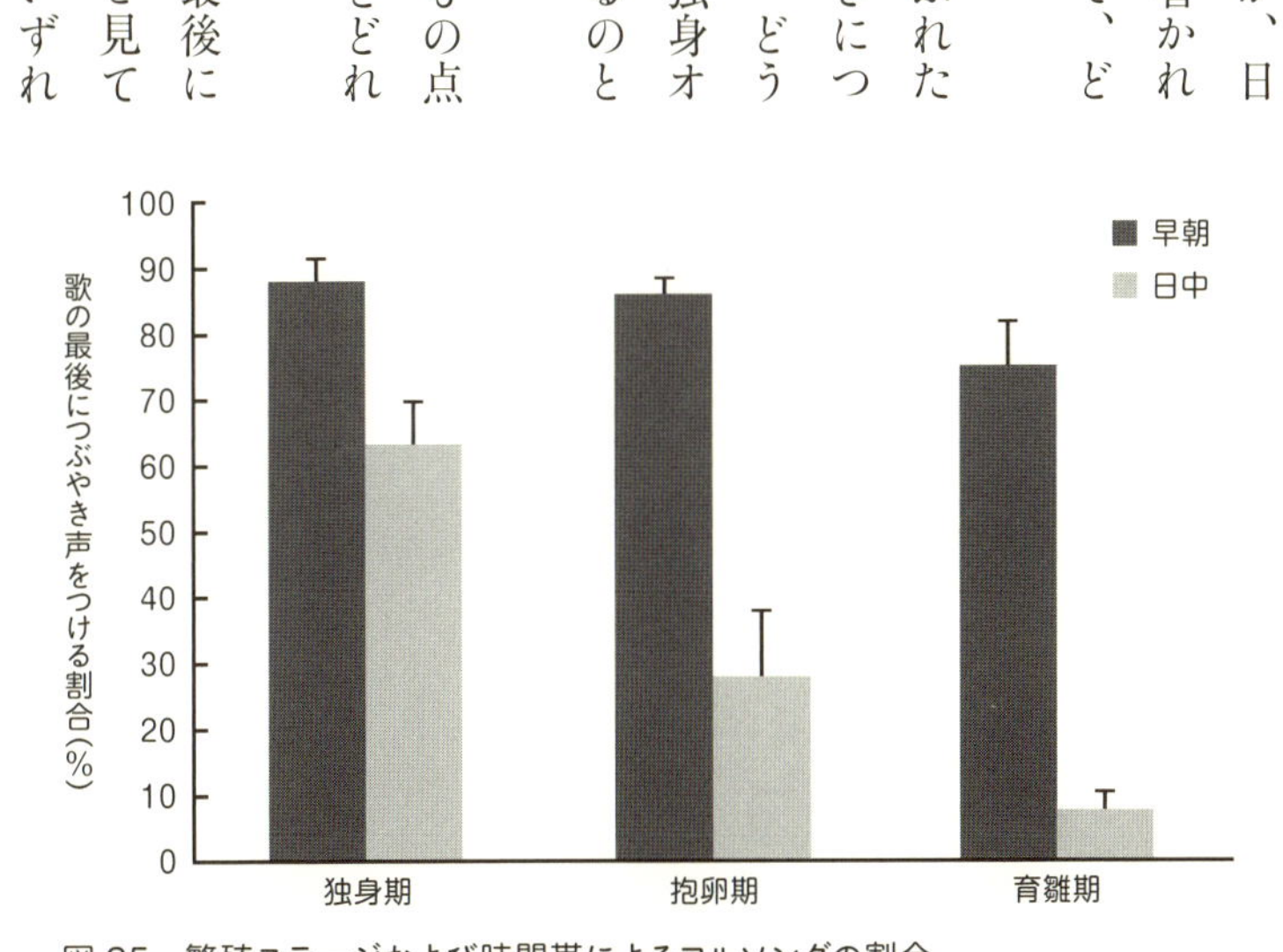

図25　繁殖ステージおよび時間帯によるフルソングの割合
早朝は4時台、日中は5時以降の10羽の平均。グラフの上の縦の線は標準誤差（平均値の信頼区間の指標。プラス方向のみ）を示す

も、速いテンポで歌っているときほど、最後につぶやき声をつける傾向が見てとれる。よく見ると、YBのように全体に右上がりに続く者と、FFやSGのように右上と左下が分かれがちな者とがいて、個体差があるのも面白い。FFやSGは、独身モードと愛妻モードの切り替えがはっきりした、わかりやすいオスといえるかもしれない。

歌う速さでいえば、「毎分一〇回」が独身か既婚かを見きわめる目安なわけだから、この図から読み取れば、五〇パーセント以上の割合でつぶやき声をつけていれば、独身モードといえるオスが多い。

フルソングは、つぶやき声を省いた歌より、当然、一曲が長い。速いテンポで歌っているときほどつぶやき声をつけるということは、長い歌を毎分数多く歌うわけだから、休んでいる間が短く、ひっきりなしに声を出しているわけだ。歌を量産したいなら、エンディングのつぶやき声など省略すればよいと思うが、つぶやき声に意外と重大な意味があるので、彼らは急ぎながらも完璧に歌うのである。それほどプロフェッショナルな熱唱なのだ。

一分あたり一五回も大声でフルソングを歌っているときと、一分あたり五回ほど小さい声で短い歌を歌っているときとでは、費やすエネルギーの違いは数字以上に大きいはずで、想像するに余りある。

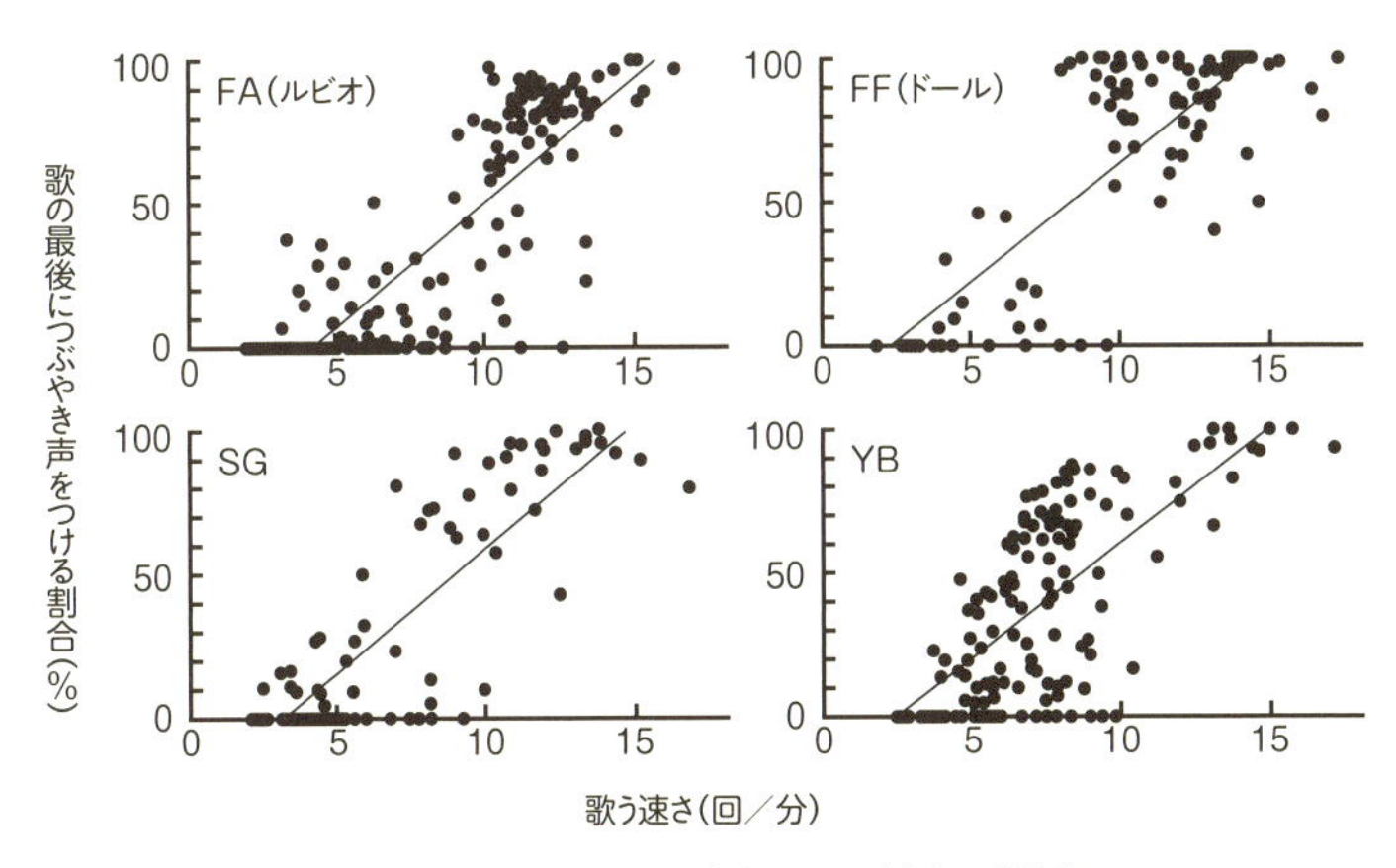

図26　歌う早さと歌の最後につぶやき声をつける割合の関係
アルファベットは個体の記号。一つのサンプル（●）が、連続した5回〜数百回の歌を表す。右上がりの直線は、統計的に有意な相関があることを示す近似曲線

♪昼はソフトに歌う善人そうな愛妻家たちも、早朝はみな独身気分

ソング・スイッチングの頻繁さ

クロツグミの独身モードは次々と違う曲をくり出す歌い方で、愛妻モードはしばしば同じ曲（ここでは、同じ主旋律で始まる歌のこと）を続ける歌い方である。曲を変えることを「ソング（タイプ）スイッチング」といい、その頻度と意味はいろいろな鳥で研究されている。

ソング・スイッチングは、レパートリーを短時間で披露することができる術である。同じ歌の連続は疲れるから切り替えるのだという説もあったが[132]、頻繁なスイッチングはメス誘引にもなわばり防衛にも役立つとか[133]、受精可能期間の妻を見失ったときにもっとも複雑にスイッチングするなど[134]、機能を示唆する研究も多い。

クロツグミの朝四時台と六時台の歌を連続五〇回ずつサンプルし、比べてみた［図27］。これもルビオの例である。彼は一夫多妻の経験を持ち、つぶやき声のレパートリー数が非常に多い壮年のオスである。しかし、主旋律のレパートリー数は最下位を争うオスであった。人の耳でよい声に聞こえる部分は、メスにモテるかどうかとはあまり関係がないのではないか、と思わせた一羽である。

ルビオがふだん歌う主旋律の第一節は、五種類ほどしかない。それでも、図の上段はギザギザしたかたちであり、毎回のように曲を変える独身モードの特徴が表れている。これに対し、図の下段はギザギザが弱く、四〜六回ぐらいは平気で同じ曲を続けるずぼらな（？）特徴が表れた愛妻モードである。

この絵的な違いを文字に直せば、独身モードは「ろいろははいろいろいろいろほいろはいろに……」と続くのに対し、愛妻モードは「いいいろろろいろいいいい

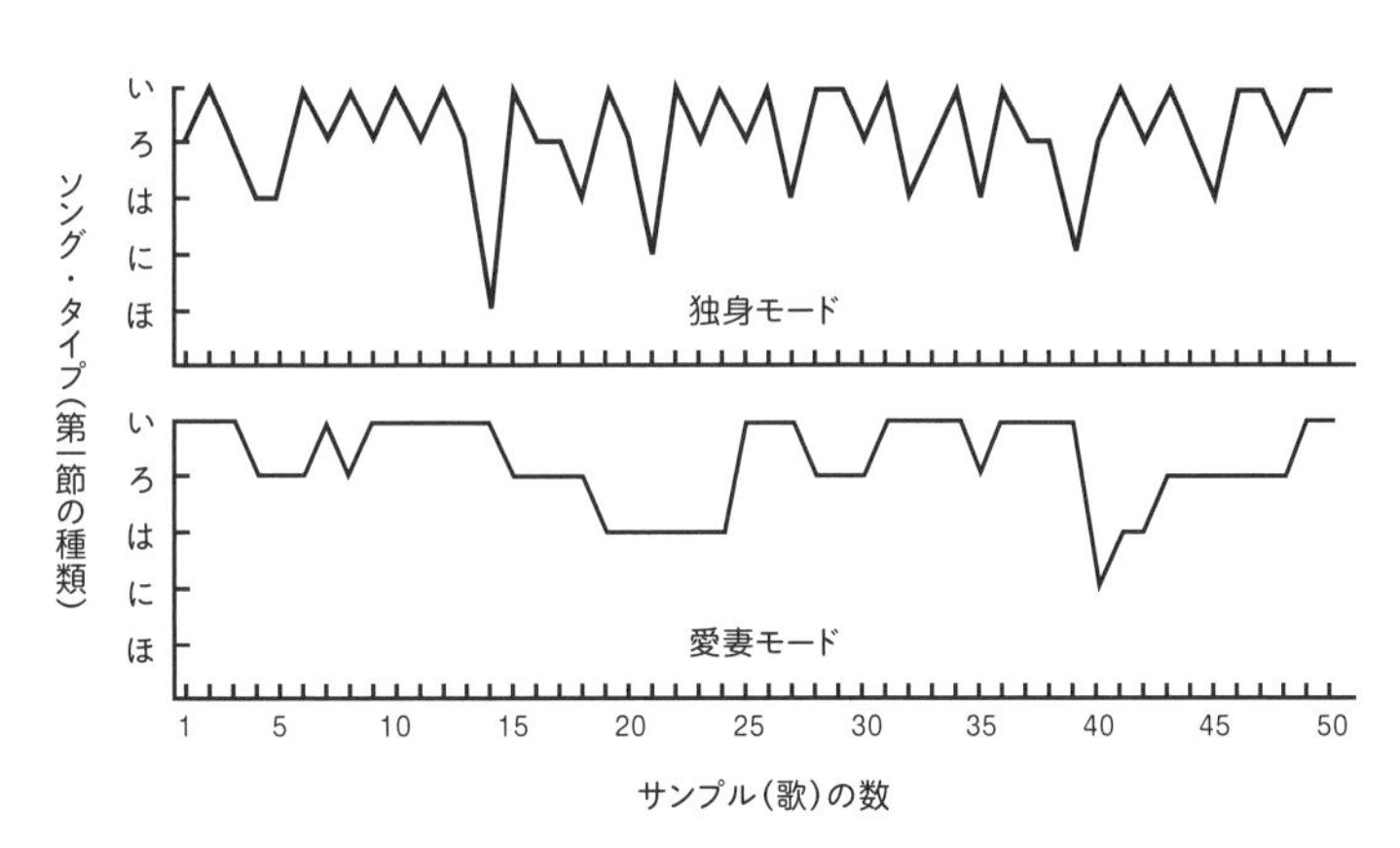

図27　ある一羽（ルビオ）の2つのモードにおけるソング・スイッチングの例
モードが変わると、ソング・タイプを切り替える頻度が歴然と違う。いかにも聞き手を飽きさせない独身モード（上）と、いかにも退屈な愛妻モード（下）。前者はテンポが速いので、50回歌うのに要する時間は3分半ほど。後者はぽつりぽつりとした歌い方なので、50回を歌うのに5〜10分かかり、間延びしている。数回でやめてしまうことも多い

いいろろろはははははいいいいろろろ……」と続く。まるで、言語や文法の複雑さが違うかのようである。

もっと客観的に数字で示すこともできる。同じ曲をくり返す平均の回数は、独身モードが一・二回（ほぼ毎回曲を変える）なのに対し、愛妻モードは三・三回である（同じ曲を平均三回あまり続けて歌う）。これはルビオの数字だが、ルビオは他のオスの倍ぐらいのずぼらさがこの数値に表れた。

主旋律のレパートリーが多いほどメスにモテるかというと、本章15項「メスの心に響く歌のうまさとは」で述べるようにそういうわけではなかったが、それでも注意喚起（他人の注意を引きつける）という意味では、第一節を毎回のように変えて歌う方が、聞き手が飽きず、関心を持ってもらえる可能性がある。相手が興味を持って近くに来たら、今度は「勝負音」ともいえるつぶやき声のレパートリーを並べたて、いかに複雑な音を多彩に出せるかをアピールすればよいのだ（本章4、14項）。

ところで、卵を温め始めたメスは、そう簡単に巣卵（そうらん）を見捨てることはない。しかし、クロツグミでは育児の六五パーセントにオスの協力が必要だから（本章19項）、完全にオスを失ったと思えば、メスは巣卵を放棄して再婚に走る可能性もある。放棄されたら、オスもせっかく残しかけた子孫を失ってしまう。だから、受精可能期間を過ぎた抱卵中のメスに対しても、「見放してないよ」「俺は傍にいるよ」と、ときどきは囁く必要がある。メスを忘れてしまうのは言語道断だが、ちょっとだけ気にかけておけばよいのである。ありとあらゆる歌を次々とくり出すほど神経を使う必要はない、というところだろうか。

抱卵中のメスは、茂みの中で相手の姿が見えなくても、亭主のレパートリーや声の特徴はわかっている。それが聞こえる空間にいれば、何となく安心感に包まれ、抱卵したい気分が続くのだろう。

暴かれた「ルビオ」の二重人格

たびたび登場する「ルビオ」の真骨頂をこの辺りでお話ししたいと思う。

クロツグミの一般的な繁殖生態については、一九七〇年代に長野県上伊那郡の信州大学農学部構内で調べられており[135]、富士山麓・御殿場市の屋敷林でもなわばり分布が調べられていた[136]。そのほか図鑑などを見ても、いずれもクロツグミは一夫一妻で繁殖するごくふつうの鳥と紹介されており、私はその先入観いっぱいで観察をしていた。

一方、一九八〇年代後半、ＤＮＡフィンガープリント法という研究手法が進歩し、ごく少量の血液から鳥の親子鑑定ができるようになってきていた。その方法を利用した研究が国内外で進むにつれ、一夫一妻制の鳥でも、調べれば調べるほど浮気が発見されるようになっていた。そんな最新の手法でモズの浮気をつきとめた山階鳥類研究所名誉所長の山岸哲さん（当時、大阪市立大学教授）に、「クロツグミだって、あんたが思ってるほどつまんない鳥じゃないはずだ。きっと見えないところでモズと同様のことが起こってるから、疑ってみなさい」と言われた。しかし私の頭は古く、昔の文献にしがみついたままだった。

そんな中、金沢のF森で特に密着していたルビオのなわばりの中で、四卵を産み終えた巣が二つ見つかった。二つの巣の距離は五〇メートルもない。予期せぬ出来事で、私は理解に苦しんだ。

ある日、道端でルビオがささやくように優しく歌った。すると、別々の方向から二羽のメスが飛んできて出会い、とっくみあいの喧嘩を始めたのである。一羽はベテランの成鳥メス「ピーコ」で、もう一羽は初めて繁殖する若いメス「ネイビー」だった。ルビオはというと、何もせず、どちらかというと、私の目には、困っておろおろしているように見えた。

山岸教授は当時の著書の中で、「メス同士が排他的な鳥は、それが大きな障害となって一夫多妻制を進化させることができなかったはず」と分析していた[52]。なるほど、クロツグミのメス同士の、数分間にも及ぶ、胸ぐらをつかみ合うほどのとっくみあいを見ると、一夫多妻は難しそうだなと思った。一夫多妻制がよく発達したウグイス[49]やセッカ[50]などは、メス同士が互いにまったく無関心なので、一羽のオスのなわばりの中で、何羽ものメスが平和的に営巣できるのである。

そんなメス同士の関係も背景にあって、鳥たちの結婚社会のしくみはいろいろなのだ。しかし、一夫一妻制の鳥といっても、オスの本音は複数のメスとの結婚であることを、ルビオは教えてくれた。そもそも、あぶれオスというのはよくいるが、あぶれメスというのはふつう、いない。メスが多い年は、オスの誰かが複婚をしているはずなのだ。

♪オスの労働力をめぐり、メスもいつでも戦闘態勢。究極の敵はオスの浮気心だ

公園でもあるF森は遊歩道が縦横にあって、早朝からウォーキングをしている人や、ホオジロやシジュウカラなど他の鳥を研究している人たちに出会う。そんな人々がよく「向こうの方にRBO（当時はルビオとは呼んでいなかった）がいたよ」と教えてくれた。「そんなはずはない。ルビオのなわばりはこっちなのだから……」と半信半疑で行ってみると、本当にルビオが朗々と歌っているのである。私の偏見が邪魔し、気づかなかった場所で。

彼は、あるいは彼らは、一体何をしているのか。それから少しずつ謎が解けていった。「一夫一妻制のクロツグミだって、本当は複数のメスと結婚したいのだ」と思い直し、いろいろなオスを歌で個体識別をして追跡すると、彼らの本音が浮き彫りになっていった。

抱卵期に歌うのを再開し、第二メスを呼び込むのは多くの鳥でふつうに考えられることである。しかし、クロツグミはメス同士の仲が悪く、なわばりの直径が五〇メートル程度と中型の鳥にしてはせまいので、複婚の成功は望みにくい。そこで、オスは遠出をして、離れた別のエリアで独身を装って歌っていたのであった。これは、モリムシクイ[137,138]やマダラヒタキ[139,140]などで知られていた「複なわばり制」を思い起こさせた。

前述の、大喧嘩をした二羽のメスは、相次いで卵を天敵に捕食され、巣を作り直すはめになった。翌週に行ったところ、ベテランのピーコは抱卵期に入っており、そこから一〇〇メートル離れた場所で若いネイビーが造巣中だった（本章6項）。造巣期は、メスの体が受精可能な期間である。ルビオはネイビーの傍についていることが多く、浮気をしかけてくるライバルのドールから必死に彼女をガードしていた。しかし、ドールが離れると、ときどきピーコの抱卵している方へ行き、優しく小声で歌うことも忘れない。基本的に一夫一妻制のクロツグミでも、オスは二羽のメスとつがいになり、二つの家庭をやりくりする方法を心得ているのである。

ルビオは、夜明け前はかなり遠出をし、独身よろしくガンガン歌う。五時を過ぎると何事もなかったように巣の近くに戻り、愛妻モードで歌う。それでもたまに欲をかいて、日中でも遠出して歌う。遠出をしたら絶対に愛妻モードではなく、一〇〇パーセント、独身モードである。この二重人格が、ソング・エリアの二重構造を作り出す[14]［図28］。この図は、ルビオとドールが一夫二妻になった翌年のもので、全員が一夫一妻だった。ルビオは新しいメスと、ドールはピーコとつがいになっていた。ドールのソング・エリアを見ると、二重のエリアというよりは、不連続な二カ所のエリアといった方が当たっている。結婚後は、図21（本章5項）で表した連続二重型か分離型になるケースが多いのである。

巣の周りにできる愛妻モードのエリアはオス同士で重ならないので、なわばりといえる。しかし、独身モードのエリアは互いに大きく重複するので、なわばりとはいえない。重複した場所でも、実際には複数個体が至近距離で同時に歌い合うことはなく、タイミン

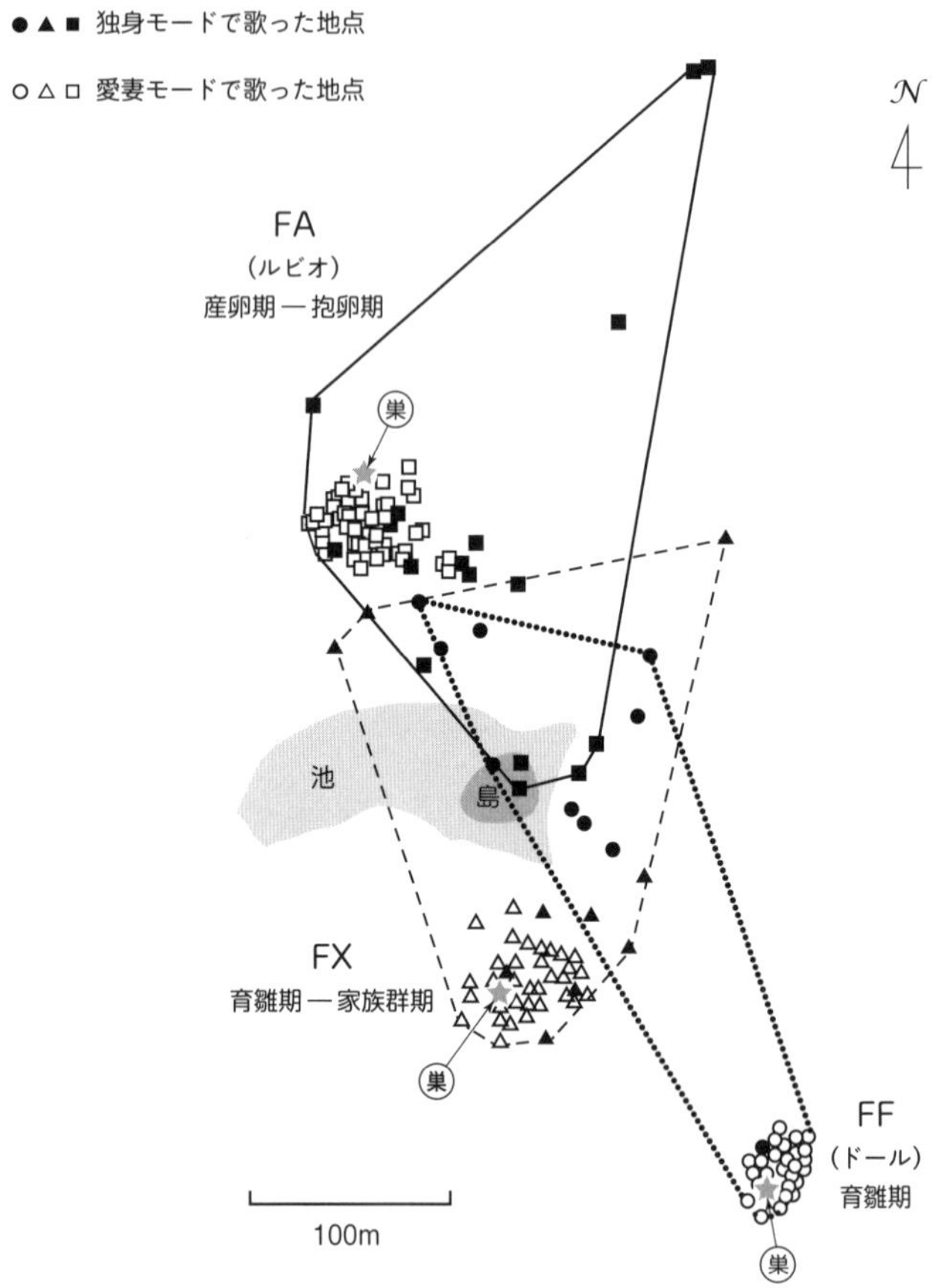

●▲■ 独身モードで歌った地点

○△□ 愛妻モードで歌った地点

N

FA
(ルビオ)
産卵期 ― 抱卵期

巣

池

島

FX
育雛期 ― 家族群期

巣

FF
(ドール)
育雛期

巣

100m

図 28　F森で 3 つがいが繁殖した 1995 年 5 月下旬のオスのソング・エリア
F森は 500m×1km ほどの広さで、3 つがいだったこの年は、きわめて低密度だったといえる。このように低密度の繁殖地では、独身モードのソング・エリアが大きく重複する傾向がある。図 21 の「連続二重型」～「分離型」(文献 [141] を改変)

グ的にずらして同じ場所を利用する。独身モードは、森の中央（池の北側）の明るいハリエンジュの林など、声が広く通る場所が人気だった。ただし、ルビオのつがいメスが受精可能期間にあって、そのために他のオスがルビオ寄りで、独身モードで歌っていた可能性も捨てきれない。

ルビオの巣から一キロ以上離れた隣のS森へ調査に行くと、そこでもルビオに出会うことがあった。「この鳴き声は、またもやルビオっぽい……でも、まさか……」。足環をたしかめると、やはりルビオ。急いで自転車を飛ばし、F森へ戻ってみると、すでにルビオは私より先に帰ってきていて、何事もなかったかのように巣でヒナに餌を与えている、ということもあった。キ

♪ S森では独身モード、F森では子育て中。シンジラレナイ遠征を追跡する著者

ツネにつままれたような気分になったが、ルビオは特に「できる」オスで、余裕しゃくしゃくと、子育ての合間にも、浮気心の赴くまま遠出をしていたのである。

このように、何日かに一度（本当はもっと多いだろうが）、一キロ以上の遠出をするから、ソング・エリアは三重構造ともいえる。ルビオが一夫二妻になっていた年の、さらなる彼の遠征は、彼にとっては三羽目のメスを得ようとする行為だったのである。

一九九四年と九五年に、私の拙い断片観察で確認しただけでも、なわばりから一〜二キロの遠征をして歌ったことのあるオスは、二〇羽のうち六羽に及んだ。

こうして、山岸教授の予言は的中し、私の古い先入観はみごとに吹き飛ばされた。そして私もようやく、当時の研究の流行りに乗ることができ、「ごくふつうの（平凡な？）鳥」を「面白い鳥」として紹介し直すことができたのである。

13

プレイバック実験でキモチをたしかめる

なわばり荒らしが来たらどうするか。ドールは、新参者が隣に居を構え始めたとき、そいつが歌うたびに、自分の歌につぶやき声をつける割合を増やした［図29］。つぶやき声の割合に、いらだちの度合いが見てとれる。

　でも、たった一例の観察では説得力がないから、同じ状況を野外実験で模作した。多くの鳥で行われてきたのと同様の実験だが、注目したいのは歌の多さ（量的変化）よりも、つぶやき声をつける割合（質的変化）だ。

　同じ繁殖ステージ（メスが抱卵中）の一九羽のオスに対し、彼らがふつうに歌っているさなか、スピーカーから録音テープを五分間聞かせた。そして、実験前の五分間、実験中の五分間、実験後の五分間の歌い方を比べた。金沢の森のクロツグミに、軽井沢の歌を聞かせたのである。基本的に、オスたちはすぐさまスピーカーめがけ

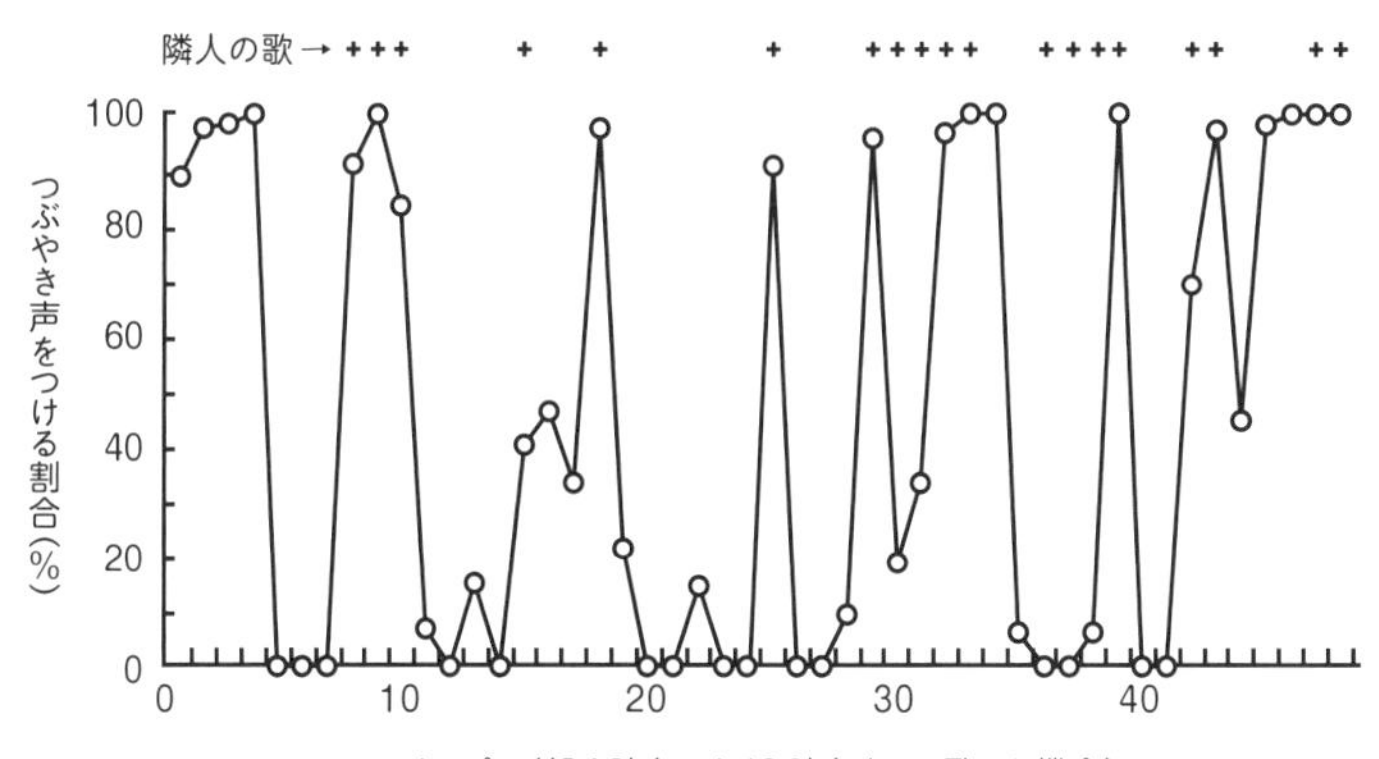

図29　隣人（新参者）の歌の有無と、自分（ドール）の歌の変化
サンプル（○）は、連続４回以上のまとまった歌。横軸上の“○”は、歌っていないのではなく、歌ったがつぶやき声をまったくつけなかったという意味。このオス（ドール）はヒナを巣立たせた直後の家族群期で、本来はあまり活発に歌う時期ではないが、新参者が歌うと、いらだちの表れた歌い方になった

て飛んでくるが、同じ繁殖ステージといっても彼らの反応はさまざまだった。

まず、二羽は「ツリン！」という叫び声とともに飛来し、歌わずに、「ツー、ツー、キョッキョッキョッ」という警戒の地鳴きばかりで、姿の見えない侵入者を探した。血管がぶち切れそうなほど怒っていて、歌で追い出すどころではなく、相手を見つけ出さないと気が済まない肉体派かもしれない。他の鳥での実験でも、怒り心頭に発すれば歌も出ないというから、こういうタイプもいて当然のようだ。

別の四羽は、実験前よりつぶやき声をつける割合を増やしたが、実験終了とともに歌うのをやめてどこかへ行ってしまった。

以上の六羽を除く一三羽について、実験前後の歌い方の変化を見てみた［図30］。その一三羽は、実験前、実験中、実験後のいずれも、各五分間の歌の回数自体は同じようなものであった。しかし、歌い方は劇的に変化した[142]。

なわばり侵入者を目の前にして、くちばしを細く開け、つぶやき声を続けて牽制するなわばり主

実験前は、独身モードで歌うオスも愛妻モードで歌うオスもいたが、録音テープを流し

始めると、愛妻モードで歌う者はいなくなった。いずれのオスも、つぶやき声をつける割合を増やし、独身モードでの歌い方になったか、「つぶやき声だけの歌」に切り替えたのである。

なわばり侵入者に対して、フルソングの割合を増やすオス、もっぱらつぶやき声ばかりになるオス、もはや歌は出ず、剣と剣をぶつけるようなツリン声で怒りを露わにするオス。こうした個体差が見られるのも、実験の醍醐味だ。鳥たちは一〇羽が一〇羽、同じ反応をするロボットではないのである。人間に捕まったときも、まったく声を出さない個体もいれば、あらん限りの大声で鳴きわめく個体もいる。

いずれにしても、クロツグミのつぶやき声は、極度の怒りやいらだちの表れだとたしかめることができたのである。あくまでも言葉ではなく、衝動的に出てしまう声として。

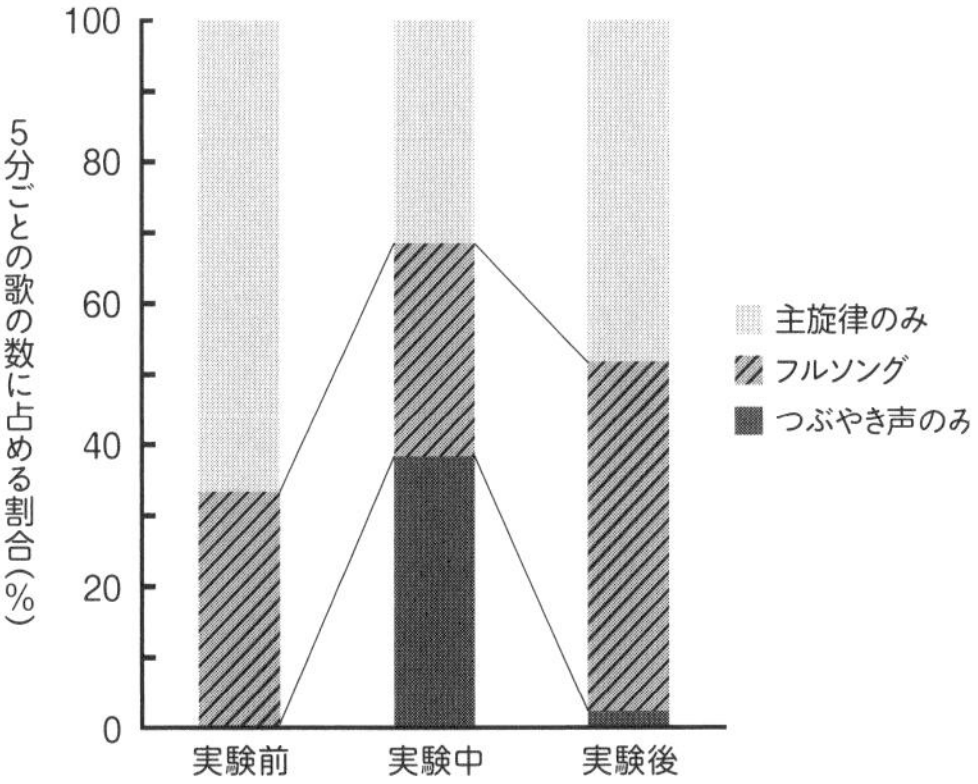

5分ごとの歌の数に占める割合（%）
100 80 60 40 20 0
実験前　実験中　実験後
主旋律のみ
フルソング
つぶやき声のみ

図30　録音再生実験前後での歌い方の変化
13羽のオスの平均値。フルソングは主旋律＋つぶやき声
（文献［142］を改変）

ヨーロッパ随一の明朗な歌い手、同じツグミ類のクロウタドリ（英名ブラックバード）では、「つぶやき声だけの歌」がもっとも攻撃的な反応だといわれる。[143] クロツグミでもそれに近い結論が得られたわけだ。ワキアカツグミの初期の研究では、メスの産卵後は歌の後半のつぶやき声が省かれるから、つぶやき声はメスの誘引やメスへの刺激であると考えられた。[62] 後の研究では、つぶやき声は威嚇の信号であり、繁殖シーズンの進行に伴ってなわばり防衛の必要性が少なくなるので、省かれがちになるのだろうと考察された。[144,145]

メス隔離実験でキモチをたしかめる

独身オスと既婚オスで歌い方が変わるなら、人為的に既婚オスを独身に戻したら、歌い方も元に戻るはずだ。一時的なメス隔離実験で、その検証を試みた。この実験もいろいろな鳥で試されてきたが、クロツグミでは、「歌の量」ではなく「歌の質」の変化を測るのが目的だ。

つがいになってから産卵するまでの間に、メスだけを捕らえ、しばし軟禁したいのだが、これがなかなか難しい。二週間もある抱卵期や育雛期と違って、チャンスは数日しかない。彼らに気づかれないように、朝、真っ暗なうちに網を張り、明るくなるのを待つ。しかし、早朝はオスが活発だから（メスの未明の行動は不明だが）、確率的に半分以上、オスの方がかかってしまう。かかってしまったオスを私が網からはずすとき、彼らは大声で鳴きわめく。すると、それを聞きつけてメスが飛んでくる。網がバレる。そのなわばりでは警戒され、もうメスが捕獲される可能性は低くなってしまうのだ。

そんなわけで、いくつものペアでチャレンジしたが、うまいタイミングでメスだけを捕獲できたのは三ペアしかなかった。捕獲予定日の前日から、歌のデータをとっておく。当日の朝、首尾よくメスを捕獲できたら鳥籠に入れ、十分な虫や水を与えておく。結婚前の状況に戻されたオスのさえずり行動を観察し、一日分のデータをとる。さらに翌朝、夜明けのコーラスが終わってから、オスの見ていそうなところでメスを返してやる。そして、メスが戻ってからの一日のオスのさえずり行動を記録する、という三日がかりだ。

夜明けの時間、つまり朝の四時台は、どの繁殖ステージのオスもガンガン歌うから、その時間帯のデータは除外。日中の歌い方だけ、メス捕獲前日、メス隔離当日、メス放鳥後の合計三日間のデータを比較した。たった三ペアではあったが、どのオスも歌い方が劇的に変わった[140]。

いずれもつがい形成期や造巣期だったから、日中のオスは歌うこと自体が少なく、一時間あたり数声から数十声であった。それが、メスがいなくなった日は、数十声から数百声に増産されたのである。メス隔離前はもちろん愛妻モードだったが、メスが連れ去られた日は別人のように、終日六五～九〇パーセントの割合でつぶやき声をつけて歌った、つまり典型的な独身モードになったのである[図31]。

さらに、三日目の夜明けのコーラスが終わってから、メスを戻すときはこんなシーンもあった。メスの入った鳥籠を、とりあえずオスのなわばりの中に置いてみた。すると、オスは丸一日ぶりに見る妻の姿に興奮が抑えられず、つぶやき声だけを長く発しながら飛んできた。そして我を忘れ、メスが入っている鳥籠に襲いかかるように乗ってきた。彼が自分の妻と認知していたことは間違いないだろうが、嬉しいとか、助けに来たなどと擬人化するのは

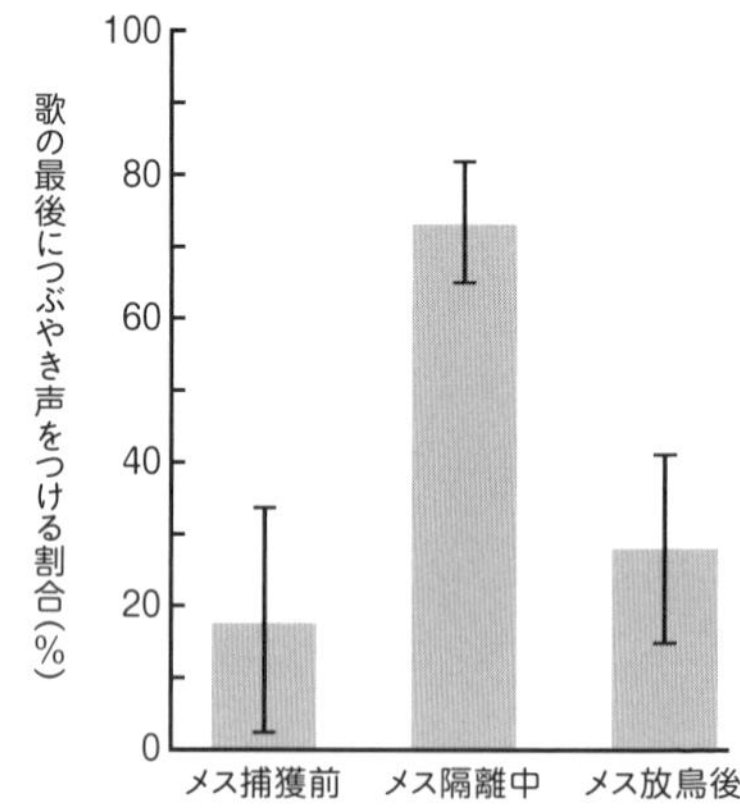

図31　メス隔離実験の前後での歌い方の変化

実験前・中・後の1日ずつの、3羽のオスの平均。縦の線は標準誤差（平均値の信頼区間の指標）を示す（文献［140］を改変）

誤りで、逃げ出せないメスに対して、昨日からの欲情を爆発させ、交尾をしかけに襲いかかったと言っても過言ではない。

あまりに見ていられない状況になったので、私は慌てて籠の扉を開けに行った。私の接近で一旦は立ち退いたオスも遠くから見ていて、メスが籠から飛び出ると、すぐさまそれを追って森の中へ消えた。その日一日は、それから実に静かなものであった。歌が聞こえても愛妻モードの歌に戻っていたのは言うまでもない。その静けさは、メスがそこを嫌になって出ていったりしていないことの証拠であり、オスに再び既婚者としての平穏が訪れた証拠でもあった。

このように、メスが欲しいという欲求が

♪軟禁されていたメスを迎えにきたオスは取り乱し、メスもパニックに…

高いときにつぶやき声が多く使われることが、実験的にも示された。図31は、第1章7項で紹介したシジュウカラの実験［図1］とまったくそっくりな形であるが、クロツグミの場合はつぶやき声をつける割合で、オスのキモチが測れるわけである。これは、量を測るほどの手間暇を要さずに、少ない歌のサンプルで、モードの変化が測れることをも意味する。

メスが捕らわれの身であった日、独身モードが復活していたオスのところへ、新しいメスが近づいてきたことがあった。オスとしては、妻が戻ってくるとは知らされていないし、メスなら誰でも大歓迎である。ここで歌い方を変えた。ご想像通り、つぶやき声だけを並べ立てたのである。

この「後妻候補」を追って茂みに入ってからは、小声の主旋律も聞こえた。小声の歌は「あなただけに」という情報になる。であれば、つぶやき声も主旋律も織り交ぜて、持ち歌すべてを披露しようというキモチになってもいい。ほかのオスでも、連続したつぶやき声の中に、小声の主旋律を入れることはしばしばある。

やがて彼女にフラれて戻ってきたオスは、再び独身モードで朗々と歌い出した。ここで隔離中の妻以外のメスと再婚されたら、実験の方は頓挫したことになるわけだから、私としては彼がフラれてよかった。「もう一日待ってくれよ、明日には必ずメスを返すから……」と念じていた。

さて、忘れてならないのは、つぶやき声はメスを欲するキモチの強いときに出るという この結論と、プレイバック実験で得られた、怒りやいらだちの強いときに出るという結論が、矛盾しないのかという問題である。

どちらにも共通することは、極度に緊張した場面という点だ。これは、鳥の声が言葉ではなく、衝動によってつい出てしまうことの証拠ともいえる。しかし、私たちでも思い当たることがないわけではない。相手を前に、あまりに激怒したとき、「こ、こ、この野郎……お、お前……！」と吃音になるかと思えば、プロポーズの場面で「あ、あ、あの、ぼ、ぼくと……！」とやはり吃音になったりする。言葉のない鳥たちの世界でも、極度の緊張が、結果として共通した発声につながっているのかもしれないのである。同じことではないだろうが、嬉しくても悲しくても涙が出るのに似ている。

そしてこのことは、鳥の歌の二重機能が、やはり簡単には分離できないということを示しているのにほかならない。

ワキアカツグミでは、繁殖期の前半はつぶやき声が長く多く使われ、後半は短く少なくなる。なぜ減るのかについて、かつてはメスを刺激する必要性が減るからだといわれ[62]、近年はオス同士のなわばり争いが減るからだといわれる。[144,145]

図25（本章10項）のグラフの日中同士を比較すると、クロツグミでも繁殖期の後期ほど減っている。たしかに、つぶやき声は威嚇の信号でもある。しかし、現代的な解釈をすれば、独身期は第一メス募集、抱卵期は第二メス募集、育雛期は確実に遺伝子を残すためのヒナへの投資、というように、オスの求愛モチベーションが下がるからであろうと、私は考えている。何しろ、周波数変動の速い複雑な音声は、メスによる性選択の産物と考えられるのだから。

メスの心に響く歌のうまさとは

本章5項「オスのソング・エリアとメスの営巣場所」で、メスがオスを選ぶ基準は何だろうかという話をした。よいなわばりを守る体格や体力があり、よく歌う元気があり、体の色が黒い健康状態のよいオス、などなど。本当のところはわからないし、メスの趣味にも個体差はあろうし、結局は総合的に判断が下されるのかもしれない。しかし、私が調べ得たことで、ある一つの指標がメスの好みを示唆した。

私は歌を切り口に、日本一の歌い手の結婚社会に切り込んだのだけれど、歌を量的に測ったかといわれれば、絶対的な歌の量は測れていない。ただし、彼らのレパートリーは数えた。一羽一羽から数百声以上のサンプルをとり、録音を聞き分け、声紋でも分類し、主旋律とつぶやき声のそれぞれについて、レパートリー数の個体差を調べた。そして、その数の多少と、一羽が同時的に配偶したメスの数とを対比させた。一夫一妻が大多数だが、一羽のメスともつがいになれなかったオスと、二羽のメスとつがいになれたオスが、少数ずついた。

主旋律は、一羽が平均二〇種類で、そのうち冒頭に使われる第一節は、平均一一種類だった。[128] クロツグミは曲を次々に変えて歌う鳥なので、サンプルを聞いていると、どんどん新しい曲が記録される。ガンガン歌っているときの録音だったら、三分も聞いていれば、主旋律の多くは出てしまうから、楽である。ところが、馬鹿にならなかったのはつぶやき声の方だった。声が小さい部分なので、きれいな声紋がなかなか得られないし、その形状も互いによく似たものが多く、同じなのか違うのかを区別するのに骨が折れた。さらに、つぶやき声はあまりにレパートリーが多く、サンプルを聞けば聞くほど新しいのが登場し、なかなか出尽くさないのだ。三〇〇声聞いてもまだまだ新しいのが出続ける個体がいたので、サンプリングはその辺で諦めることにした。三〇〇の歌のサンプルが得られた七羽では、五〇～七〇種類のつぶやき声を持っているオスが多く、多い者は一〇〇種類を超え、一羽が平均七〇種類だった[128]。全員（ここでは一七羽）のつぶやき声のレパートリー数は、各オス一一〇の歌をサンプルとして得られた数を相対的に比較した［図32］。

結論を述べよう。人の耳で聞いて美しく感じる主旋律のレパートリーの多少と、メスを何羽獲得できたかということとは、相関関係が見られなかった。一方、複数のメスを同時に獲得した三羽のオスはいずれも、つぶやき声のレパートリーがずば抜けて多いオスだったのである！[146]

最初は意外に思った。複数のメスを獲得したオスが三羽しかいないので、たまたまこの三羽は何か別のすぐれた要素も持っていたのではないか、と半信半疑だった。しかし、一夫一妻のオスと一夫二妻のオスのつぶやき声のレパートリー数は、統計的に有意な差が出たので、この結果を軽視することはできない。

何せ、花嫁候補が目の前に来たとき、すなわち、プロポーズの現場では、つぶやき声だけを長く続けるのを何度も目撃している。同じことは野外実験でも観察された。独身に戻すとつぶやき声をつけることが多くなったし、メスを返してやるとき、つぶやき声だけを出しながら接近してきた。つぶやき声は彼らの「勝負音」であり、オスの質のバロメーターになっている可能性があるのである。

実は、この勝負音のレパートリー数の一位、二位こそが、森の主の座をかけて張り合っていたルビオとドールだったのである！　彼らの派手な振る舞いは、人間臭くいえばやり手、浮気者、自信家などに見えるのだが、その印象はあながち間違っていなかったのではないか。この二羽が、強くて家庭内でもよく働くオスであり、それがつぶやき声の多さに表れているから、結果としてメスにモテて当然だった、という筋書き。メスはオスからいろいろなつぶやき声を引き出して、パートナー選びに利用しているともいえそうなのである。

つぶやき声は大きいボリュームでは出せないから、遠くから聞いていると、冒頭の主旋

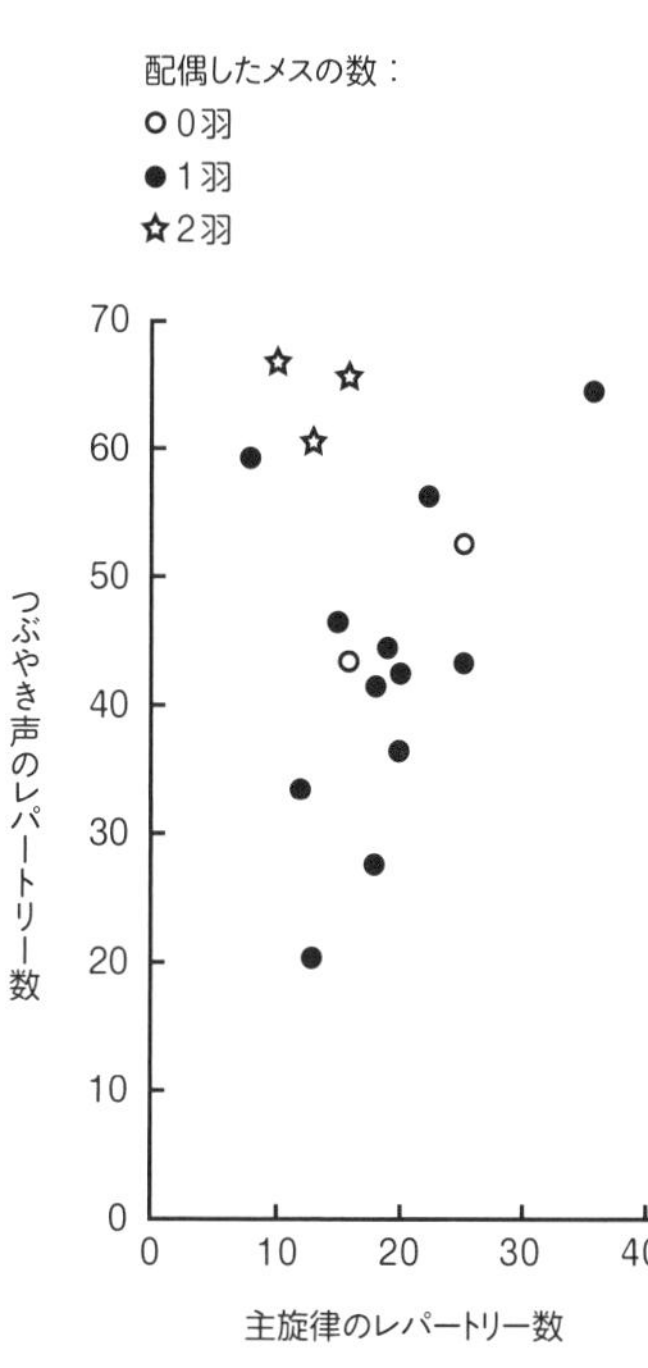

図32　歌のレパートリー数と、同時的に配偶したメスの数

17羽のオスのうち、一夫二妻を達成した3羽（☆）は、特につぶやき声の種類を多く持っていた。つぶやき声のレパートリー数は各オス110の歌をサンプルにして得られた数なので、実際にはこの3羽は他個体にもっと差をつけている（文献［146］を改変）

律しか聞こえない。でも、その大声の主旋律（早朝なら、少なくとも六〇〇メートル以上は届く）では、注意喚起さえできればよいのかもしれない。主旋律には、クロツグミという種、オスという性、歌っている場所、みなぎる繁殖意欲、といった情報が入っていれば事足りる。実際、ルビオやドールの主旋律のレパートリー数は、オスたちの平均よりだいぶ少ないものであった。

目の前に来た相手に対して出す勝負音は、大声である必要はない。むしろ小声にして、「あなただけに歌ってますよ」という重要な情報に切り替えるのだ。つぶやき声には、他の鳥の鳴きまねなども入っているが、このときは相手から自分が見えているのだから、「私はクロツグミですよ」などという情報はもう必要ないのである。

図32で、右上に飛び離れた●は、見ての通り、主旋律もつぶやき声もレパートリー数が非常に多いオスである。彼は一夫一妻で、多妻を得るための目立つ行動もなかったが、過密な繁殖集団のほぼ中央になわばりを持っており、そのこと自体、優秀さを意味していたかもしれない。でも、ひしめく集団の中央では、二羽のメスをはべらせるような広い土地は確保できないし、遠出をしてなわばりを空けるようなリスクは負いにくかったのかもしれない。

念のため、レパートリーの多さと年齢に相関関係があるかどうかも調べた。つぶやき声は、年齢とともに増えるのではないかと予想したが、結果としては、どちらの声も年齢（満一歳vs二歳以上）とは関係がなかった。つまり、主旋律もつぶやき声も、レパートリーが多い個体は若い頃から多いし、少ない個体は年齢を重ねても少ないのであった。

シーズンの初期に巣立つことができた幼鳥は、子育て上手の親鳥の遺伝子を受け継いでいる可能性がある。その上、歌の学習に有効な二カ月を、まだたくさんのオスが歌っている季節に充てられて、充実した臨界期を過ごすことができる。ミミズや昆虫の多い時期に栄養をつけ、初秋の換羽を迎えることができるから、オスは若鳥ながら、新羽に黒みが強く出るだろう。その栄養状態は生涯にわたるタフさをもたらし、見た目も、育ち具合も、遺伝的にも優良児であることと、歌のレパートリーの多さとは相関するのかもしれない。

16

一夫二妻やりくり私生活

歌い方を変えながら、二つのエリアを行き来する二重人格のオスたち。彼らの日常、その時間の使い方を見ていただこうと思う。

やんちゃな「ルビオ」が、初めて私にメス同士の仲の悪さと、二羽のメスとうまくやっていく方法を教えてくれた、その翌年と翌々年、彼は一夫一妻だった。だが、やんちゃな彼は、多妻を求める行動をはばからなかった。やんちゃな彼は、F森の中でも、どこに巣を作るかはメス次第で毎年違うのだが、それがどこであっても、ルビオは夜明けのみならず、日中もたまに遠出をした。

メスの抱卵期、巣の付近の暗い森でルビオが愛妻モードで歌っている（そこを第一エリアと呼ぶことにする）。その声がふとやむと、私は全速力で森の峠へ走る。峠を越え、駆け下りたところに自転車を停めてあって、今度はそれに股がって、大きな池を迂回し、ルビオお気に入りの独身モードのエリア（第二エリアと呼ぶ）へ向かうのだ。その明るい林では、既に人格を変えたルビオの歌声が朗々と聞こえている。鳥は直線で一気に飛べるから羨ましい。私は既に数分のロスをしている。そのうち、私はルビオの第二エリアに無人の録音機をしかけ、一日中回しておくことにした。

シーズンオフの冬になってから、ゆっくりと録音テープを起こすのだが、ほとんど木々

往年のルビオ（撮影／長井晃）

のざわめきしか録音されていない第二エリアのテープに、突然、無人マイクの前でルビオが歌い始めたのが録音されていると、してやったりと、にんまりしてしまう。

そうして作成したのが、図33だ[147]。

四月の独身時代は、二つのエリアを行き来しているものの、まだどちらが第一ということもなかったのだろう。のちにメスが入った方を、私が第一エリアと呼んだまでのことである。

五月の抱卵期は一日の半分以上を、巣がある第一エリアで、主に愛妻モードで歌っている。しかし、早朝はもっぱら第二エリアの独身モードであった。それに、早朝だけでなく、日中も出張したことがあり、あわよくばヒナが孵る前に第二メスを、というキモチがうかがえる。

六月になってヒナが孵ると、第一エリアでのこま

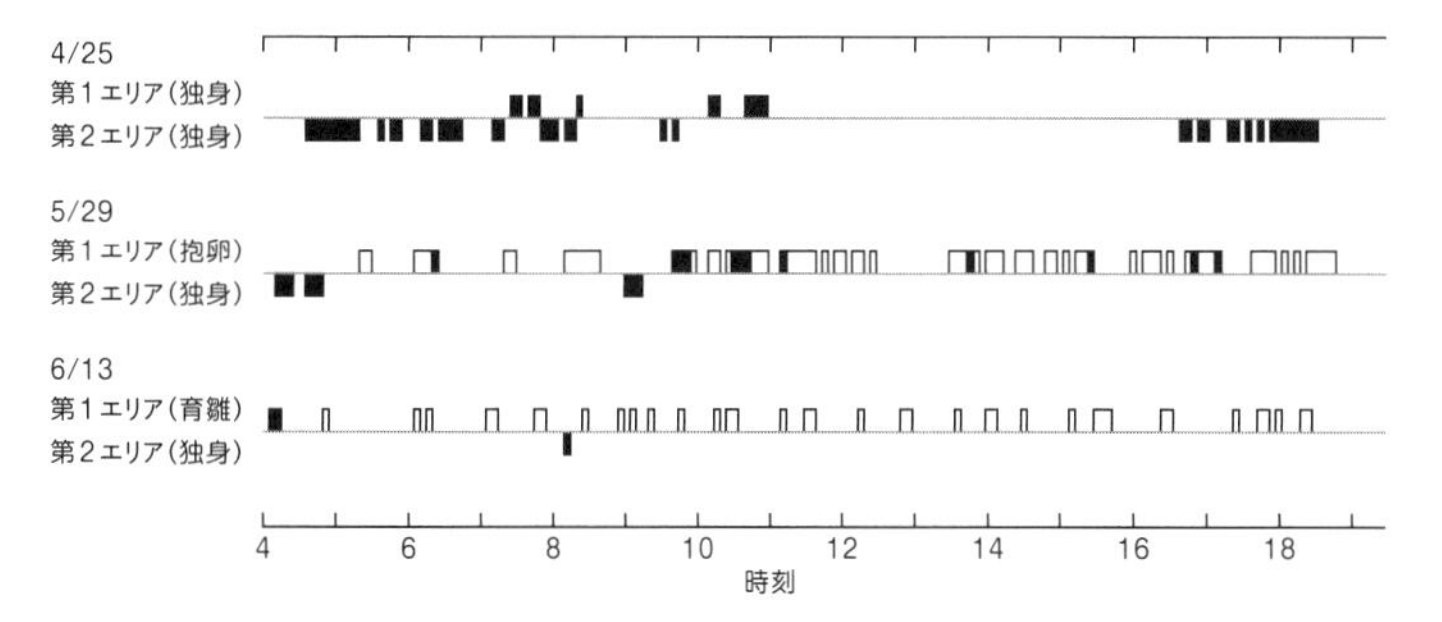

図33　2つのエリアの行き来と歌のモード（1996年ルビオ）
■は独身モード、□は愛妻モード。2つのエリアは約300m離れており、尾根を越えているので、他方のエリアで歌っている声は聞こえない（文献[147]を改変）

切れの愛妻モードがほとんどとなる。育雛期の歌は、愛妻というより、ヒナに餌を持ってきて巣の番をメスと交替するときの小声の歌が多く（本章20項）、歌ったのは、主に給餌に来たタイミングだ。育メンとして、きちんと働いていた証拠である。それでも、朝の八時過ぎに一回だけ、第二エリアで独身モードで歌い、浮気心がかいま見えたときもあった。

図34で示したオスは、足環の色がダークグリーン（DG）とブルー（B）だったので、デジャブとでも呼ぶことにする（本当の綴りとは違うが）。彼は、細長い海岸防風林の中ほどにあるクロツグミ過密地帯ではなく、そこから離れた、オスが三羽だけ集まった小さな集団の一員であった。その中で、デジャブは特に行動が目立つようなオスではなかった。

デジャブは日中に遠出をして独身ぶることもないし、早朝にあちこちで歌い回るわけでもなく、どちらかというと欲を感じさせない独身モードだった。しかし、ある日気づくと、彼のソング・エリアは二分していた。子育て中の巣の周辺で

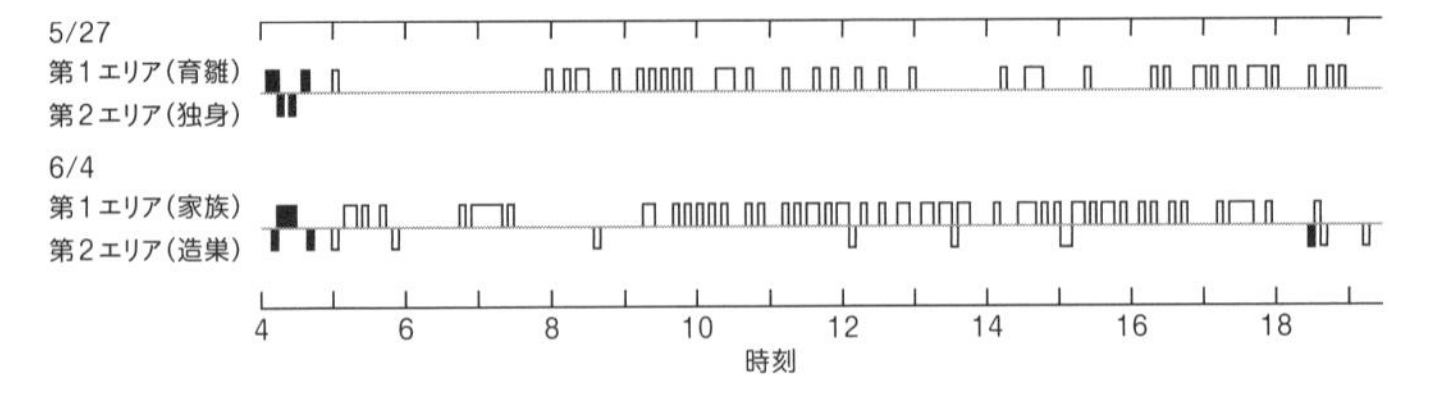

図34　2つのエリアの行き来と歌のモード（1996年デジャブ）
■は独身モード、□は愛妻モード。2つのエリアは約100m離れている。このあと、第2エリアのメスは姿を消した

愛妻モードで歌うが、突然そこから林内をすーっと一〇〇メートルほど通り抜け、また別の場所で愛妻モード。それは、明らかに不連続な二カ所のエリアをなしていた。探してみると、第二エリアのやぶの中に新しい巣が見つかった。

五月二十七日、子育て中のデジャブが第二エリアで独身モードで歌っていたのは早朝のわずかの時間だった。そんな彼でもよかったのだろうか、いつのまにか第二エリアに新しいメスが入っていたのだ。貪欲には歌わないものの、デジャブはつぶやき声のレパートリーが多いオスで、それが彼女の気を惹いたのかもしれない。いずれにしても、二つのエリアの両方にメスが入ると、両方とも愛妻モードでの歌い方に変わることの証拠となった。

第一メスのヒナが巣立ち、デジャブが巣立ちビナの世話をしている頃、第二メスは造巣期だった。頃合いとしては、まずまずかもしれない。第二メスの巣でヒナが孵る頃、第一メスは第二回繁殖の抱卵期くらいだろう。もし育雛期が重なってしまうと、オスはおそらくどちらかの巣の面倒しか見られない。今が造巣期ならば、第二メスもいずれ、子の世話をかまってもらえそうだ。

第一メスの巣立ちビナの世話に通いながら、デジャブはときどき、造巣中の第二メスの近くへやってきて、「キミも愛妻だよ」と歌っていた。ただ、六月四日の図でわかる通り、第二エリアで愛妻モードの歌を歌ったのは日に数回のみ。それが不満だったのかどうか、第二メスはやがて姿を消した。産卵前での放棄だったのか、卵が捕食に遭ったのかはわからない。このあと、デジャブは一夫一妻に戻ってしまった。

デジャブとしては、せっかく第一エリアでヒナが巣立ったのだから、遺伝子を受け継ぐ我が子の世話で手を抜いたら、失うものが大きい。エネルギーの使い方としては、デジャブの選択は仕方ないものだったのではないかと思う。

気になるのは、近所のオスが、デジャブが一夫二妻になった頃から独身的な歌い方に変わり、デジャブが一夫一妻に戻ってからまた愛妻モードの歌に変わったことだ。メスの個体識別ができていなかったのでわからないが、デジャブの第二メスは、もしかしたら近隣オスの元妻で、それが離婚してデジャブのお妾さんになったものの、第二メスの地位に甘んじることができず、元の鞘に収まっていっただけなのかもしれない。私はまたしても、怪しい憶測を重ねてしまう。

もう一羽、どこまでも一夫多妻に挑んだ血気盛んなオスがいた。それが、ルビオのライバル「ドール」だ。ドールは初めての繁殖の年から二羽の花嫁に来てもらえ、二歳のときはルビオの元妻を奪って一夫一妻を堅守し、しかし三歳のときは繁殖期に遅刻して結婚できなかった。そんな彼は四歳のとき、前年の反省を活かしたのかどうか、非常に意欲的な振る舞いを見せた。その話を次項で紹介しよう。

17 ルビオのライバル「ドール」

森の主として一時代を築いた「ルビオ」。その宿命のライバルとして、たびたび引き合いに出してきた「ドール」の個性も、改めて紹介しておきたい。彼はルビオより一歳以上若い。

ドールが満一才だった一九九四年、森にはたまたまメスがオスの倍もいたためか、彼は若輩者にもかかわらず、二羽のメスとつがいになった。森の主ルビオも二羽のメスと配偶していたが、前にも書いた通り、ドールはその若い方の妻「ネイビー」をしきりに奪いに来た。三羽目のメスを欲していたのだ。私が真下で見ていてもおかまいなしである。「若い方の」と書くと恣意的だが、実際には、ベテランメス「ピーコ」の方がもう抱卵中で、うら若きネイビーがたまたま造巣中、つまり受精可能期間だったから、ドールはネイビーに迫っていたのだ。もちろん、ルビオはネイビーを死守していた。

翌年、ルビオが前年から連れ添っているピーコを、ドールがルビオから引き離し(?)、自分の妻にしたのも前に書いた通りである。

そんなふうに血気盛んなドールであるが、三歳の年は結婚できず、独身のままシーズンを終えてしまった。それは、この年の彼の帰還が五月八日と遅く、未婚メスがほとんど残っていなかったためと思われる。壮年になり経験豊富なドールほどのオスでも、こうして一シーズンを棒に振ってしまうこともあるのだなと思った。

この年、ドールは森でいちばん小高い峠のクロマツの巨木で、独身モードで歌い続けた。三歳にもなってつがい形成に失敗したドールを気の毒に思ったが、しかし、そんな地位を甘んじて受け入れているようでは、野生動物は遺伝子なんて残せないと思うべきだろう。小鳥の寿命は短く、来シーズンはもうないかもしれないのだ。

メスたちはもう他のオスと繁殖を始めてしまい、今さら契約を破棄してやり直すリスクは負い難い。しかし、近くで朗々と歌うドールの声が聞こえていれば、自分の体調と相談して、その遺伝子欲しさに接近したことを想像するのはたやすい。四個産む卵のなかに、一個や二個、ドールの遺伝子を混ぜ込んだメスがいた可能性はあるだろうと思う。

絶倫オスでも渡来が遅れれば繁殖に不利になることも明らかになったが、それならそれで別の戦術もあるし、本質的に魅力的なオスであれば、堂々としていればチャンスは来る。だからこそ、いろいろな個性の遺伝子が残っているのだ。

いずれにせよ、三歳のときにちょっとしくじったドールは、四歳になった一九九七年は、森一番のやり手であった。その年はもうルビオが帰ってこなかったので、ドールが主のような存在感であった。この年、ドールは一夫一妻であったが、小さな木立に妻子を持ちながら、早朝のみならず日中も頻繁に遠出をし、クロマツの高木の森でガンガンと独身モードで歌いまくった。

前年は戸籍上、未婚に終わったが、今年こそ、かつて味わった一夫多妻をもう一度。彼の行動は以前より大胆なものにエスカレートしていた。日中でも頻繁に第二エリアへ出かけて独身を装い、またときどきは卵を抱くメスのところへ戻ってきて愛妻モードで歌うことを忘れない。しっかり愛を育み、妻をその気にさせておきながらの、派手な浮気的行動だった［図35］。

私はドールの愛妻モードの曲をノートに書きとめながら、巣のある木立を遠くから観察

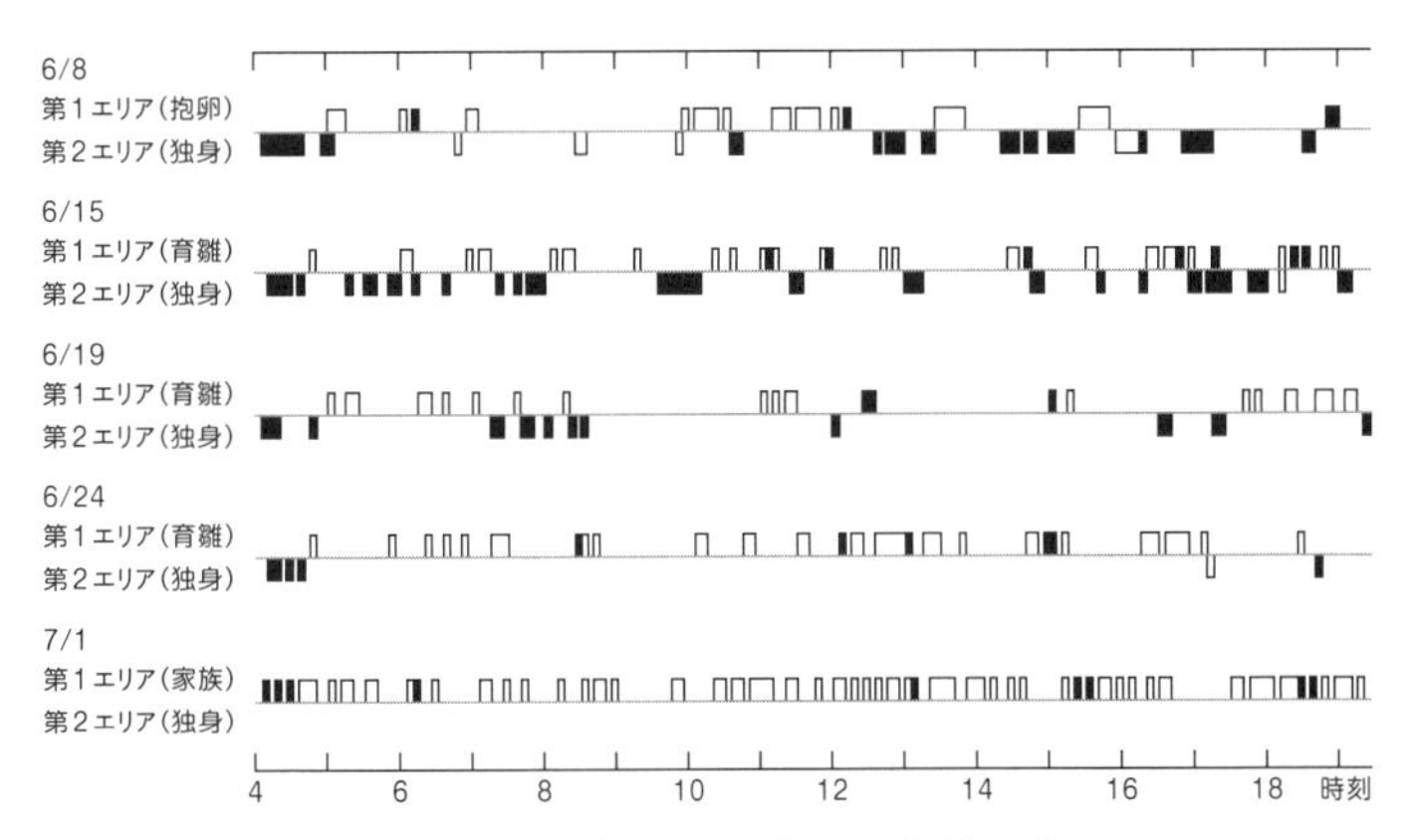

図35　２つのエリアの行き来と歌のモード（1997年ドール）
■は独身モード、□は愛妻モード。約300m離れた不連続な２つのエリアを、ヒナが孵ってもしばらく行き来した。そんなオスは他にいない

していた。そしてその歌がふとやむと、木立から飛び出すであろうドールに意識を集中させる。出た！　サッカー場の芝地の上を、地面すれすれに低く飛び、第二エリアへ向かうお決まりのコースである。私は松林の方へ自転車を飛ばす。すでにドールの人格は、愛妻モードから独身モードに切り替わっている。歌う場所一つで、歌い方を別人のように変えるドール。私はマイクを向ける。独身モードはテンポが速くて筆記は無理なので、録音で記録する。幸い独身モードは声が大きく、録音には都合がよい。

いわゆる「複なわばり」を持つ鳥について、「だまし仮説」というのがあった。[148,149]本妻に聞こえないように、遠く離れた場所で歌い、指輪を外して未婚メスをくどくのだろうという説である。一九九五年のドール（本章12項の図28）は、途中に尾根状の峠があり、森も繁茂した条件での三〇〇～四〇〇メートルの行き来であった。ゆえに、第二エリアでの独身モードの歌が本妻に聞こえていなかった可能性が高い。しかし、一九九七年のドールの行き来する距離は二〇〇メートル少々で、しかも途中が開けたサッカー場や駐車場なので、本妻に丸聞こえである。ふてぶてしいほどあからさまな、ドールの二重人格であった。

その年のドールは、メスの抱卵期はもちろんのこと、ヒナが孵ってもなお、二つのエリアを行き来し、二重人格を演じていた（図35の六月十五日～）。親鳥の給餌は、ヒナの空腹の訴え（餌乞い行動）によって誘発されるから、ヒナに求められるだけの餌は運びながら、まだ第二メスを呼び込もうとするだけの余力があったことになる。ヒナへの給餌はオスが六五パーセントを担うので、それをさぼってはヒナを巣立たせることはできない。ヒナの欲求を満たしながらも複婚を狙えるだけの、余裕のあるオスだったのだ。

しかし、ヒナが大きくなると、さすがにそうもいっておられず、遠出することは減っていった。ヒナの成長に伴い、多くの餌を求められ、はげしくせがまれれば給餌したくなる本能が勝る。育雛一〇日目くらいになってようやく、ドールの遠出はほとんどなくなった（図35の六月二十四日〜）。来るかどうかもわからないお妾さんを呼び込むより、ヒナたちを確実に育て上げる方が、自分の遺伝子を残す確率が高いからである。選択の岐路に立たされたドールは、セオリーに従って家庭人に戻ったといえる。

ドールは、この四歳の年までF森に帰還した。

その手があったか……スニーカーたちの存在

日の出時刻の四〇分前、東の空だけが白みかけ、森の中は暗いままだ。それでも、明るさの変化に敏感で、夜の長さに退屈した一羽が、第一声を放つ。周囲の様子をうかがうように、ポツリと。二曲、三曲……少しずつペースが上がってゆく。それに刺激されたか、森のあちこちから、ライバルたちが歌い始める。「俺もいるぞ」「俺も忘れるな」と。

夜明けのコーラスのとき、オスたちは巣から離れたところで歌うことが多い。密度が高ければなわばりの周縁部だし、密度低ければ、第二エリアと呼べる遠隔地だ。歌い出す前の暁闇(ぎょうあん)に森の上を第二エリアまで移動するのか、前日の夕方、森が闇に包まれる直前に移動しておくのかは、どちらの状況証拠もあって、一概にはいえない。

梢で歌っている鳥のシルエットは見えるが、足環の色は見えない。でも、レパートリーで誰だかわかるから、「今日はあいつ

♪薄明・薄暮に現れるスニーカーたちは、迷惑な応援団

がここまで遠征してきている」ということがバレる。ところが、一声も出さずに、歌い手のすぐ近くまで行って、じっとしているだけのオスがいるのである。それも、歌い手のとまっている梢からわずか一、二メートル下の枝で、ふつうなら大バトルになりそうな至近距離だ。しかも、一羽だけでなく、二羽来ていることもふつうで、まれには三羽も。いくら薄暗い時間で歌に熱中しているとはいえ、歌い手は足下に気づかないのだろうか。あるいは、一日に三〇分しかない、独身モードの許される大事な時間を、喧嘩に費やしたくないのだろうか。

歌わないオスたちは、歌ったらボロが出るのかどうか、人の耳には差がわからないが、歌上手な者のそばにひっそり潜入し、メスが来たらかすめとってやろう、そんな行動をとっていると考えられる。それが、歌わない鳥のキモチなのだろう。クロツグミほどの名高い歌い手でも、「歌わない」という戦略があるのだ。強い個体のなわばりに黙って入り込んでメスを待つ方法は、だいぶ以前から、カエル[150]やコオロギ[151]などでも発見され、サテライト（スニーカー）戦略とか、コソ泥戦略などといわれてきた。

ニホンジカ[152]やサクラマス[153]は、若齢や小型で劣位なオスがスニーカーとして振る舞い、コソ泥的な戦略で、少なからず遺伝子を残すのに成功する。角の小さなカブトムシのオスも、闘わない戦略に徹することで、完膚なきまでに打ちのめされることなく、多少とも遺伝子を残す。[154,155]カブトムシの場合、成虫はみな満一歳であり、それ以上大きくはならないし、長生きもしない。ただ幼虫時代の栄養状態が悪かったというだけの差で、小さい大人になった者は、争いを避ける戦術を選ぶのである。

いろいろな動物で、正攻法では勝ち目のないオスに、代替戦略が見つかっている。クロツグミにも、どうやらそれがあったらしい。薄暗い時間なので、歌い手に見つかりにくいかもしれない。しかし、歌い手が明らかに気づいて嫌がっていることもあるし、多少は追い払い、ツリン！という怒りの声を発することもある。それでもスニーカーたちはあまり逃げないし、深追いされない。この辺がちょっと解せないところであった。

そこで、私は夜明けの第二エリアにプレイバック実験の用意をし、未明から潜んだ。そして朝一番、独身モードで歌っているオスに対して、以前やったのとまったく同じ方法で録音テープを聞かせた。結果は私の予想を裏切り、テープに対する攻撃的な行動や発声は見られなかったのである。日中になわばり（第一エリア）内で試したプレイバック実験の結果（本章13項）とは、歴然とした差があった。むしろ、何羽かはプレイバック中にさっさとどこかへ行ってしまった。

ガンガン歌っている以上、そこはなわばりだと私は思い込んでいた。何しろ小鳥の歌の「二重機能」は切り離せないのだから。しかし、だんまり接近者への対応や、このプレイバック実験の結果からいえるのは、「第二エリアはなわばりではない」ということだ。たしかに、図28（本章12項）を見てもわかる通り、第二エリアは互いに重複し、排他的な空間とはいえない。彼らの夜明けの行動は、第二メスを呼ぶことだけが目的であって、森の中央や小高い峠などお気に入りの場所で歌うにせよ、場所を守ろうとするものではないのだ。

この結果、二つのソング・エリアを持つクロツグミの社会を「複なわばり制」とはいえなくなった。メスが入っている第一エリアはなわばりであるが、メスが入っていない第二エリアはまだなわばりになっていないのである。何しろ、第二エリアの多くは夜明けの時間帯だけだから、日中はお留守もいいところで、事実上、なわばり（＝防衛された空間）になり得ないのである。もしかしたら、これまで複なわばり制といわれた鳥も、必ずしも複なわばりという言葉は適さないのかもしれない。

だんまり接近者は歌わないから、私にはどこの誰だかわからない。足環がついていないことが多いので、新しく定着した若鳥（まだ私に捕まった経験がない者）で、もしかしたら歌に自信がなかったり、嫁が来なかったりしている者が、遠出をしてきているのではないかなどと疑っていた。たまに足環がついているときもあるが、この時間帯はシルエットなので、色が確認できないのだ。だんまり接近者は日没後の短時間の歌合戦のときも出没するが、黄昏どきで足環の色がわからないのは同じことである。

いや、一度だけ足環の色を確認できたことがあった。そのオスは、池の中の島で朗々と歌っている主の近くにひっそりととまっていた。そのときは、ぎりぎり足環の色がわかる明るさだった。足環の色を確認すると、そこから一五〇メートルほどのところでメスが抱卵中の成鳥オスだった。しかも、本章4項「つがい形成と離婚」で紹介した、夫婦仲のよい頑張り屋のサーモンだった。サーモンはさほど遠出はしないが、自分自身がその池の小島ぐらいまでは出張して独身モードで歌うこともある。同じ場所で、ときにはガンガン歌ったり、ときによっては別のオスのスニーカーになったりしていたのであった。ただし、一般的につがい外交尾が成功するのは、なわばりを持てないような劣位のオスではなく、なわばりを持った既婚オスだといわれる。スニーカーにもなるサーモンは、何をやらせても成功する素質のあるオスだったのかもしれない。

二つの戦術が選べる場合、歌が上手ならば歌うべきだし、下手なら歌うべきではないといえる。進化生態学的には、だんまり戦術の成功率も、低いけれどゼロではないので、その行動をとらせる遺伝子が一定程度、残ってきた結果と説明される。年齢や状況に応じて二つの戦術を使い分ける能力が遺伝的に備わっている可能性もあり、どのオスも、独身を装ってガンガン歌う戦術と、だんまり戦術を併せ持つ二刀流なのかもしれない。

子育てと巣立ち

クロツグミのオスは、メスが抱卵している一三日間、自分の遺伝子の保険のために、第二メス募集をかけて歌う。ヒナが孵るとオスも巣へやってきて、子育てに協力する。ヒナが小さくてほとんど毛もはえていないうちは、メスはヒナを抱いて保温する役割を負う。だから、オスは頑張って給餌にいそしむ。餌の多くはミミズで、たまにムカデやイモムシ、サクラやヒョウタンボクなどジューシーな木の実を持ち帰ることもある。

メスは空腹に耐えられなければ巣を空けるわけだが、ヒナが冷えてしまうので、五〜二〇分ぐらいで戻ってくる。そのとき、余裕があれば餌を持ち帰る。ヒナが大きくなってくれば、保温する必要が少なくなるので、メスも巣の出入りと餌運びが多くなる。

育雛後期はメスも給餌を頑張るが、育雛期全体での給餌回数は、オスが六五パーセント前後に及ぶ。また、一度に運んでくるミミズの束も、見ている限りオスの方が多い。オスはだいたい三〜四匹のミミズをくわえてくるのに対し、メスは一〜三匹といったところである。給餌の回数や量は、ヒナの餌乞いの程度による。親は空腹をもっとも訴えているヒナから餌をやるし、どのヒナもあまり空腹を訴えなければ、親はミミズをくわえたまま、どうしようか困った顔をしているように見える。

オスが頑張り屋なら、ヒナの飢えはかなり満たされ、その分、メスは休んだり、自分が栄養補給したりすることができるだろう。もし大黒柱のオスがいなかったら、まずヒナは巣立てない。だからこそ、メス同士はオスを育児のための労働力資源としてはげしく奪い合ったのである。

メスがヒナを抱いて保温する時期、オスが巣に来てヒナに給餌している間、メスは立ち上がって巣の縁にとまっている。オスはヒナが排泄するのを待ってその糞を処理する。ヒナが大きくなると糞は外へ運び出されるが、ヒナが小さいうちの糞はゼリー状の膜に包まれてくずれにくく、栄養分もあるので、親鳥はその場で食べてしまうことが多い。オスが去ると、メスはまたヒナを抱く。

一度だけ、オスがミミズを持ち帰ったとき、立ち上がったメスが、あんぐり口を開けたことがある。「私にも食わせろ」というのである。モズ、サンショウクイ、コサメビタキなど、オスからメスへの給餌がふつうに見られる小鳥もいるが、クロツグミにはない。しかし、メスは巣を離れたくなく、空腹で、目の前にミミズの束がある、という状況に耐えかねたのだろう。求愛給餌が発達した前述の小鳥たちは、メスがヒナと同じように翼を震わせるしぐさで餌を求めるが、このときのクロツグミのメスは、まったくそうしたしぐさはなく、ただぱっくり、であった。本種の一般習性として定着した行動でないことがうかがえる。オスは一瞬躊躇したかのようにのけぞって、それからミミズをメスに渡した。オスにとって初めての経験だったのかもしれない。

ヒナが孵ると、その世話に力を入れ、十分に栄養を与えて巣立たせることが、オス自身の遺伝子のコピーを残す確実な早道になる。なので、育雛期は歌の活発さが著しく落ちる。早朝だけは独身モードで歌うが、それまでよりも短めに切り上げる。早朝にほとんど歌わない者もいれば、ドールのように、日中でもまだ第二メス募集に未練を残し、遠出して独身モードで歌う者まで個体差がある。

抱雛、給餌、糞の処理、周辺の警戒を主な仕事として一二日間を終え、ヒナを巣立たせる。どの鳥でもそうだが、全員がいつまでも巣にとどまると、敵に襲われたときに全滅となるから、危険を分散させるのも巣立ちの重要な意義の一つである。

ヒナは早朝のうちに次々と巣立っていくことが多い。親鳥の体重が五五グラムとしたら、ヒナは四五グラムほどで巣立つ。尾羽はほとんどなく、翼や嘴も短い。翼が短い上、技術も力も不十分で大して飛べないが、足だけは成鳥と変わらないので、歩いて移動し、木にも登っていく。足が親並みなので、足環をつけようと思えばつけられる。暗い茂みの枝にひっそりとまり続け、親の接近に対して「チュン」と鳴いて餌乞いをする。数日すると、飛んで移動できるようになってくる。その後一〜二週間、親鳥の給餌を受けてから一人立ちすると、幼鳥同士でゆるく群れになっていることが多い。

第二回繁殖開始の早い例では、巣立ちから二日後にメスが次の巣を作り始め、巣立ちビナの世話は主にオスが請け負ったという観察がある。[135] 動物園の禽舎内で自然繁殖させた例でも、メスは巣立ち雛にほとんど給餌せず、次の営巣に向かうという。[131] これらは、短いサイクルで何度も繁殖するための効率的な戦略に見える。でも、オスとしては、再び受精可能になったメスのガードと、巣立ちビナの世話を両立させるのは、並大抵なことではないだろう。野外では、第二回繁殖以降、オスが新しい四卵すべての父親になれる確率が下がっていくことも予想される。

真夏の繁殖で、一羽だけ発育の遅れたヒナの交じっている巣があった。卵をすべて産み終わる前から抱卵を開始して、孵化日が他のヒナとずれていたのかもしれない。見るからに成長に差が出ていた。しかし、その一羽も兄や姉と同じ日に、巣から落ちるようにして巣立った。翼の羽毛など全然はえていない。これは無理だろうと思い、巣に戻してみたが、もう巣立ちモードになっていて、何度戻しても同じことだった。

他のヒナが四五グラムを超えていたのに、このヒナは二八グラムしかなかった。こういうヒナは、まず秋まで生きられない。鳥類一般に、巣立ちを以て「繁殖した」と定義するが、実際には、巣立ったときの体重が十分にないと、その後の三カ月の生存率が著しく低いことは、小鳥でも猛禽でもよく知られている。そうでなくても、小鳥のヒナは巣立ってから日に日に数が減り、ノビタキでは一カ月後には一七〜五〇パーセントしか生存していないという報告もある。[156]

20 給餌前後の小声の歌

　四つがいのクロツグミの育雛を、五〜六メートル離れたブラインドの中から観察した。観察した四羽のオスはいずれも、ヒナに餌を運んでくる直前直後に巣の近くで、しばしば小声で歌った[157]。地鳴きだけのこともあるが、わざわざ一声〜数声歌ってから巣を訪れるのである。そして、巣を離れてすぐ、最初にとまった枝でまた一〜二声歌う。ほとんど主旋律の第一節だけである。

　小声なのは、ミミズが口いっぱいで大声を出せないからではない。聞き手を特定し、声を殺しているのだ。言葉ではなく、発声行為そのものに、巣の周囲が安全だという情報が入っている。だったら、オスだけでなくメスも同様の場面で小声の歌を発してよさそうなので、私は意識して観察したが、ついにメスが歌うのは確認できなかった。

　もっとも多くのデータがとれたオスでは、メスが巣でヒナを抱いているときほど、訪巣（ほうそう）直前の歌は多い傾向にあった。そして、メスが巣に残っていないときほど、離巣直後の歌が多い傾向にあった。

　ヒナを抱いているメスは、巣に接近したオスが小声で一声歌うと、瞬時に巣を離れるということが非常に多かった。メスの真後ろから接近したオスの声で、間髪を入れずにメスが離巣することも多い。どう見ても、メスはオスの姿を目視で確認しなくても、巣を離れるきっかけとしてこの声を利用していた。

この歌は非常に小さい声なので、知らないと気づかないだろう。私は巣の近くにブラインドを張って観察したから気づき、その発声の意味が気になり出したのである。ヒナが歌で自分の親を個体認知していたかどうか、そうだとすればいつ頃から認知できていたかは証明できないので、ふれないでおく。しかし、メスやヒナに対し、自分の接近を知らせる効果はあるだろう。ヒナも成長とともに、小声の歌の直後にミミズ

♪オスの小声の歌を聞くと、メスは振り向きもせず、間髪を入れずに巣を離れる

がもらえることを学習できるはずだ。
観察していた当時、私はまだ進化生態学的な考え方が十分にできていなかった。動物の行動を目的的なものととらえがちだった。メスに交替を促す「ために」鳴いている、といったように。しかし、鳥たちは言葉のように目的を伝えているわけではない。巣に近づいて、周囲が安全な場合、一定の緊張で小声の歌が出るのだ。敵がいれば警戒してより緊張するので、歌ではなくて別の声が出る。

クロツグミでは巣の近くにカラスなどがいるとき、どちらかの親鳥（あるいは両方）が「ヒー」または「ツー」と聞こえる非常に細くて高く、場所を特定しにくい声をゆっくり断続的に出す。その声が周囲に聞こえている間は、絶対に親鳥の出入りはない。私は昔、なかなか戻ってこない一方の親鳥を呼んでいるのだと解釈していたが、それは正反対であった。近くにカラスがいるようなときに出すこの声は、受信者にとっては「戻ってはいけない」という信号だったのである。だから、呼んでいるどころか、この声が聞こえていたら、一方はますます戻ってこないはずだったのだ。危険がそこそこ迫っているときに、周波数が高く場所を特定しにくい声を出すことは、多くの小鳥に共通している。[14]絶体絶命の場面になったら、また別の声を出す。

　オスがもし小声の歌を発すれば、それを聞いたメスは空腹なら、反射的に巣を出てゆく。それはけっして言葉のようなやりとりではなく、発信者も受信者も、その行動をとった方が、より子孫を残せてきたから、長い自然選択の過程で、そうする行動が進化してきたと考えるべきだ。「オスの小声の歌を聞けば、巣の周辺が安全であり、今なら空腹を満たしに出かけてもその瞬間を誰にも見られることはないから、メスは巣を離れる」と言っても大きな間違いではない。しかし、あたかも言葉で目的的に考えて振る舞っているようにとらえる癖がつくと、私のように、謎の深みにはまる。

　前述の通り、あるオスは、メスが巣にいるときほど、小声で歌って巣に接近した。これは、メスがいるからこそ、交替の合図を送っているのだと、その頃の私は解釈した。しかし、他のオスではそうした傾向が見られず、メスが巣にいようがいまいが、歌ったり歌わなかったりした。これでは、メスに合図を送っているという仮説が成り立たない。ならば、ヒナへの給餌への合図であろうと思った。

　しかし、合図となるのは「結果」であって、「目的」ではないのである。特にやぶが混んだ林では、巣にメスがいるかどうか見えない状況で歌っているかもしれない。いずれにしても、巣への接近が自分への刺激になり、一定の緊張感をもたらして、小声の歌が「出てしまう」のである。聞く側がむしろ言葉のように解釈して反応しているという方が、まだ真理に近い気がする。

メスはオスの小声の歌を、安全確認の上で利用している。安全確認をせずに巣に出入りすれば、敵を巣に招く可能性があるから、オスが歌う安全な状況で離巣するメスの行動が、より適応的なものとして選択されてきたのである。

オスがヒナに餌をやり、巣を離れた直後（そのとき、メスは出かけたままで留守のことが多い）に小声で歌うのは、メスに戻ってこいと呼んでいるのだと、当時の私は解釈した。しかし、そうではなくて、再び巣の近辺における一定の緊張感のもと、小声の歌がつい出てしまうにすぎないのである。メスが近くまで戻ってきていれば、その歌を合図のように利用し、すぐ帰巣するだろう。しかし、オスはいつまでもメスに戻ってこいと歌っているのではないのだ。だから、オスが離巣直後に歌ったかどうかと、次にメスが戻ってくるまでの時間には、相関がなくて当然なのである。

ヒナに給餌し終え、離巣した直後の小声の歌は、日増しに頻度が高くなった。ヒナが巣立つ日はしきりに歌った。そしてヒナたちは、いつになく小声の歌が終わらない一分間に、その声に誘われるように巣立っていった。ただし、小声の歌で「巣立ちを促している」という表現は擬人化であり、正確ではない。小声の歌と給餌のタイミングを、ヒナが条件反射的に結びつけたとして、そのヒナの執拗な餌乞い行動が、さらにオスの発声を誘発していた可能性もある。両者の相乗効果で、巣立ちが促されるかもしれないのである。

海外の文献でも、メキシコマツグミが給餌の直後に小声で歌う[85]、クロウタドリが給餌の際に歌ってヒナに餌乞いを促す[158]、ワキアカツグミが歌でヒナを巣立ちへ導く[3]などの記述があり、機能を検証した研究ではないものの、その行動自体は珍しくないようだ。

いずれにしても、小声の歌が聞こえる「巣の周囲」というドームのような空間は、メスに安心して繁殖気分を保たせる空間であろう。巣から五メートル以内の小声の範囲、三〇メートル以内の中くらいの声の範囲、三〇〇メートル以上に及ぶ早朝の大声の範囲（可聴範囲では五〇〇メートル以上）という、ソング・エリアの三重構造ができているのである。

こんなときにも歌う！　驚きの場面

クロツグミはまれに歌いながら宙を移動するし、歌を中断して地面に降りて採食しながら、そこでまたガンガン歌い始めることもある。いっときも黙っていられないハイテンションな状態なのだろう。

クロツグミを野外で個体識別して観察するため、かすみ網で捕獲してカラーリング（色足環）をつける。そのとき、網にかかった鳥を一旦、木綿の袋に収容し、作業する場所へ持っていく。持ち運ぶ間や、他の鳥に足環をつけている間、数分から三〇分くらい、袋の中で待っていてもらうことになる。せまくて外が見えない袋の中では、いくらか落ち着いて、あまり暴れない。しかし、捕らわれの身になって、いつ放免されるか、生かされるか殺されるかもわからない緊張した状態にあるはずだ。

ところがそんなさなかに一度だけ、つまり一羽だけ、袋の中で歌い出したオスがいたのである。初めは小さな声だったが、しだいに調子づいて朗々と歌い続けたときはたまげた。このときのキモチをどう解釈しよう。

♪ここはどこ？ 私は誰？ 取り乱してガンガン歌う、袋の中……

袋の中から発せられた歌は、渡り途中のよそ者の歌ではなく、明らかにF森の歌のレパートリーだった。すでに繁殖するキモチが満々なわけだし、特に歌いたいキモチが強い繁殖ステージだったに違いない。

周囲の森からは、袋ごしに他のオスの歌も聞こえている。自分は景色が見えないから、どこをどう連れ回されたか知らないが、ライバルが歌っていれば張り合わなければならない。隣近所のライバルの歌が、ふだんと違う方向や近さで聞こえてくれば、それはなわばりに侵入されたのと同じ刺激になるだろう（第1章8項の図4）。とても黙ってはいられない。自分の命もヤバいが、なわばりが侵されるのもヤバいということで、雄性ホルモン全開のときになわばり荒らしを迎えたキモチと同じになった可能性が考えられる。

また、袋の中が窮屈だったらしく、放鳥してもすぐに翼が開けず、ぴょんぴょん歩きながら逃げていったオスがいた。このオスは、彼自身のなわばりの中に返したのだが、数歩歩いて遠ざかってはこちらを振り向き、小声で一声歌う。また数歩歩いて遠ざかっては小声で一声歌う、ということをくり返し、一〇メートル、二〇メートルと森の奥へ消えていった。当時の私は、このオスが「ここまでおいで」とアカンベエでもしながら歩き去っていくように見えていた。しかし、そんなゆとりがあったはずはなく、やはり一定の緊張感と、自分のなわばり内という環境のもとで出た、一種の転位行動なのかもしれなかった。

転位行動とは、動物が逃げるか攻撃するかといった葛藤や、欲求不満の状態にあるとき、その場の状況と関係のない、場違いな行動が出てしまうこと。闘争の最中に羽づくろいを行うなど。

オスが巣に餌を運んでくる前後に、小声で歌うことについて前項で述べた。このさえずり行動は、詳しくは「訪巣直前に近くの枝で」「給餌直後に巣の上で」「離巣中に飛びながら」「離巣後に近くの枝で」の四つのタイミングに分けて記録していた。四オスについて調べたが、そのうち一羽のオスは、「給餌直後に巣の上で」というパターンが他のオスより断然多かった。しかも、ミミズ狩りに自信があってよほど時間的余裕があるのか、長時間、巣にとどまってくつろいでいることが多かった。そして、初めのうち小声だった歌が、いつしか調子づいて朗々と「歌っちゃってる」ことがしばしばあったのだ。

そもそも、巣の周辺での小声の歌は、メスに付近の安全を伝え、交替の合図になっていると推測した。巣の場所を敵に悟られることは致命的だから、敵が近くにいれば歌うべきではない。なのに、このオスは満腹ですやすや眠るヒナの横で、しだいに大声で歌うのである。

これは、当時、さすがに解釈に困った。歌う行為は、敵の目を引きつける原因になる。

彼の命は彼自身に管理してもらわないとしようがないが、子どもまで巻き込むな、と言いたかった。まあしかし、きっと彼はできるオスで、狙われるリスクを冒しても、十分に注意力のあるオスだったのだろう。そして、メスが巣に戻ってくるまで巣で一服していても、十分に餌を採ってくることのできる有能なオスだったのだろう。

結果的には、巣の周辺の安全をメスに示し、なわばり宣言することまで、同時にできていたことになる。近隣のメスには、子育て中でも余裕のあるタフなオスであることを知らしめ、「浮気するなら俺を選べ」という意味にもなっていたかもしれない。本人に言わせれば、「出すぎるホルモンに聞いてくれ」かもしれないが……。

♪巣でガンガン歌っちゃう親心だけはわからない！

猛レッスンでレパートリーを全とりかえした「レモン」

小鳥たちは、生後二カ月くらいまでに父親などの歌を聞き覚えるが、それは脳神経が発達する翌年まで、正常に再生できない。真夏にたどたどしく、というか、まったく歌らしくもない、へんてこな声を出している幼鳥もいる。

親の手を離れて自由気ままに暮らしている幼鳥たちが、真剣に歌っている成鳥オスの傍へ、さながら研修のように集まっていることがある。歌っているオスは迷惑そうにも見えるが、幼鳥たちをなわばり荒らしと思って本気で追い払うほどではない。幼鳥たちにとっては、単に同種の歌に対して興味津々な時期なのであり、無意識ながら、来年以降、メスやなわばりを得るために重要な学習

♪好奇心旺盛な幼鳥たちの学習風景。
クロツグミらしくないが、本当に全員が電線にとまっていた

の場なのだろう。幼鳥群の中に、メス幼鳥と思しき個体が交じっているのも面白いが。

一方、インコなどを別として、成鳥は新しく歌を覚えないと思われがちだが、学習能力がまったくなくなるわけではないらしい。覚えた歌に可塑性がある鳥や、年々レパートリーが増える鳥は発見されてきているが[159〜164]、その強烈な例をクロツグミでも目の当たりにした。

そのオスは、足環の色がライトグリーン（L）、モーブ（藤色＝M）、オレンジ（O）だったので、その頭文字から「レモン」と呼ぶことにする。レモンは見るからに幼鳥の羽色を残した満一才の若鳥だった。彼は四月下旬の渡来当初、調査地であるF森の誰も持たない、オリジナルの主旋律を八曲持っていた。それはすなわち、彼自身、この森の出身者でないことを暴いていたわけだ。


鳥には帰巣本能があって、基本的には生まれた場所に戻ってくるが、少しはよそへ分散していく者もいて、遺伝的な交流がなされる。つまり血が濃くなりすぎないようにするしくみのようなものだ。鳥の場合、哺乳類とは反対に、メスの方が遠くへ分散する傾向がある。しかし、クロツグミの歌を聞いていると、二〇〜三〇羽のオスが繁殖する森に、毎年二羽程度は、よその曲を歌う鳥が交じっているから、オスも一割くらいは出入りがあるのかもしれない。

当初、レモンはきっと渡りの途中であり、もっと北へ行くのだろうと私は思っていた。しかし、結局はこの森に定着して、つがい相手も得た。驚異だったのは、それからの三カ月、彼の歌のレパートリーの劇的な変遷だ［表1］。

　レモンはこの森で最もメジャーな二曲、「キヨコ、キヨコ」と「チョッキー、チョッキー」を少しずつ歌えるようになっていく。六月から二曲の中間的な「キヨチョケー、チョケー」で猛レッスンを積み、七月下旬にはそれを何とか分離させて「キヨコ、コッキー」と歌えるようになる。八月には、やや下手くそながら「キヨコ、キヨコ」と「チョキー、チョキー」を別々に歌えるようになり、合格ラインに達した。そして、そうなる過程で、持っていた歌を少しずつ捨てていき、最終的にはその二曲しか歌わな

表１　「レモン」の歌のレパートリーの変化（1994 年）
４～５月に持っていた８曲を徐々に失い、新天地の森のメジャーな２曲を歌えるようになっていくまでの過程

日付	歌の第1節											サンプル(歌)の数
	ギッ，ギッ	ピッ，ピッ	チョッ，チョッ	ピギュー	ギョコギョコ	フヒー	ピッポホィ	フィッフィフィー	キヨチョケー	キヨコ，キヨコ	チョキー，チョキー	
4月30日	+	•	●	●	●	●	•	●				78
5月24日	●	•	+	●	•	●	•	●				124
6月 6日		+	+	•	+	●	•	●	●	+		200
6月20日						+	+	●	●			40
7月 3日						+	+	●	●			110
7月20日						+	+	•	●			434
7月29日								•	●	●	+	75
8月12日										●	•	104

歌の数に占める割合：+< 5% < • < 10% < ● < 20% < ● < 30% < ● < 60% < ●

くなったのである。

このように、生後一年を経ても、新曲を覚え自分のものにする、いわば再学習の能力があることがわかった。しかし、やはり大人になって新曲を覚えるのは並大抵のことではないらしく、レモンには、持ち歌のすべてを忘れてしまうほどの洗脳（？）が必要だったようだ。

ちなみに、この森生まれのオスでも、シーズン途中から、それまで歌わなかった曲を歌うようになる個体はいる。これまでたびたび登場したドールというオスは「チョッキー、チョッキー」を、毎年必ずシーズン半ばから、思い出したように歌い始めた。これらは、幼少時に耳に入って一応覚えており、人でいえば頭の中の引き出しが固くなっていただけなのかもしれない。だから、他の多くの歌を捨てるほどのことはしなくて済むのだろう。

さて、レモンはなぜ、そうまでして歌を変える必要があったかだ。レモンは若いオスだったが、そのため晩婚だったというわけではない。よその歌ばかり歌っていた時期に、もう結婚は成立していた。この年のＦ森はメスの方が多く、一夫二妻以上が最低二組あった。レモンの行動を見ていると、彼も、もしかしたら二羽のメスとつがいになっていた可能性すらあった。

なので、嫁が来ないからご当地ソングを歌わなければならない、というプレッシャーがあった可能性は除外したい。であれば、他のオスとなわばりを張り合うのに、共通する歌が必要だった可能性が残る。

鳥の歌合戦には「ソング・マッチング」という現象がある。この森のクロツグミでいえば、隣り合った二羽のオスが歌っているとき、ライバルが「キヨコ、キヨコ」で鳴けば、こちらも「キヨコ、キヨコ」で返す。相手が「チョッキー、チョッキー」と鳴いてくれば、こちらもそれで鳴き返す、というふうに。明らかに相手の歌を聞いていて、同じ歌をぶつけながら交互に鳴くことが非常によくある(🔊17)。

どの二羽のレパートリーもまったく同じではないから、自分の持っていない歌を出されたらどうするか。たとえば「ヒリヒリチョッキオー」と鳴かれたとき、自分がそれを持っていなければ、どうするか。こんな場合、似た曲「ヒリヒリキオー」で鳴き返すという対応を、即座にするのである。

こういうソング・マッチングを長年聞いていると、レモンの気持ちが少しわかるような気がした。この森でなわばりを持つには、この森流に鳴かないと、防衛力が弱まる、あるいは攻撃をくらってばかりなのかもしれないと思った。同種内での録音再生実験では、一般的に、よそ者の声を聞かせたときほど、なわばり主は強く反応して飛んでくるものだ（第1章8項参照。ただし、一五〇〇キロ以上離れた同種の歌には反応が弱いという、種分化の途上を示唆する例もある[165]）。レモンにしたら、「お隣さん」と見知ってもらい、境界のとりきめを穏便に済ませるためには、この地域の方言でかわすのが一番だったのかもしれない。つい擬人化してしまうが、もちろん彼がそう思っているのではなく、そのように順応する遺伝子を持った鳥ほど、また遺伝子を残しやすかった、という自然選択の結果と解釈していただきたい。

♪ Aという歌にはAで返せの鉄則。売り言葉に買い言葉のソング・マッチング

ここでいう「キヨコ」や「チョッキー」は主旋律の第一節で、私が彼らを個体識別するのに用いた部分だ。ソング・マッチングにおいて、第二節や最後のつぶやき声まで一致させる傾向があったかどうかはわからない。だが、オス同士の個体認知やライバル意識、領土問題の平和的解決の上で、歌い始めの第一節は少なくとも重要であることが示唆される。「キヨコ」と鳴いて「キヨコ」で返されれば、次は「チョッキー」に切り替える。「お前を意識しているぞ」という意思表示でありながら、牽制止まりで、喧嘩にはならない暗黙のルールのようだ。

レモンのもう一つの特徴は、本当に独身だった春先を除いて、早朝にも独身モードの歌を聞かなかったことである。シーズンのほとんどを愛妻モードの歌だけで通し、独身のふりをしてガンガン歌うことがなかったのだ。これは、二つの解釈ができる。一つは、ひたすら他のオスのなわばりに黙って潜入し、浮気を狙う戦術だった可能性。もう一つは、歌の猛レッスンや、もしかしたら二妻のやりくりに疲れ果て、朝ぐらいゆっくりさせろと思っていた可能性。さて、どちらだったのだろう。

レモンは翌年はF森に帰ってこなかったから、その後、彼の人生と歌のレパートリーがどうなったかはわからない。

米国のウタスズメでは、まねされたら次はそれを回避し、相手が持っていない歌をくり出すのがもっとも穏便で紳士的な(?)ライバル関係らしい。[166,167] ソング・マッチングに関しては多くの研究があり、あえてマッチングさせない、という鳥もいる。クロツグミのようにレパートリーが多く、複雑な歌を次々と変えながらくり出す鳥と、シジュウカラのようにレパートリーが少なく、シンプルな歌をしばらく続ける鳥とでは、ソング・マッチングの意味が違う可能性もある。

23 新曲の大流行と文化的交流、バリエーションの喪失

多くの小鳥では、歌の学習は生後二カ月程度で終了し、あとは脳神経の発達で歌えるようになる翌春を待つだけ、と前述した。しかし、レモンの例のように、再学習の能力がまったくなくなるわけではない。

私は、プレイバック実験（本章13項）の音源に、金沢から直線距離で二〇〇キロ離れた軽井沢のクロツグミの録音テープを用いた。五分間のテープで流れる何声かの歌の中で、第一節の種類は三、四種類しかなかった。その中に、「フユキ、フユキ」という尻上がりの句を連続させる節があった。私が金沢のクロツグミたちにテープを聞かせたのは一シーズンだけだったのに、翌年行ってみると、何個体かのレパートリーの中に、それが組み込まれていたのである。

さらに驚いたのは、そのまた翌年に行ってみると、二十数個体の全員が「フユキ、フユキ」を歌えるようになっていたのである。

一羽にわずか五分間聞かせただけで、そんなことが起こるだろうか。ただ、隣近所のオスに対する実験も、小耳にはさんでいた可能性はある。自分が怒ってしゃしゃり出ていくまでもなくても、つい聞いてしまう。そして誰かが「この歌、ナウいじゃん」と思って歌い出せば、広がる可能性はなきにしもあらずだ。あるいは、既に巣立った幼鳥が森の片隅で聞きかじっていたかもしれない。彼らこそ学習能力がもっとも高く、頭が柔らかい年頃なのだから。

いずれにしても、二年後の繁殖オス全員ということは、明らかに録音を直接聞かせていない次世代にも取り入れられていたことになる。最初はテープから鳥へ、その後は鳥から鳥へと伝わったと考えられる。小鳥の歌の地域の流行は、文化の伝承なのである。

金沢のクロツグミがオスだけで二〇〜三〇羽いた頃は、第一節のレパートリーは一羽あたり一〇〜一五種類（その多くは、集団の誰かと共通する節）で、近隣で共通するのは五種類程度だった。つまり、近隣の個体と違うレパートリーも多かったので、個体識別しやすかった。

しかし、二〇〇〇年頃から繁殖集団が過疎化し、オスの数が減少していく過程で、歌のレパートリーの個体差がみるみるなくなっていった。集団が衰え、オスの数が一桁になると、第一節のレパートリー一〇種類のうち、八種類もが近隣と共通していた。どのオスも同じようなレパートリーになって、個体識別しにくくなっていったのである。

三〇羽いたオスが三年後に半減したのだが、そのとき、この地域集団の歌のバリエーションにも大きなボトルネックが起こったのではないだろうか。地域の少数個体が持っていた個性的な歌は、一旦失われてしまうと、その集団に甦ることはない。再び鳥の数が増えたとしても、子孫たちは、少なくなったバリエーションの中から学ぶしかないのである。伝える老練が絶えていけば、オリジナリティーがなくなっていくのも道理であった。

金沢の海岸保安林は、海と市街地にはさまれた孤立的な繁殖集団であり、渡りの季節に多くの個体が通過するものの、よそとの文化的な交流が少なかったのだろう。

私が初めてクロツグミの歌を調べようと思ったのは、一九九三年、神奈川県の箱根仙石原であった。仙石原は海抜六〇〇メートル。芦ノ湖とともに箱根外輪山に囲まれた盆地で、草原の間に川が流れ、木立が散らばる環境である。クロツグミはそんな疎林的環境でも多いツグミだ。

当時の記録を見てみると、近隣の五羽のオスたちは、第一節のレパートリー一〇種類ほどのうち、互いに共有する節が三種類程度にすぎなかった。すなわち、全体としてバラエティー豊かであった。

二四年ぶりに、箱根仙石原へ行ってみた。やはり、近隣で共通する節の数は同程度で、バラエティー豊かなことは変わりなかった。しかし、同じ辺りの五羽のクロツグミなのに、二四年前に記録したのと同じ節はほとんどなかった。

箱根というのは丹沢山系にも、伊豆半島の天城山系にも、富士山や奥多摩などにも山林続きだ。そうした「緑の回廊」のおかげで、連続的な大きな繁殖集団になっているはずである。広域的な繁殖集団では、幼鳥の学習源となる歌の選択肢が多く、文化的にも遺伝的にも、東西南北の交流がさかんなことが想像される。常に三種類程度の節の流行があっても、おそらく二四年などという時を要することなく、移り変わっているものと思われる。

軽井沢のある峠で聞いていても、印象ではあるが、流行は二、三年で移り変わっているように思う。
鳥の歌が一種の文化であり、方言や地域性があることは、多くの研究者や録音家たちに認められてきた。しかし、それは固定的なものではなく、流動的なものなのだ。学習により代々受け継がれていくとはいえ、個体の交流が多ければ、幼鳥がお手本にする大人たちの数、学べる歌の種類・選択肢は、無限ともいえる数なのである。

24 繁殖期の終焉から渡去と、野外寿命

八月ともなれば、多くのつがいは解消されていくが、クロツグミは八月でも案外ふつうに子育てしている鳥で、九月に巣立ったらしい例もある。歌声は八月下旬まで聞かれる。おそらく、万に一つでもメスが再び発情してくれる、あるいは再婚する気のあるメスが来てくれる可能性がある時期が、八月下旬に及ぶのだろう。

鳥たちの夏が終わる時期は種類によってまちまちだ。コムクドリは七月以降は新たな繁殖を始めないし、セッカのメスは九月でもふつうに子育てしてい

る。鳥の歌がいつまで聞かれるかを気にしていると、オスたちが婚姻を諦める時期がわかる。キビタキは七月末、ノジコは八月十日頃、アカハラやホオアカなどは八月二十五日頃。ウグイスは九月、メボソムシクイは紅葉シーズンの十月でも歌っていることがある。

小鳥たちは八月から九月にかけてが換羽の時期で、体力を消耗する。クロツグミも森の中で、わりあいひっそり暮らしている。

幼鳥たちは初めての換羽だが、すべての羽毛が換羽することはなく、基本的に翼や尾羽は幼鳥時代の羽のままなので、オスでもそこだけ褐色だったりする。新しくはえた頭や背中の羽毛（体羽）でも、一枚一枚の羽縁に褐色味があり、真っ黒には見えない個体が多い。喉は白く、そこから脇腹にかけてメスに似た色のオスも珍しくない（本章5項）。その姿が次の秋まで続くので、来春、初めての繁殖期でも、いかにも若鳥とバレてしまうわけだ。

若鳥でも早く生まれた者は、五月末に巣立っている。前にも書いたが、換羽の時期までに十分な栄養をとっているから、はえ換わる羽毛にその栄養を投資することができ、なかなか立派な黒さを持った若者になる。逆に、八月に巣立ったような未成熟なオスは、換羽に回す栄養が不十分で、はえ換わる羽の枚数も少ないし、はえ換わった羽でも、一枚一枚の黒さが鈍い。
メスは黄土色のため、翼や尾が幼鳥羽のままでもわかりにくいが、翼の一部（大雨覆（おおあまおおい））に幼鳥羽特有の小斑が残り、若鳥とわかる個体もいる。

繁殖期の晩期に巣立った幼鳥は、大人らしい色彩の衣替えができない上、歌を学習するのにも不利と考えられる。周辺のオスは徐々に歌わなくなっているからだ。教材が不足して、二カ月あるはずの学習期間（臨界期）の多くが無駄になり、脳にしっかり記憶させないうちに秋を迎えてしまう。そうなると、翌春に歌える歌は少ないかもしれない。色がさえなくて栄養不良に見え、歌は少なくぎこちない、となれば、他のオスにも見下され、よいなわばりは勝ち取れないし、メスにもモテないだろう。親にしてみれば、自分の孫やひ孫をより多く残すには、シーズン初期の繁殖で失敗しないことが、何よりも大事なことになってくるはずだ。

クロツグミは九月から十月、おそらく日本列島を少しずつ移動しながら森の中で暮らし、食料も昆虫やミミズから、ミズキやズミなどの木の実に頼ることが多くなってくる。

一気に南下するのは十月中旬だ。

東南アジアまで海を越えながら、島づたい、あるいは海岸線に沿って何日もかける一〇〇〇〜四〇〇〇キロの長旅が始まる。小鳥の多くは、ハヤブサなどの敵に襲われにくい夜に渡る。春秋の渡りの前には胸などに脂肪がつき、羽ばたくための筋肉で脂肪を燃やしながら渡る。通常、五五〜六五グラムのクロツグミだが、十一月上旬に八三グラムのメスが捕獲されたことがある。信じ難くて何度も測り直した。皮膚を透かして胸の白い脂肪がたっぷり見え、腰もはち切れそうにパンパンだった。

渡りの途中に限らず、生後一年以内、経験が未熟なうちに、野生の生きものの多くは命を落とす。巣立った瞬間、カラスなどの餌食になることも容易に想像できるだろう。その後も、日に日に数が減る。[156] 生まれたヒナが翌年まで生きて帰ってこられるのは五〜六分の一くらいがふつうで、成鳥でも毎年、二分の一ほどが帰ってこない。それでも、常に満一

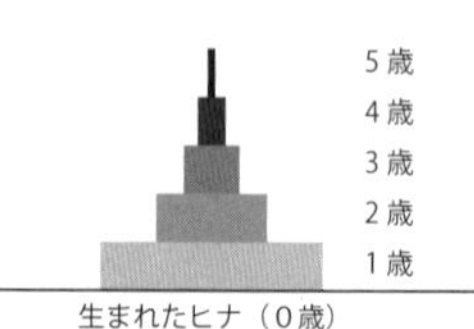

図36　比較的安定した繁殖集団の年齢構成ピラミッド

満1歳の若鳥の数と、満2歳以上の成鳥の数とがほぼ同じ状態。若鳥・成鳥合わせて15つがいの繁殖集団が維持されるには、毎年、森全体で約100羽のヒナが生まれる必要がある

歳の若鳥が人口の多数を占めていれば、繁殖集団（個体群）として、将来まで安定的な人口ピラミッドが描ける［図36］。

たとえば、森で生まれたヒナが一〇〇羽だとすると、翌年まで生き残って帰ってくる若鳥（満一歳）は、一般的な確率では一六～一七羽のみ。以降、毎年五〇パーセントずつ減り続けるので、二歳以上の成鳥の合計は一五～一六羽。つまり、繁殖一年目の若鳥と二年目以降の成鳥の比率がほぼ半々。これが、繁殖集団として自然な年齢構成といえる。逆にいえば、若鳥・成鳥合わせて約一五つがいの繁殖集団を維持するには、毎年、森全体で一〇〇羽ものヒナが生産されなければならない。若鳥が成鳥の半分以下になれば、少子高齢化の黄色信号だ。野生動物の親が自分の命とひきかえにするのに、どれだけ多くの子を産まなければならないかを暗示している。

金沢の海岸砂丘林で繁殖するクロツグミは、二〇〇〇年頃から半減を続け、二〇〇七年にいなくなった。クロツグミはオスの翼（風切羽(かざきりばね)）の色で年齢がわかりやすいので、それをチェックしていくと、半減を続けた頃、繁殖集団の将来を支えるべき若鳥が枯渇してきており、次世代の担い手が不足していることが明らかに見てとれた。

私のフィールドのクロツグミは、生まれた翌年（満一歳の年）に戻ってくれば、三歳まではそこそこ帰還した。しかし、四歳で戻ってきた個体というのはめったにいなかった。F森に四歳以上が一羽もいないという年もあった。つまり、三歳まで生きた小鳥というのは、十分に長生きした者といえるだろう。

動物園などの飼育下では、十歳以上の個体もいると思われ、生理的寿命はそれくらい長い。しかし、野外では元気でいても襲われる危険がつきまとう上、少しでも怪我をしたら真っ先に狙われる。怪我や病気で一〜二日絶食すれば、小鳥は代謝が早いから、すぐに激痩せして死んでしまう。現代では、車や窓ガラスにぶつかったり、飼い猫に襲われたりするなど、どこかで人間社会の犠牲になっている者も少なくない。

クロツグミの野外での長生きの記録は、オスで満八歳だった。長生きすると知っていれば、このオスの人生に密着したいところだった。これまで紹介したやり手のオスたちでは、ルビオが四歳以上、ドールが四歳、サーモンが三歳まで帰還した。一歳での帰還が最初で最後だった、つまり生涯に一回だけの繁殖期だった可能性がある個体も、レモンをはじめ多くいた。メスの長寿記録は満七歳だった。多くの鳥に共通して、メスは巣で卵やヒナとともに天敵に襲われる確率が高いので、野外寿命（生態的寿命）はオスより短いのがふつうである。

第 4 章

聞く人の ココロ

聞き分け、聞きなし、
個体識別。
鳥たちの方言は
理解を促す？ 妨げる？

カナ表記は聞き分けに有効？

鳥の声が聞き分けられない、覚えられない、という壁に当たっている人は多い。一般に、成人のビギナーの方は、CDなどで一度にまとめて覚えるのは難しい。わかる人に野外へ連れていってもらっても、どうしても依存心が働くし、受け身になるので、たくさん教わるほど、記憶に残りにくいものだ。私の場合、幼少時から小遣いをためてLPレコードを買い、好き好んで聞いたので、まとめて覚えられた経験がある。何らかのレッスンで音感を養った経験のある人も、比較的覚えが早いようだ。

基本的には自分の目で一種類ずつ確認し、「この声は君だったのか！」と印象に残していく以外の早道はない。同じ種類でもいろいろな声を出すし、一羽でも何曲ものレパートリーがあるし、それが個体ごとに違うのだから、CDの通りに鳴く鳥に出会うこと自体が少ない。私も、いまだに、この鳥はこんな声も出すのか、という楽しい発見がある。

いろいろな鳥が鳴いている状況の中から、そのとき聞きたい声だけを拾い出す意識も必要だ。オーケストラの中から、バイオリン、ピッコロ、クラリネット、トロンボーンなど、音質を聞き分け、旋律を個別に拾うのと同じであり、それ自体が楽しい。最初は鳥の声と思えなかったヤブサメやツツドリ、アオバトなども、そうと知ってからは、自動的に耳に入るようになる。

本書では、何鳥かわからなくても、鳥は生活しているのだから、「いた」「見た」「撮れた」だけでなく、何をしているのかを観察してあげよう、解釈してみよう、というのをおすすめしてきた。何鳥かわからなくても、「きれいな声でくり返し鳴いているから、これは地鳴きはでなく、歌だろう」という見当がつけば、それはオスで、そこがなわばりなんだな、ということが見えてくる。次に、お嫁さんはまだか、お隣さんとの関係はどうか、などへ興味を向けることもでき、考えずに見ていたのでは気づかなかったことが見えてくる。

しかし一方、何鳥か知りたい欲求も山々だし、名前を知ってこその愛着もある。このあと、比較的身近で、あるいは見たい鳥で、紛らわしい近縁種の、私なりのアナロジックな聞き分け法をご紹介したい。

声をカナで表記されてもイメージできないとか、客観的でないから普遍性に乏しい、という人もいるが、私はカナ表記法はよいと思っている。言語が違えば文字で表しても違和感を覚えることが多いし、同じ母国語でも、次項で述べる「聞きなし」は多少強引なこともあるが、多くの人が納得するカナ表記が現実にあることは、馬鹿にならない。たとえば、ウグイスの歌は、元来、聞きなしの「法、法華経」から来ている。そう思うと聞きにくいが、聞きなしと思わなければ、多くの人に「ホーホケキョ」と聞こえる。

鳴き声がそのまま種名となった鳥も多い。カッコウ、ジュウイチ（「慈悲心鳥」の別名もある）、昔の誤解で名づけられたブッポウソウなどだ（実際に「仏法僧」と聞きなされるのはコノハズクの声）。ヒヨドリも声から来た名前だろうし、ツツドリ（🔊18）の名は竹筒をポンポンたたくような音声から、コマドリ（🔊18）の名は馬のいななきを思わせる歌声から来ている。ビンズイ（🔊11）は「ビンビンズイズイ」と聞こえるから、ともいわれる。サンショウクイの名は、ことわざの「山椒は小粒でも『ピリリ』と辛い」から来ている。センダイムシクイは歌舞伎「伽羅先代萩」に登場する「鶴千代君」から来ている、つまり、「ツルチヨギミーッ」と聞こうと思えば聞こえるのである。ただし、言語が生きている限り、聞こえ方も変遷する。平安時代、ウグイスの歌はホーホケキョではなく「ウークヒ」と聞かれ、それがウグイスの名の由来に

首を伸ばす独特の姿勢で歌うウグイス（撮影／中村匡男）

なったといわれる。

声と名前を絡めて覚えるという話はさておき、カナ表記の利点は、次のようなこともある。シジュウカラの典型的な歌の一つに、「ツピ、ツピ、ツピ」というのがある。これを、喉を使わず、口先だけでつぶやいてみてほしい。すると、自動的に「ピ」の音が高く発せられないだろうか。文字にすることで、音の高低、アクセントが表されていることもあるのである。

地鳴きの話にもなるが、庭に来るヒヨドリを初めて聞くと、「キーキー」と聞こえる。しかし、モズの「キーキー」を聞くと、ヒヨドリは「ピーピー」に聞こえるようになる。メジロの地鳴きはｃｈの発音を強調した「チィ」で、ヒガラの地鳴きは明らかにそれより細い「チー」で……といった具合に、一つ一つ音質に気をつけて聞く体験を増やすと、聞く耳が修正され、図鑑のカナ表記に馴染んでくる。その先に、ホオジロ類の「チッ」、エゾムシクイの「ピッ」、ジョウビタキの「ヒッ」、ウソの「フィッ」などの違いが腑に落ちるようになってくるから、カナ表記は音質も間接的に説明しているのである。

シジュウカラの仲間四種類を聞き分けてみよう。

シジュウカラ（🔊19）は、「ツピ、ツピ」のほか、「ツッピ、ツッピ」「チツピー、チツピー」「スィッツ、スィッツ」「チィ、チィ」などの中から、一羽が三〜五種類程度のレパートリーを持つ。しばらくは同じ曲を歌い続けるが、数分から十数分で、次の曲に切り替えるだろう。それを飽きずに聞けば、シジュウカラらしい音質やテンポがわかってくる。とにかく、肉眼でいいから、シジュウカラを見ながら、声を聞くことだ。

「おもちゃのマーチ」という童謡がある。「やっとこ、やっとこ、くり出した……」というあの曲だ。この「やっとこ、やっとこ」のテンポで歌うのがヤマガラ（🔊19）。「ツツピー、ツツピー」という、シジュウカラより明らかにゆっくりしたテンポで歌うことが多い。最初の「ツツ」を聞き漏らすことが多いので、「ピーツツ、ピーツツ」と聞こえるかもしれない。ただ、ヤマガラも何曲かのレパートリーがあって、早口の「ツツピー、ツツピー」もあれば、まれに、「ツ」や「ピ」で表せない、まったく違う節回しの曲もある。だから、しばらく粘って、総合的に判断したい。

本州中部でいうと標高五〇〇メートル以上の山林では、前二種にヒガラ（🔊19）が加わる。前二種より明らかに細い声で早口に歌い、一声一声、星を吐き出しているようだという形容もある。「ツピンツピン……」「チツピチツピ……」「チーチビチーチビ……」など。「冷（ちめ）てぇ冷（ちめ）てぇ」「シーチキンシーチキン」「レッツゴーレッツゴー」のようにも聞こえるといえば、テンポもおわかりいただけるのではないだろうか。

標高一〇〇〇メートル近くから亜高山帯にかけて、コガラ（19）に出会う。細く澄んだ声で歌うが、ヒガラのような早口ではなく、柔らかな音色だ。「ヒホーヒホー」「ヒツーヒツー」などと聞こえることが多い。二音ずつ高さを変える「ツツーホホーヒヒーホホー」や、音程をまったく変えない「ヒヒーヒヒー」もある。

　地鳴きについては省くが、カラ類の歌は、音質とテンポに注意すれば、聞き分けられるようになる。カナ表記は、それを間接的に説明するツールと思ってもらえばよい。いずれにしても、都会の公園ならシジュウカラ、標高一〇〇〇メートルぐらいまでの広葉樹林（特に照葉樹林）ではヤマガラも、高原や亜高山ではヒガラやコガラの可能性も高い、というように、慣れた人は多分に場所で見当をつけながら、期待もしながら聞いている。ビギナーの方は、ベテランの聞き分けを見てマジックを見ているような気分になるけれど、一つの環境でいそうな鳥の種類というのはかなり限られるので、毎回、図鑑に載っているすべての中から選ぶ必要はないのである。

　ビギナーが見たい歌い手としては、オオルリやキビタキもそうだろう。この二種類のヒタキは、歌声の音質が似ている。近年は全国的にキビタキが増え、低地の林でも繁殖している場所があるし、標高一六〇〇メートルぐらいまではいるので、どこでもキビタキの可能性は、頭の引き出しからすぐ出せるようにしておきたい。「キビタキかもしれない」と疑って聞けば、そう聞こえてくるし、そう思えたら、林の中ほどの枝を探そう。キビタキ(🔊20)は、コロコロした感じの美声をくり返すのが特徴。一つの曲の中に「ポッポポロピ、ポッポロピ」など同じ節をくり返し入れることも多いし、同じ曲を何回か続けて歌う傾向がある。

一方のオオルリ(🔊20)は、崖に巣を作るため、渓谷の森に多い。標高二〇〇〇メートル近くまで分布し、モミなどの頂で歌っていることが多い。オオルリはキビタキと違い、毎回違う曲を歌うのが最大の判別ポイント。全国共通、オオルリはこう鳴くというのはないが、「ピーリーリーリー」と、一音ずつ下がってくる曲を、数曲のレパートリーの中に持っている個体が多いので、それも一つの決め手となる。歌の最後にジジーッとかチリチリッなど、濁ったつぶやき声をつけるのはオオルリの特徴だが、省くこともあるので、つけないからキビタキ、とは断定できない。何回か聞き続けての判別が必要だ。

このほか、ツグミ類やホオジロ類など、説明したいものは多いが、聞き分け図鑑ではないので、この辺までにしたい。とにかく、一種類ずつ自力で、目と耳でたしかめ、印象に残していくのが早道であること、いつどこにどんな鳥がいるかの見当をつけながら耳を使うことを、再度申し上げたい(地域によっても違うので、身近な場所で経験を積んでいただきたい)。

聞きなしと方言

鳥の声を人の言葉にたとえて聞くことを「聞きなし」という。声を覚えるためというよりは、古今東西、風流や洒落を楽しむココロから生まれている。聞きなしも枚挙にいとまがないので、詳しくは他の本などに譲り、いくつか有名なものを紹介するにとどめる。

イカル（21）は、口笛のような音色でオス・メスとも歌い、カナで表すと「キ」「ケ」「コ」または「ヒ」「ヘ」「ホ」のどれかに聞こえることが多い。口笛よりもカナに近いくらいの音質である。有名な聞きなしは「お菊二十四～」「赤（あけ）ぇべこ着ぃ～」などだが、一羽が数曲のレパートリーを持ち、地方色も豊かなので、必ずしもこのようには聞こえない。最近は「コーヒー……」といった聞きなしもよくされるが、これもイカルらしい声の質感が表現されている。

亜高山帯にすむメボソムシクイ（21）の「銭取り、銭取り」は、そう聞こえるし、その言葉とうらはらに明るい声なので、山登りの楽しい道連れになる。

センダイムシクイ（21）は「焼酎一杯ぐぃ～」で有名だが、「一杯」の部分はいささか無理がある。「チヨチヨビー」「チチヨチチヨビー」「ツチョツチョビー」「シッチピジー」「チュインチュインチュイン」など数曲のレパートリーがあり、たまに長く「チィチィチィ、チヨチヨチヨ、ビー」などと歌うので、「焼酎チビチビ、一気ぐぃ～」ぐらいなら聞きなせそうだ。

ルリビタキ（🔊21）の明るい歌声は、少女の笑い声のようだという人もいる。その早口を聞きなすのは難しいが、「ちょっと見に来てくれ見に来てくれ」という聞きなしがあって、その通りには聞こえないのに、実にルリビタキらしさが出ているから不思議だ。

ホオジロ（🔊21）も昔から多くの聞きなしがある。「一筆啓上仕り候」「源平つつじ、白つつじ」などが有名。昭和以降も「サッポロ……」とか「ちょっぴり……」などで始まる聞きなしが楽しまれている。私は「ちょっとExcuse me」とか「とってつけたようなお世辞」などと聞く。おわかりかと思うが、とにかく、はねる音で始まるのが特徴なのである。あとは口の中で何かしらぶつぶつ言って、最後に鈴を振るような、あるいは濁ったつ

ウグイスに似るが、より鶯色のセンダイムシクイ

ぶやきをつければ、ホオジロらしくなる。この鳥は一羽が平均一六曲のレパートリーを持ち、同じ曲を三〇回前後（数分）歌ってから次の曲にスイッチするので、全曲聞くのに二時間くらいかかる。[168] そのすべての歌を思うようには聞きなせないが、誰もがホオジロらしい特徴を共通認識できるところが、本種が聞きなしワールドで人気の理由だろう。

同類のホオアカは「へっぴり爺っちゃ、お茶あがれ」という聞きなしがある。これも、はねる音で始まる特徴を表しているが、ホオジロより響きの悪い、つまった声が特徴なので、この聞きなしはよく感じが出ていると思う。繁殖期のホオアカは「ジッ、チャッ」という地鳴きも出すので、それだけでも「爺っちゃ」と聞きなせる。

小鳥以外では、ホトトギス（🔊21）の聞きなしも有名だ。古くから「テッペンカケタカ」と聞きなされてきたが、現代では「特許許可局」の方が納得される方が多いだろう。

フクロウ（🔊21）は「五郎助、奉公」「ぼろ着て、奉公」をはじめ、地方それぞれに多くの聞きなしがある。一つだけ、聞きなしにまつわる、人と野生との距離感を感じさせるエピソードをご紹介しよう。

アフリカの霊長類の研究などで著名な、京都大学の河合雅雄名誉教授は、丹波篠山での少年時代の記憶を、次のように書いている。

――〝ゴロスケホー、ゴロットカエセ〟 空洞からとび出すような、うつろでまのぬけた梟の声は、留守番している夜など、その声を聞くと、淋しさがしんしんと体にしみこんでくるようだ。「ゴロットカエセ」というのが「死んでしまえ」といった意味にとれて、気持がわるくてならなかった。月夜の晩に、濁っただみ声が聞えるたびに、どこかで人が死んでいくのではないかと思った。――（河合雅雄著『少年動物誌』福音館書店）

人間は科学技術で自然を作りかえてきて、今では奢りも目に余るほどだ。しかし、人が自然を畏敬し、人の力が自然には到底及ばないという自覚があった頃、その畏れの念は、人が自然に踏み込む限界、つまり境界線を作っていたのだと思う。実際、信仰の力は、科学の力が人を動かしてきたのより歴史が長い。そうして、フクロウやムササビが暮らすような鎮守の森が守られてきた。それは、自然保護などという言葉がまったく必要でなかった、幸せな時代のことである。聞きなしも、そんな中から生まれた、自然とのつき合い方の、一つの文化だと思われる。

ところで、聞きなしの地方色と、小鳥の方言とは密接に関係しているのだろうか。

「イカルは○○地方ではこう鳴くが、△△地方ではこう鳴くというふうに、方言があるから、○○のイカルに限ってなら、こう聞きなせる」というような言われ方がある。方言というと、「どこそこ特有の」という固定的な響きがあって、誤解しやすいが、小鳥の歌の場合、移ろいやすいものである。わずか二、三年で世代が交代し、身近な数個体から学習した数曲のレパートリーを持ちながら、鳥たちは自由に地域を出入りする。地域の歌のバリエーションは、若い世代に取捨選択され、個体の流動に伴って変化する。第3章でもふれたように、一地域の歌の流行も流動的な性質がある。

イカルの歌を全国で同時に聞いたら、その曲は無数にあるものの、地域的な類似性が見られるかもしれない。一〇分後に同じことをしたら、各個体が披露するレパートリーは変わっているだろうが、同じように無数ながら、地域的な傾向が見られるかもしれない。さらに五年後に同じことをしたら、五年前と同じ曲が聞かれるかもしれないが、かなりの新曲も聞かれるはずだ。別の地域で廃れた名曲が新しい場所で流行しているかもしれない。小鳥の歌の地域性は、時間とともに変化し、ある曲の流行が、年が違えば別の地域に移っているかもしれないのである。そこが、人の方言とは違う。

軽井沢の山林で、何羽かのウグイスが「ホーホエヨ」と歌っていた。当時は「ここら辺のウグイス特有の方言」というような言い方で、人にも喋っていたが、そういうのが普遍的に続くほど、ウグイスの社会は閉鎖的ではなかった。その歌い方は一、二年で聞かれなくなった。一羽は一度身につけた歌い方をほとんど変えないだろうから、世代を超えてまでは、その歌が定着しなかったということだ。もっとも、どこか別の場所へ伝播して、文化として残っている可能性はある。

アカハラ(22)の平均的な歌といえば、いろいろな図鑑を総合すると、「キョロン、キョロン、ツリリ」かもしれない。でも、彼らの歌も実に多彩だ。一頃の中軽井沢では、歌の前半(クロツグミでいう「主旋律」)が「キャラン、ピュウ」「キョロン、プリオン」「プリオン、プリップリッ」などと聞こえるのが流行った。当時、一〇キロ近く離れた南軽井沢で、一カ所に立って同時に聞こえた四羽のアカハラは、いずれも「ホヒヨン、ホヒヨン」とか「ホヒョヒョン、ヒョヒョヒョン」のように歌っていた(私の妻は「欧陽菲菲(オーヤンフィーフィー)」と聞きなした)。しかし、これらも二、三年の流行だったようだ。

言い添えておくと、図鑑通りに歌うアカハラが正しいとか、遺伝的に優秀だなどということはない。思っていたのと違う、平均的でない歌い方をする個体を差別的に見ないでほしい。一〇〇〇年後のアカハラの平均的な歌い方は、今の図鑑と違っているかもしれない。思った通りに「ホーホケキョ」と歌わないウグイスを、今のは失敗だ、下手くそだ、未熟者だと言うのも余計なお世話で、ウグイスはいろいろな歌を持ちたいのである。

3

歌のレパートリーで個体識別

クロツグミの歌は、昔から「音楽的」「リズミカル」「五線譜に乗る」「バロック音楽に乗る」などといわれてきた。ためしに二曲を五線譜に乗せてみた。図37(左)は長野県軽井沢町での録音、図37(右)は石川県金沢市の海岸林での録音。「朗らか」といわれるクロツグミの歌の中で、図37(右)は珍しく短調の寂しげな歌である。ノスタルジックだが、ハマナスの咲く北国の静かな夏を物悲しく歌い上げているような曲調に聞こえる。クロツグミの歌は、数キロ離れただけで、共通の節がないくらいのバリエーションがある。私は三キロあまり続く海岸線の林を東の方から調査して回り、三〇羽以上の歌を記録したが、図37(右)の曲は、もっとも西の三羽がよく歌う曲だった。一続きの繁殖集団でも、隣組ごとに流行歌のようなものがあることを感じた。

昔からレコード化されてきたのは、富士山麓、箱根、軽井沢、戸隠、奥日光などのクロツグミかもしれないが、金沢海岸林のレパートリーは、名曲というよりユニークで、ときにユーモラスだった。

日本には、「とんとことんの、すっとんとん」という言い回しがある。机をたたきながら「とんとことんの」でやめてしまうと、何とも収まりが悪く、うずうずする。クロツグミは、これと同じセンスを持っているのではないかと感じることがある。もしかしたらこれも、音楽的といわれるゆえんなのかもしれない。図38は、第一節「ヒリヒリチョッキオー」で終わらずに、そのあと第二節「キオー」で高く上げておいて、第三節「ポッポピ」で落としている。実にしっくり収まる気がしないだろうか。ちゃんと「すっとんとん」をつけている。これも金沢の海岸林の歌い手だ。

一羽一羽にカラーリング（色足環）をつけ、その上で一羽につき数百回の歌を録音する。そして、個体ごとに第一節のレパートリーとそれぞれの使用頻度を表にする。その表を持ち歩けば、歌を何曲か聞くだけで、容易に個体識別ができるようになる。

これは、私だけにしかできないことではない。調査に先立ち、三人で録音テープを聞き、「これは何々と聞こえるよね」「この曲と、この曲を歌うから、これは誰々だよね」と聞き分け法を習得し、共有してから臨んだ。私だけが「聞き分けられる」「絶対あのオスだ」と主張しても、それでは科学論文として通らない。誰でもできることを証明してこそ、再現性が認められ、科学的に証明されるのである。

鳥の声は言葉ではないといってきたが、もし言葉にするならば、彼らは「俺は誰々だ」と歌っている、というのがもっとも近いだろう。そして、声で追跡しながら個体の事情（つが

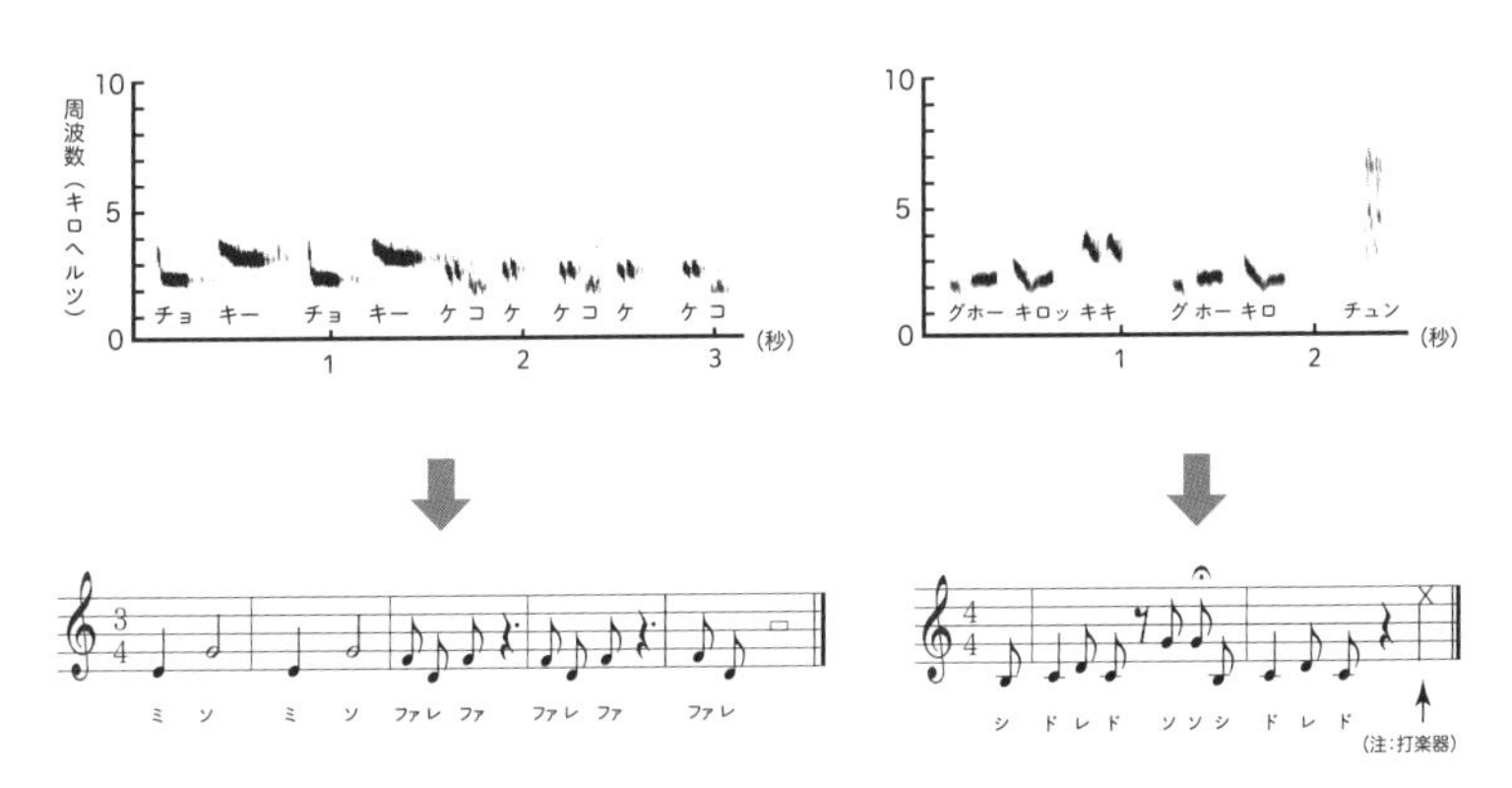

図 37　クロツグミの歌は五線譜に乗せやすい（23）
音程の変化が音素内で小さく音素間で大きいのがミソ。左は２音目が１音目の倍の長さなので３拍子。右は１音目をアウフタクト（弱起）とすれば４拍子に

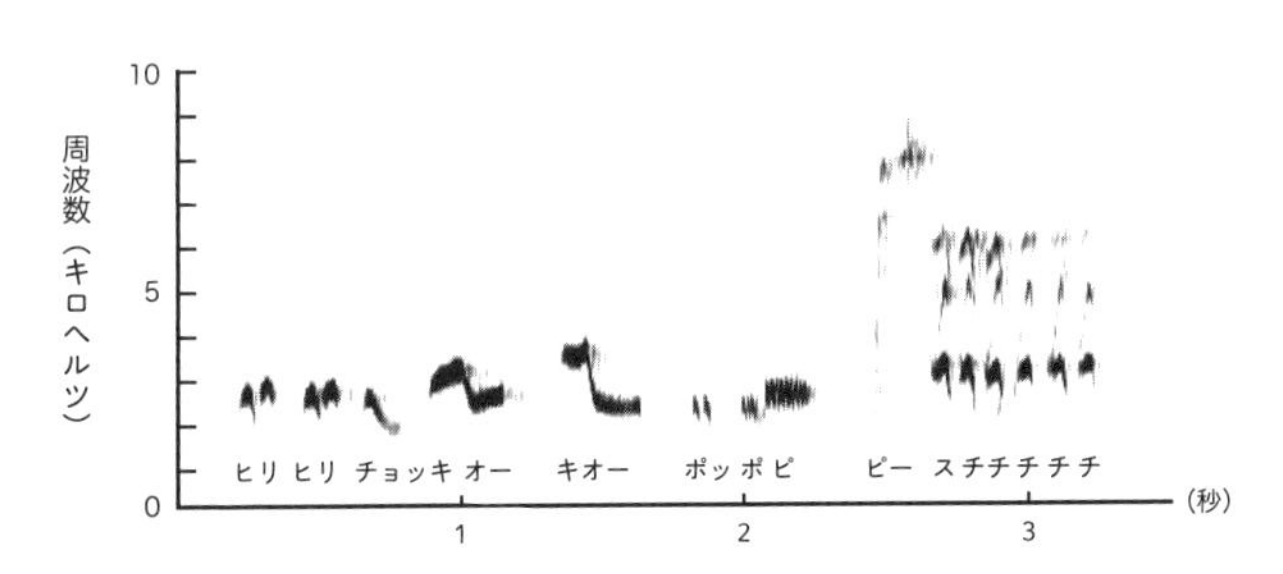

図 38　クロツグミの歌は起承転結（23）
「ヒリヒリ」が起、「チョッキオー」が承、次の高い「キオー」が転、「ポッポピ」が結。「とんとことんの、すっとんとん」のココロがある？

い関係や繁殖の進行状況など）に切り込めれば、「こんな状況ではこんな歌い方をする」ということがわかる。「キモチと歌の因果関係」を調べるための方法として、また、足環をつけずに済むためにも、歌による個体識別法を確立したのである。

　声で個体識別なんかしなくても、なわばり配置図〔図39〕を見れば、鳴いている場所でどのオスかわかるじゃないか、と言われそうだ。ところが、なわばりの境界は常に微妙に揺らいでいる。たとえば、図39のＳＦとＳＧはなわばりがかなり重なっているように見えるが、同時的ではない。ＳＦにヒナが生まれれば、歌は減り、ソング・エリアはせばまる。そのときＳＧがまだ抱卵期ならば、第二メス募集のためＳＦ方面へソング・エリアを広げるが、ＳＦは忙しいので文句は言わない。逆もまた然りなのである。

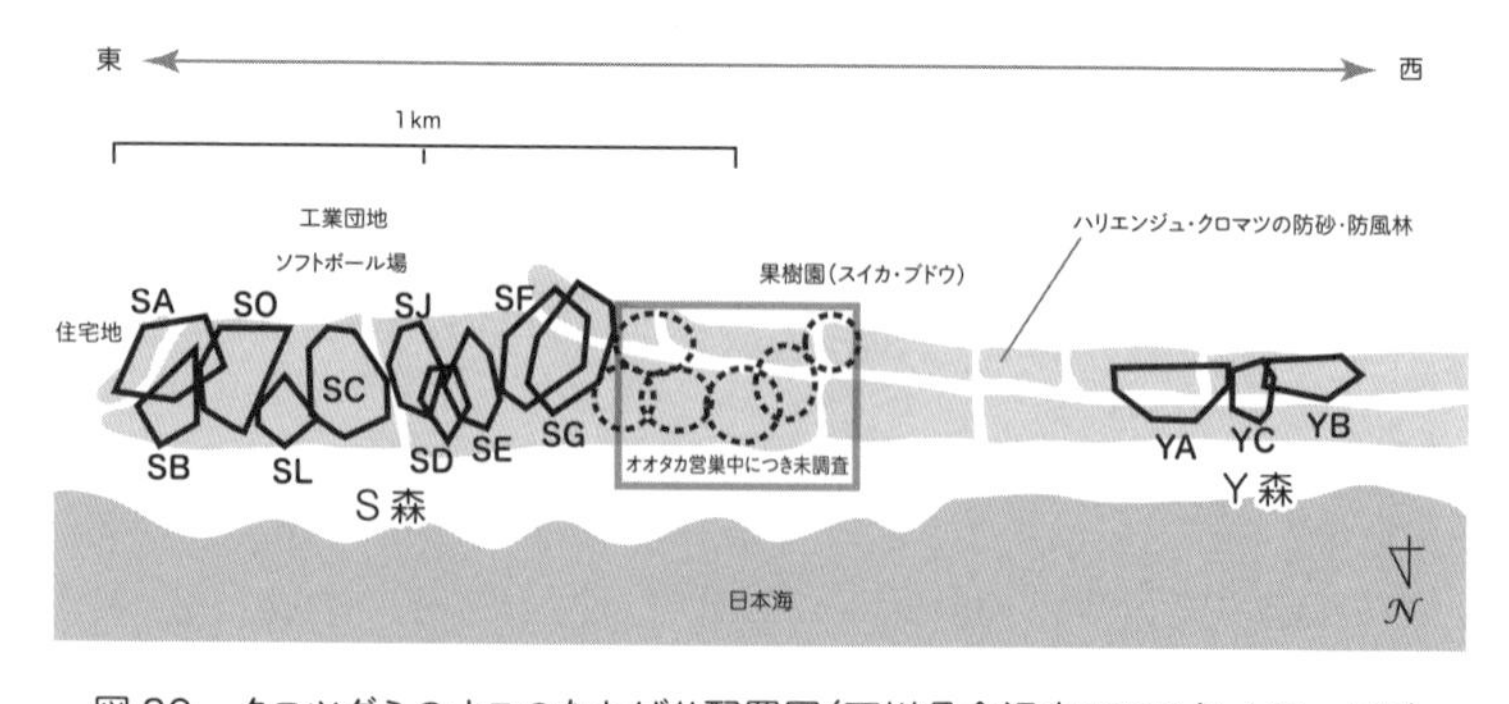

図39　クロツグミのオスのなわばり配置図（石川県金沢市1996年4月〜7月）
繁殖期を通すと重複があるが、短期的には重ならない。さらに東へ500mあまりのところにＦ森があり、ルビオほか6羽のオスがいたが、省略

また、なわばりというのは自分を縛る場所ではないので、彼らはときにひとっ飛び、第二メスを得るために遠くへ歌いに行くことがあるのは、前章で書いた通りである。独身オスも、たまにその身の上を土地のせいにして（？）心機一転、遠出をして歌う。いつもと違う場所で歌われると、人間はまんまと騙されるのだ。

能登半島のつけ根から金沢市の西端まで、海岸線の細長い林に断続的にいたクロツグミ。それは山のクロツグミとは歌の違う、低地繁殖集団だった。しかし、一九九〇年頃、口能登から姿を消した。鳥の減少について、どこまでが自然の流れで、どこからが人為的な影響なのか、そしてそれがどんなメカニズムで繁殖率を下げるのか、簡単にはいえない。ただ、この鳥がもっとも高密度だったＳ森は、一九九七年に縦断した通勤道路で分断され、砂丘のオアシスだった水脈も整備された。クロマツ林も、鳥の営巣場所として欠かせなかった低木層も刈られ、マレットゴルフ場になった。そのくせ、「草木を採らないで」という看板は残った。オオタカ、バン、アカモズ、オオヨシキリが繁殖しなくなり、クロツグミもやがていなくなった。もし、カラスに見つかりやすいスケスケの林に営巣しなければならなくなったためだとすれば、去年と同じ場所で繁殖しようとする帰巣本能があだとなったのだろうか。

次ページからの付録は、消失した北国の繁殖集団の、ユニークな音楽文化の記録である。

表２　クロツグミのオス13羽の個体識別表

歌の第１節の種類を、所有するオスの数が多い順に並べた。太枠は、海岸線の特に東寄り、中央付近、西寄りなどに偏って見られた曲。１、２、７は東のＦ森でも、すべてのオスが所有するメジャーな曲

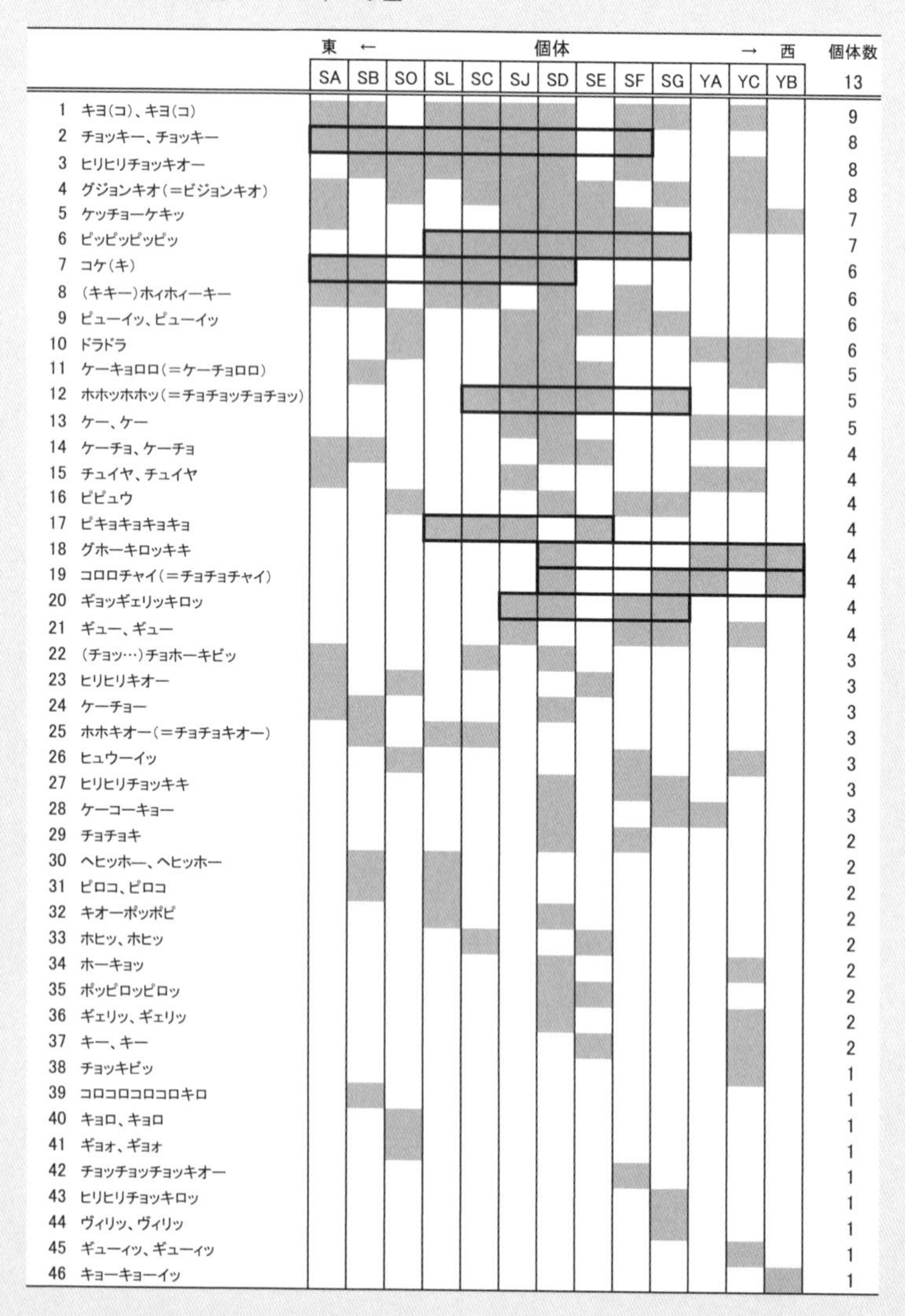

	東 ←					個体						→ 西		個体数
	SA	SB	SO	SL	SC	SJ	SD	SE	SF	SG	YA	YC	YB	13
1 キヨ(コ)、キヨ(コ)														9
2 チョッキー、チョッキー														8
3 ヒリヒリチョッキオー														8
4 グジョンキオ(＝ビジョンキオ)														8
5 ケッチョーケキッ														7
6 ピッピッピッピッ														7
7 コケ(キ)														6
8 (キキー)ホィホィーキー														6
9 ピューイッ、ピューイッ														6
10 ドラドラ														6
11 ケーキョロロ(＝ケーチョロロ)														5
12 ホホッホホッ(＝チョチョッチョチョッ)														5
13 ケー、ケー														5
14 ケーチョ、ケーチョ														4
15 チュイヤ、チュイヤ														4
16 ピピュウ														4
17 ピキョキョキョキョ														4
18 グホーキロッキキ														4
19 コロロチャイ(＝チョチョチャイ)														4
20 ギョッギェリッキロッ														4
21 ギュー、ギュー														4
22 (チョッ…)チョホーキビッ														3
23 ヒリヒリキオー														3
24 ケーチョー														3
25 ホホキオー(＝チョチョキオー)														3
26 ヒュウーイッ														3
27 ヒリヒリチョッキキ														3
28 ケーコーキョー														3
29 チョチョキ														2
30 ヘヒッホー、ヘヒッホー														2
31 ピロコ、ピロコ														2
32 キオーポッポピ														2
33 ホヒッ、ホヒッ														2
34 ホーキョッ														2
35 ポッピロッピロッ														2
36 ギェリッ、ギェリッ														2
37 キー、キー														2
38 チョッキビッ														1
39 コロコロコロコロキロ														1
40 キョロ、キョロ														1
41 ギョォ、ギョォ														1
42 チョッチョッチョッキオー														1
43 ヒリヒリチョッキロッ														1
44 ヴィリッ、ヴィリッ														1
45 ギューィッ、ギューィッ														1
46 キョーキョーイッ														1

♪ Case1　個体 SA（🔊24）

歌の第１節だけに注目していただきたい。たとえば“ろ”の「ヒリヒリキオー」は個体によって「コロコロキオー」とも聞こえる。なので大体でよい。“い”と“ろ”と“は”は違う、ということを、ふりがなを参考にわかっていただけたら、それぞれを表２と照らし合わせてみてほしい。“い”の「キヨ、キヨ」は表の「1」に該当するが、この節を使う個体は多くいる。次に“ろ”の「ヒリヒリキオー」を探すと、表の「23」にある。「3」と間違えやすいので、そこだけ注意。「1」と「23」の両方をレパートリーに持つ個体は他にいないので、この時点で、歌い手はSAと決まりだ。

念のため、“は”以降も一つずつ表と照合していくと、「8、4、4、7、2、23、22、5、23、14」と、どれもSAのレパートリーにある節が続く。どこから聞いても、数回の歌で、該当者はSAしかいないことがわかるはずだ。早朝なら１分も聞かないうちに、歌い手が第１節に使用するレパートリーの大半が出尽くす。

S森の東端にすむこのSAは既婚者だが、別のメスがなわばりを訪れたことがあった。そのときはメス同士が鉢合わせし、10分近い壮絶なバトルとなった。SAは経験豊富な壮年オスだったし、モテるオスだったのかもしれない。

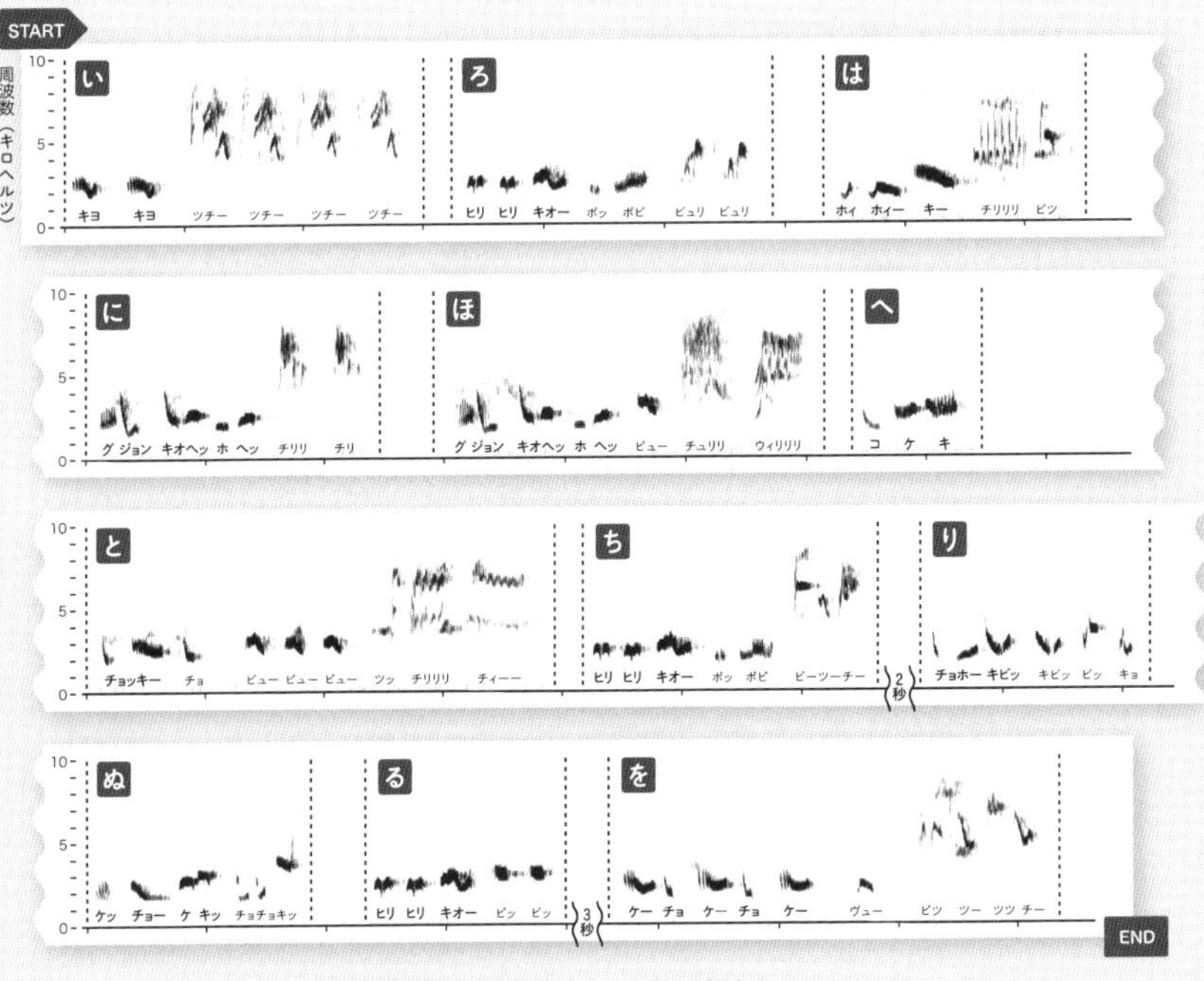

※約40秒12曲。１目盛りが１秒を表すが、紙面の都合上、歌と歌の感覚を縮めているところがある。

21、15、21、4」と、どれもYCのレパートリーにある節が続く。どこから聞いても、数回の歌で、該当者はYCしかいないという結論に達する。

ちなみに、YCは5月になってからようやく渡来したオスで、喉が白く翼が褐色をしているなど、前年生まれの若い特徴を残したオスだった。そのためか、隣のYAは一時的ながら2羽のメスとつがいになったのに、YCにはとうとう花嫁が来なかった。

独身であることは、歌にも表れている。この録音は午前11時台だが、既婚オスならこの時間帯は1分間に5～10回程度で、歌の最後にあまりつぶやき声をつけずに歌うものだ。でも、YCは独身のため昼間でも頑張らなければならず、1分間に約15回ものハイペースで、フルソングを多く歌っていたのである。

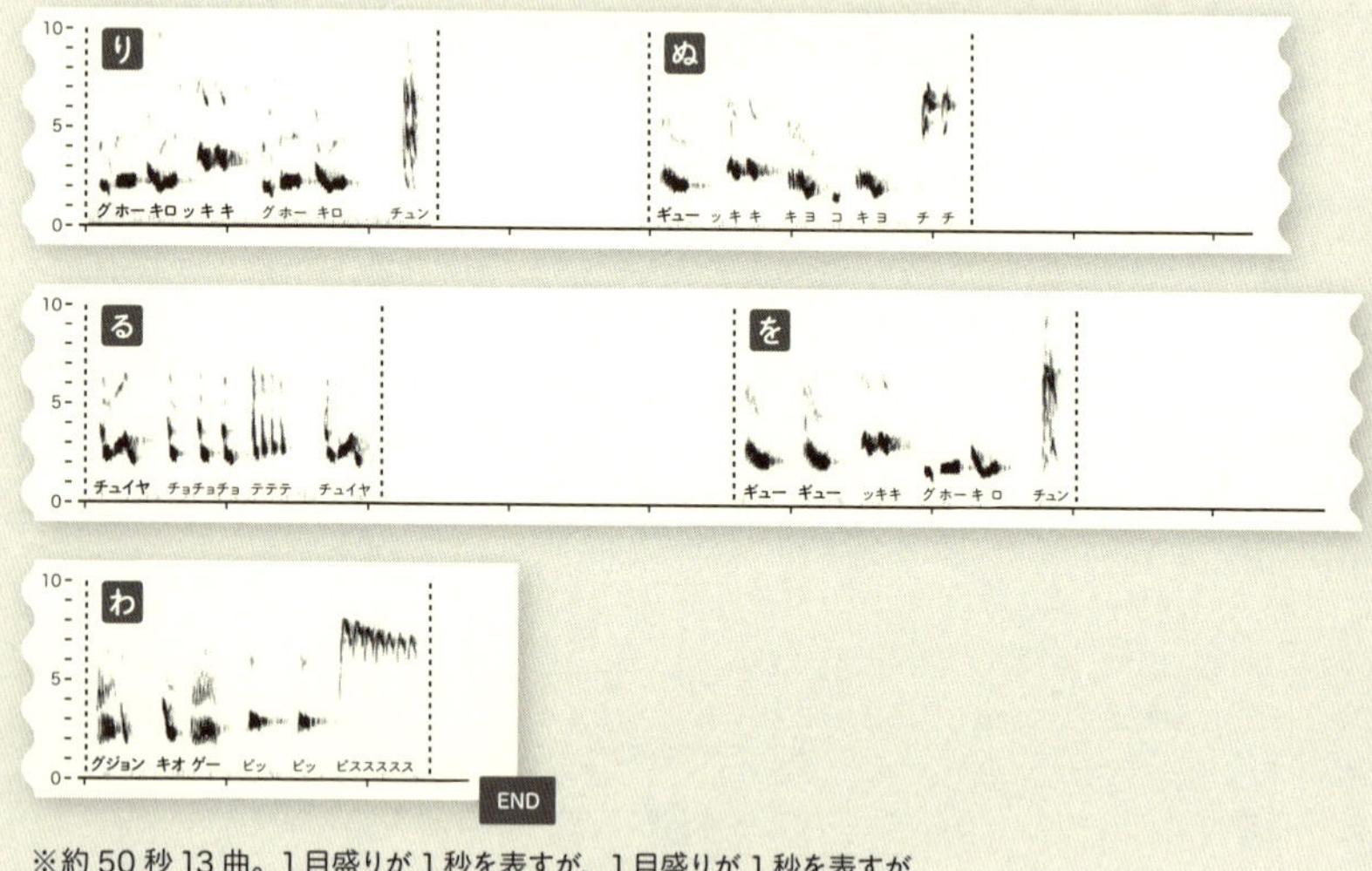

※約50秒13曲。1目盛りが1秒を表すが、1目盛りが1秒を表すが、
紙面の都合上、歌と歌の感覚を縮めているところがある。

♪ Case2　個体 YC (🔊25)

第1節に注意して聞き進めていただき、ふりがなのように聞こえるだろうか。聞こえ方には個人差があるから、“へ”の「ドラドラ」が「ゴアゴア」などと聞こえたりするかもしれない。でも、他の節との違いがわかればよいのだ。録音を聞いていただき、おおよそふりがなのように聞こえたなら、それぞれを表２と照らし合わせてみてほしい。

“い”の「ケー、ケー」は、表の「13」に該当するが、この節をレパートリーに持つ個体は両隣のオスをはじめ、他に何羽かいる。そこで、次の“ろ”を見ると、表の「45」に該当し、これはこの集団の中ではＹＣしか持たない節である。この時点で、歌い手は YC だとわかる。念のため、“は”以降も一つずつ表と照らし合わせていくと、「5、1、15、10、34、3、18、

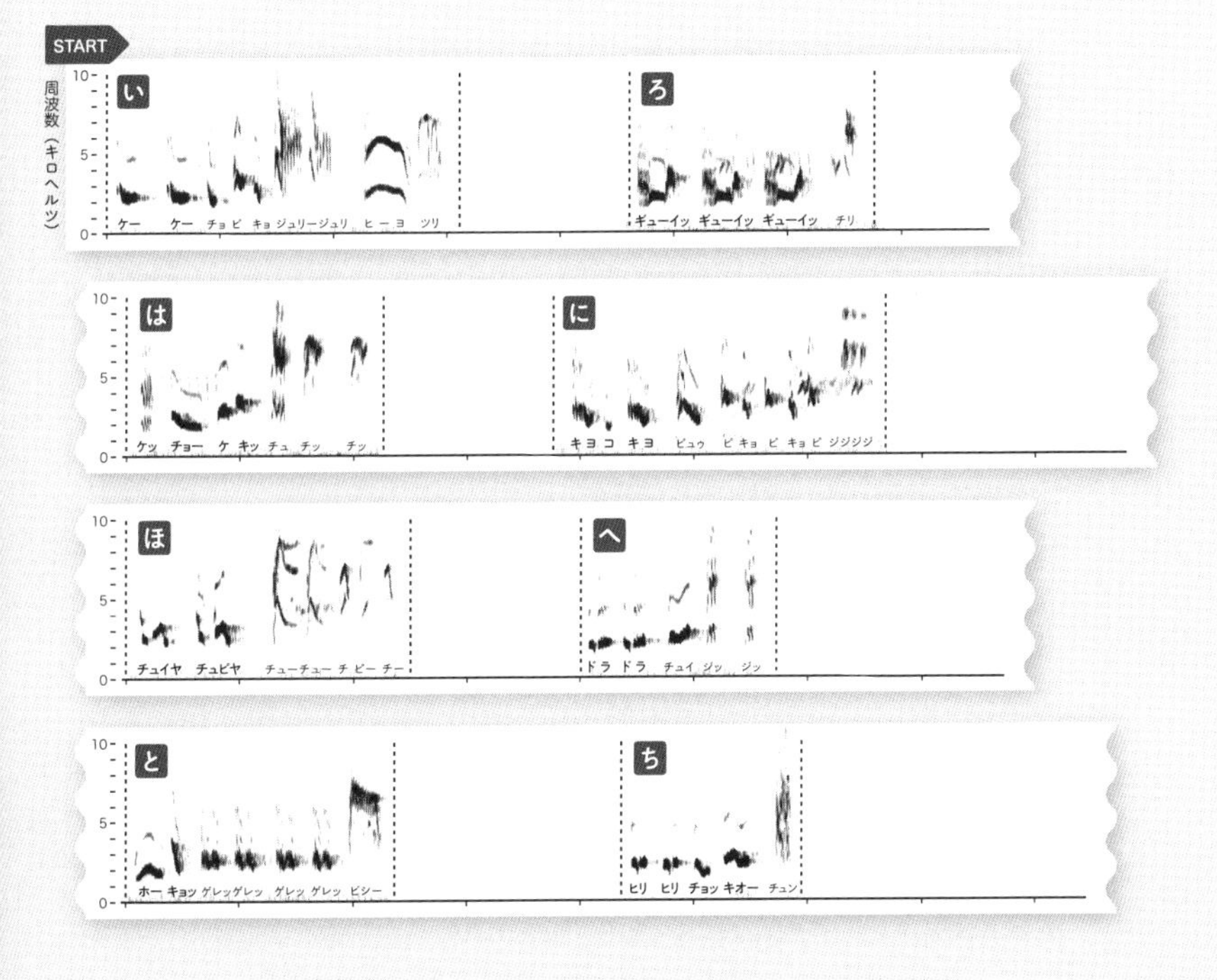

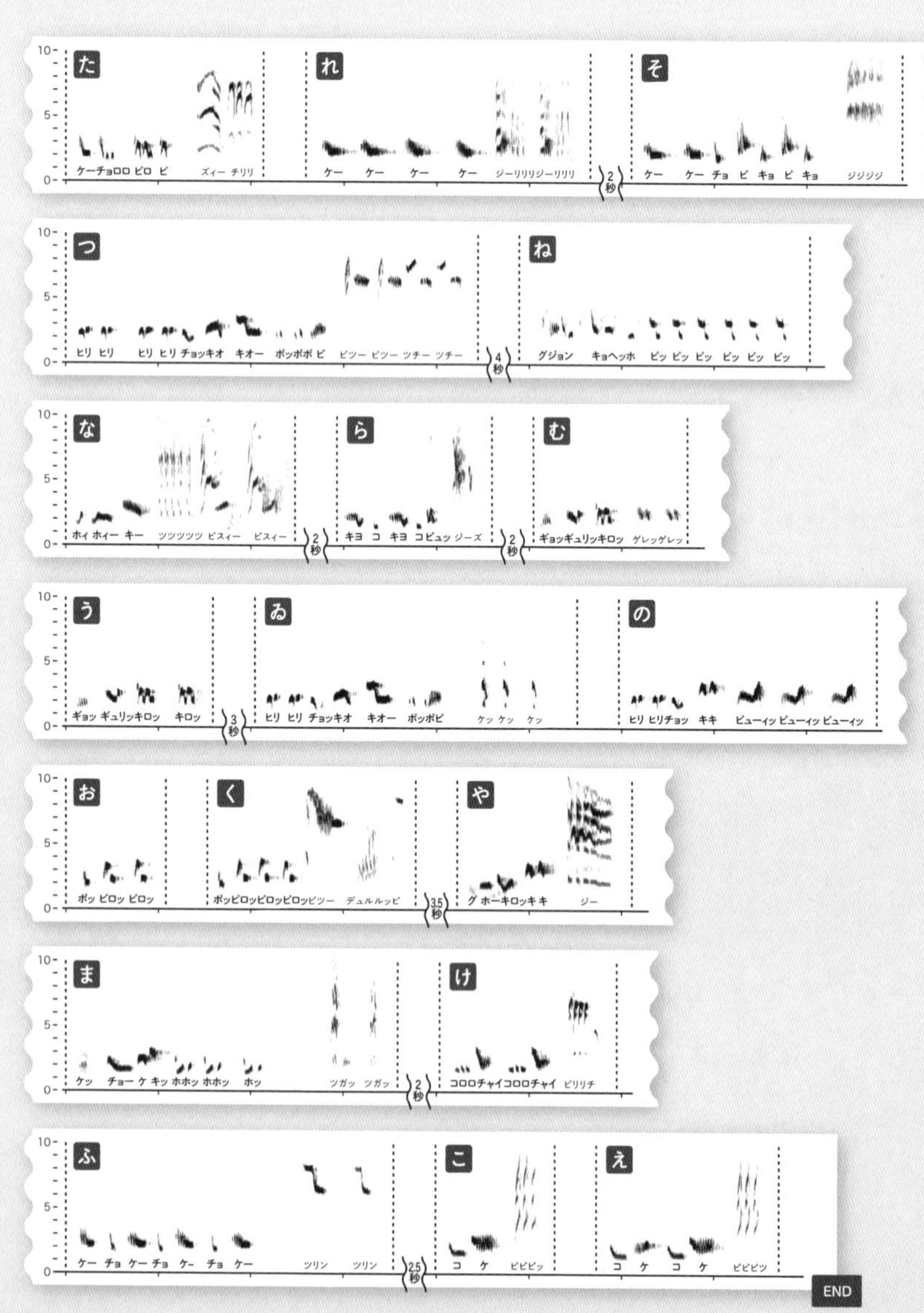

※約 145 秒 34 曲。1 目盛りが 1 秒を表すが、紙面の都合上、
歌と歌の感覚を縮めているところがある。

♪ Case3　個体 SD（🔊26）

主旋律のレパートリー数が他のオスの倍もあり、つぶやき声の種類も多いSD。第３章４項、図 20 の声紋の主。５月初旬の朝８時の録音で、この直後に現れたメスに向けて発したのが図 20 のつぶやき声。そして結ばれたので、これは独身最後の歌だ。豊富なレパートリー数とうらはらに行動は地味だった（第３章 15 項）。

“い”は表の「22」、“ろ”もその一部とみなせる。“は”は「20」で、それ以降、いろいろと違う曲をくり出すのが、何よりの特徴だ。

“よ”の「コロロチャイ」は「19」で、中央から西の何羽かが持つ曲だ。東のＦ森でばかり調査していた私が、西の森へ遠征して初めて聞いた曲である。当時、高校教師だった私には「高校教師、高校教師」と聞こえ、何だかからかわれているような気がしたのを覚えている。

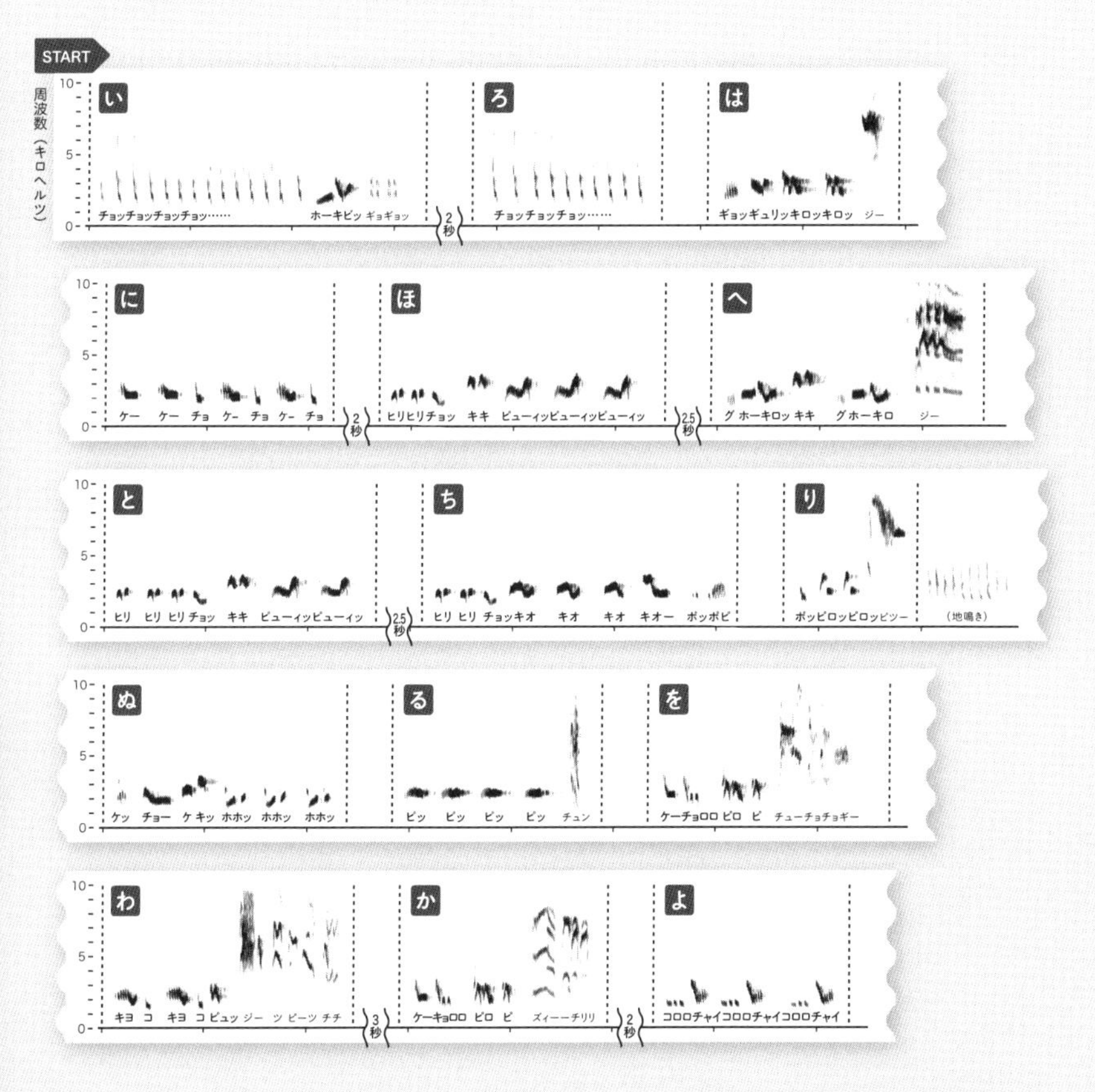

♪ Case4　個体 SC（🔊27）

5月初旬の黄昏どき。彼は、第二メス募集をめざして梢で歌っているとき、10メートル足らずの真下にいる人間も恐れずに歌うので、録音しやすいオスだった。他の種類の鳥でもいえるが、警戒心の違いも、ときに個体識別の手助けをしてくれる。

“い”は表の「7」、“ろ”は「25」で、この2曲を持つオスはS森の中央から東に何羽もいる。“は”は「12」で、むしろ中央から西のオスたちが持つ歌だ。なので、3曲をチェックしたこの時点でSCに絞られる。

特に「12」は、「ホホッホホッ、フィーチオッ」と続けるオスが多いのに、SCは「フィーフォーファ」と続くのが特徴なので、すぐわかる。私は「スリー、フォー、ファイブ」と聞きなしていた。

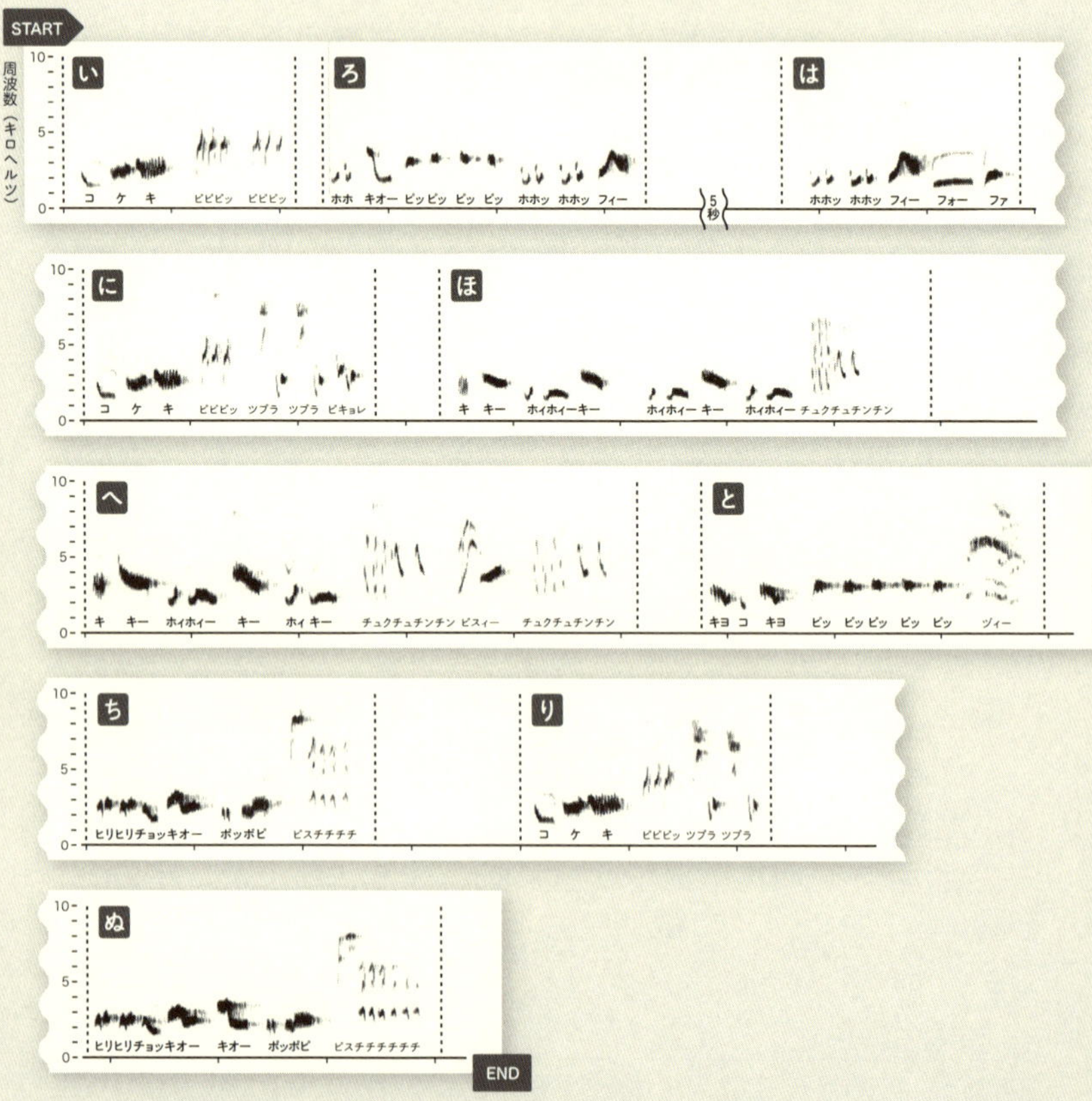

※約50秒10曲。1目盛りが1秒を表すが、紙面の都合上、歌と歌の感覚を縮めているところがある。

♪ Case5　個体 SG（28）

このオスは第3章7項に登場した「ルビオの娘」のダンナである。4月末の歌声を録音した。5月下旬、孵化直前に卵が捕食に遭い、2羽はなわばりを200メートル、完全に引っ越した。そこはSGが独身時代の4月によく歌っていた、元のなわばりである。彼にとっては、再びやる気にさせる引っ越しになったのでは？ と思えた。

“ろ”はSGのオリジナル曲で、表の「44」。“ほ”と“る”は、SDで紹介した名曲「高校教師」とみなしているが、声紋のかたちは微妙に違い「チョチョチャイ」とか「コーチャイ」などと歌っている。特に“る”を見ると、この個体にとってこの曲が未完成で、歌っているうちに他のオスにも影響されて「コロロチャイ」になっていったかもしれないと、後から思った。

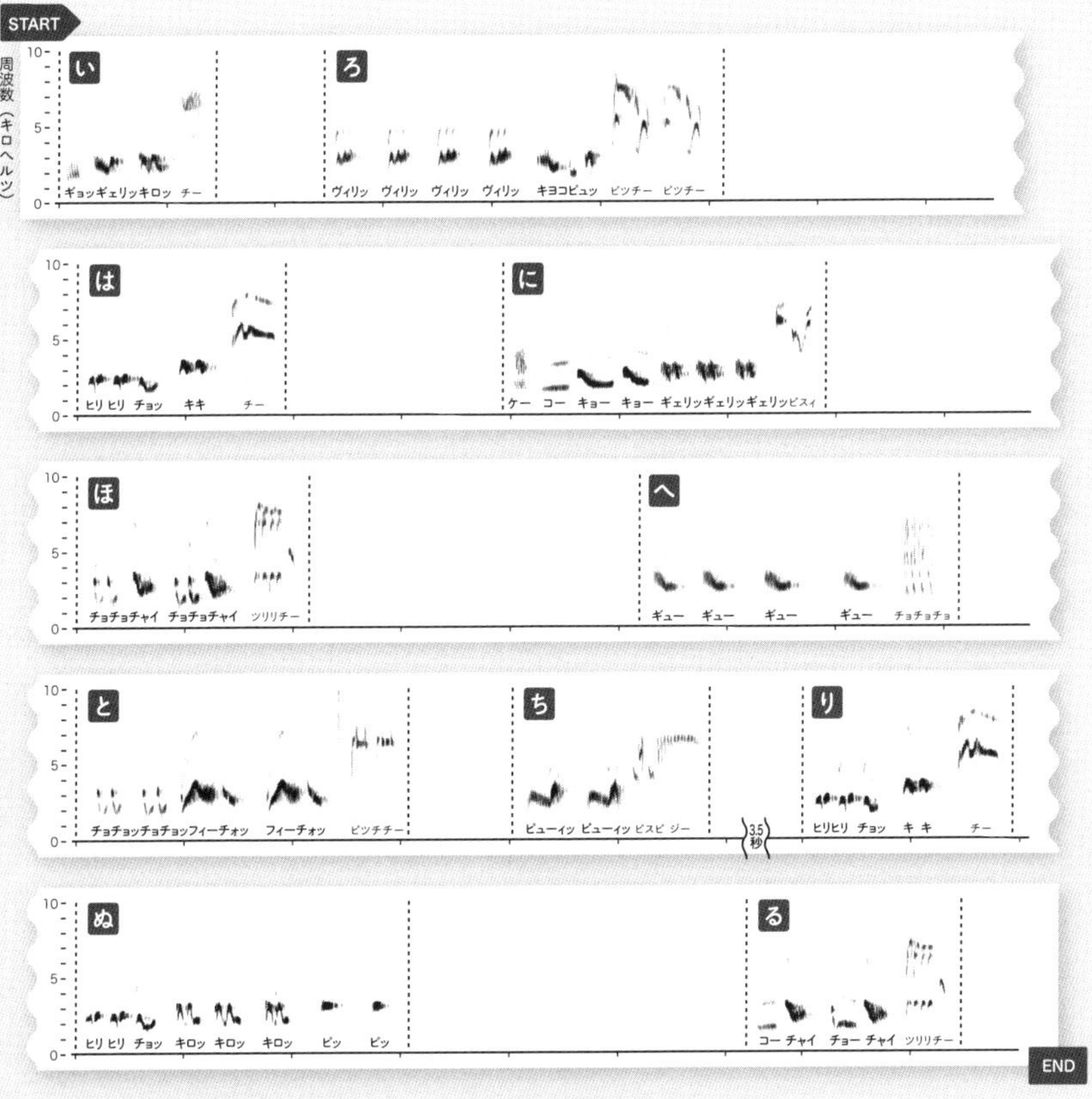

※約55秒11曲。1目盛りが1秒を表すが、紙面の都合上、歌と歌の感覚を縮めているところがある。

第１節ではないが、“は”の最後の「ケッケッケッ」という節は、オオタカの声によく似ている。そして、当時、実際にＳ森の西でオオタカが繁殖しており、この声をよく聞いた。SJだけでなく、この声を出すクロツグミがＳ森の西に何羽かいた。

※約65秒16曲。１目盛りが１秒を表すが、紙面の都合上、歌と歌の感覚を縮めているところがある。

♪ Case6　個体 SJ（29）

これは5月中旬、遅めに渡ってきた若いオスで、疎林しかなわばりに持てなかったが、幸い花嫁が来た。どこに営巣するのだろうと思っていたが、SD が所有する海寄りの密林（クロマツ低木林）の一部をお裾分けしてもらうようなかたちで繁殖した。時期がずれたのが幸いしたのかもしれない。

“い”は表の「1」、“ろ”は「10」、“は”は「11」、“に”は「4」で、この曲は SA などでは「グジョン」と聞こえるのに、この SJ などでは「ビジョン」と聞こえる。声紋を見ると同じだが、聞くと、なまりのような微妙な差異が感じられるかもしれない。“た”は「17」で、S 森中央の何羽かが持つ曲だが、“ぬ”の「15」と併せ持つ個体は他におらず、この2曲を歌えば、どこへ行っても SJ とバレてしまう。

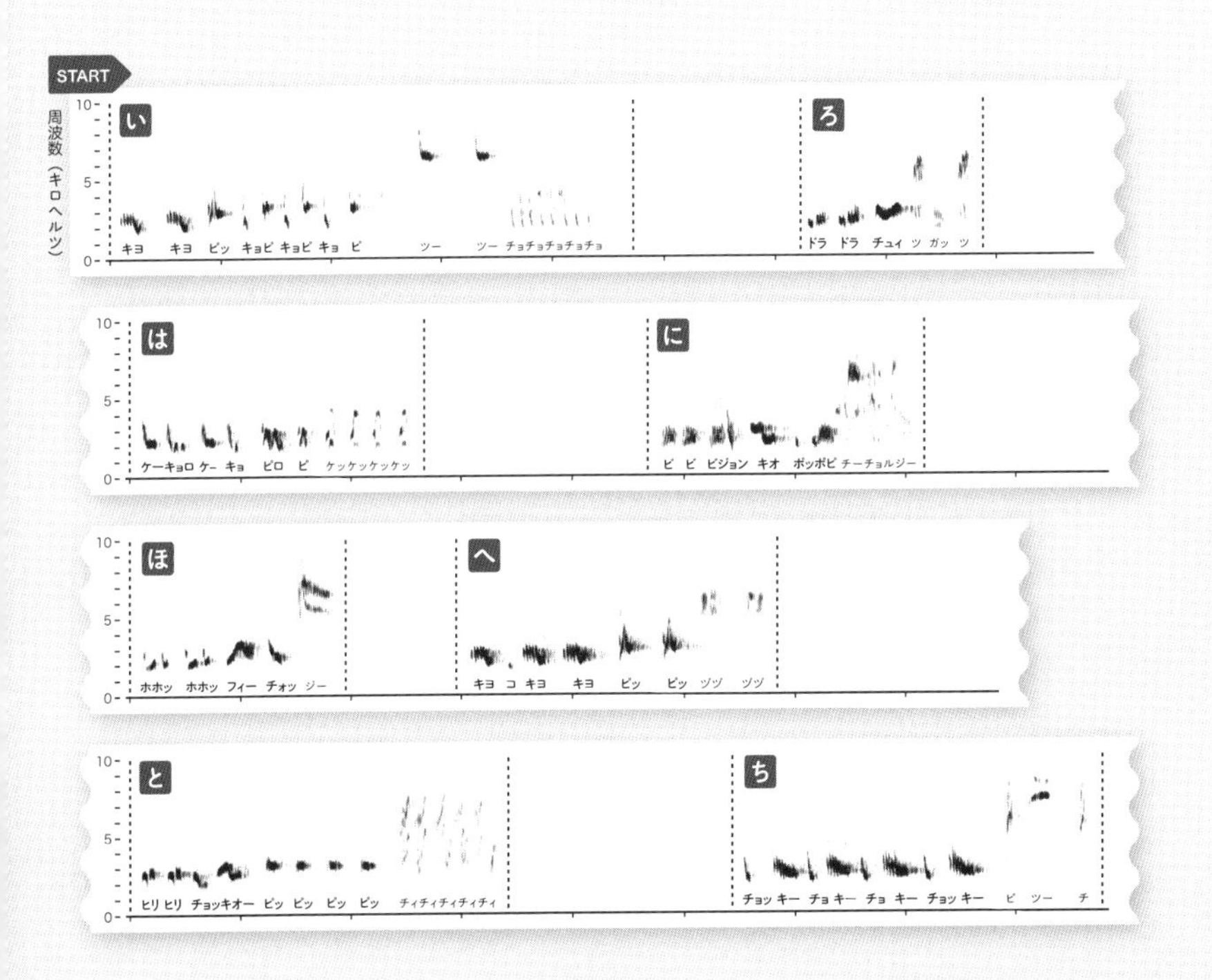

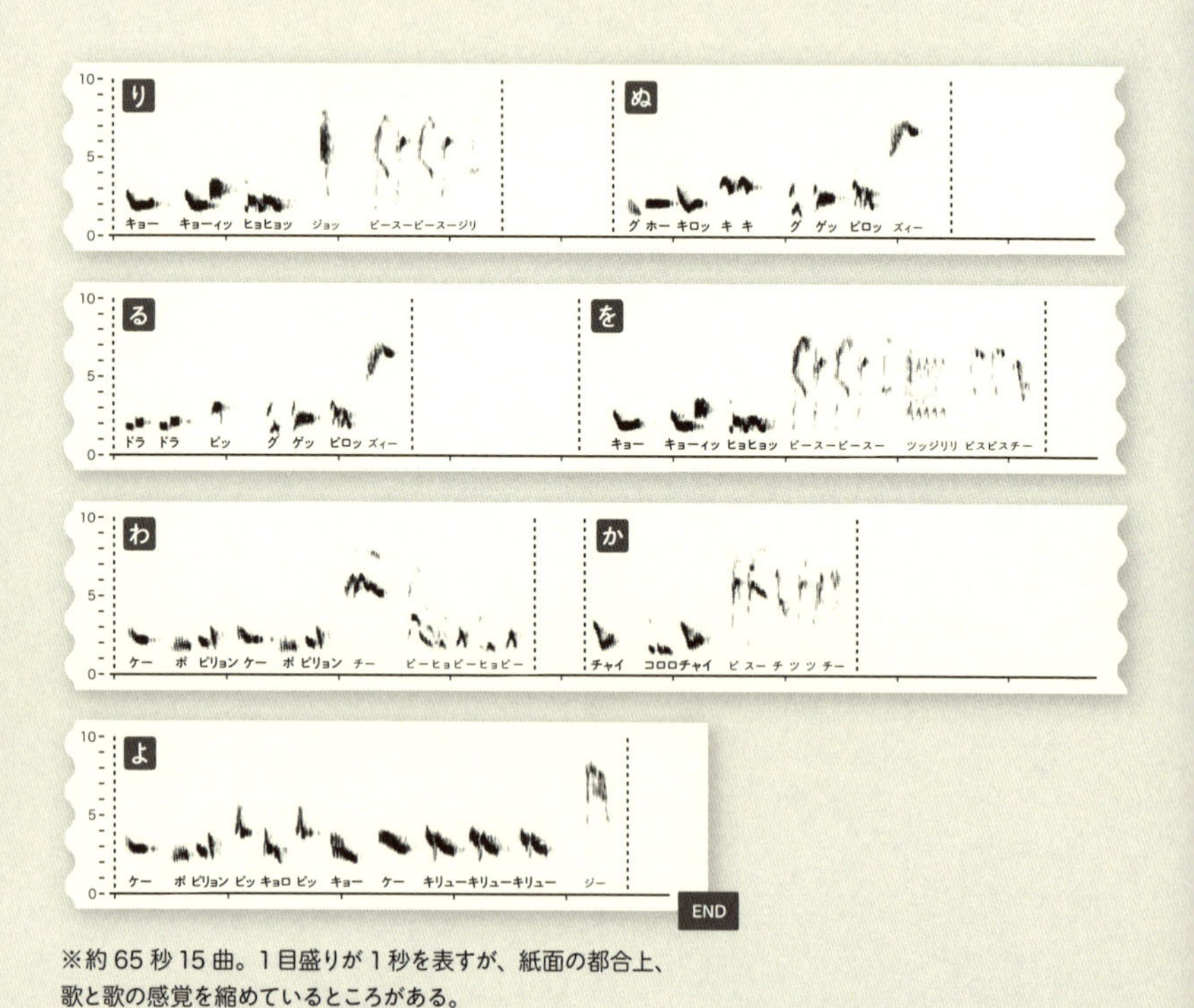

※約 65 秒 15 曲。1 目盛りが 1 秒を表すが、紙面の都合上、
歌と歌の感覚を縮めているところがある。

♪ Case7　個体 YB (🔊30)

見ての通り一曲が長く、どこまでが一曲か切りにくい歌い方をしてくれる。七夕の日の夜明けの録音で、彼としてはガンガン歌っているのだが、どことなく寂しげな曲調が多く、私にはどうしてもガンガンに聞こえなかった。何しろ、F森からS森にかけての多くのオスが持つ「キヨコ、キヨコ」「チョッキー、チョッキー」「ヒリヒリチョッキオー」など、明るい曲が一切ない。それでも、Y森に共通した何曲かがあるから、よそ者ではない。

想像するに、Y森は、個体数が多く、歌文化としてもある程度独立し繁栄していた頃があったのではないだろうか。表とも照らして、せまい地域での方言のようなものに思いを馳せていただけたら幸いである。

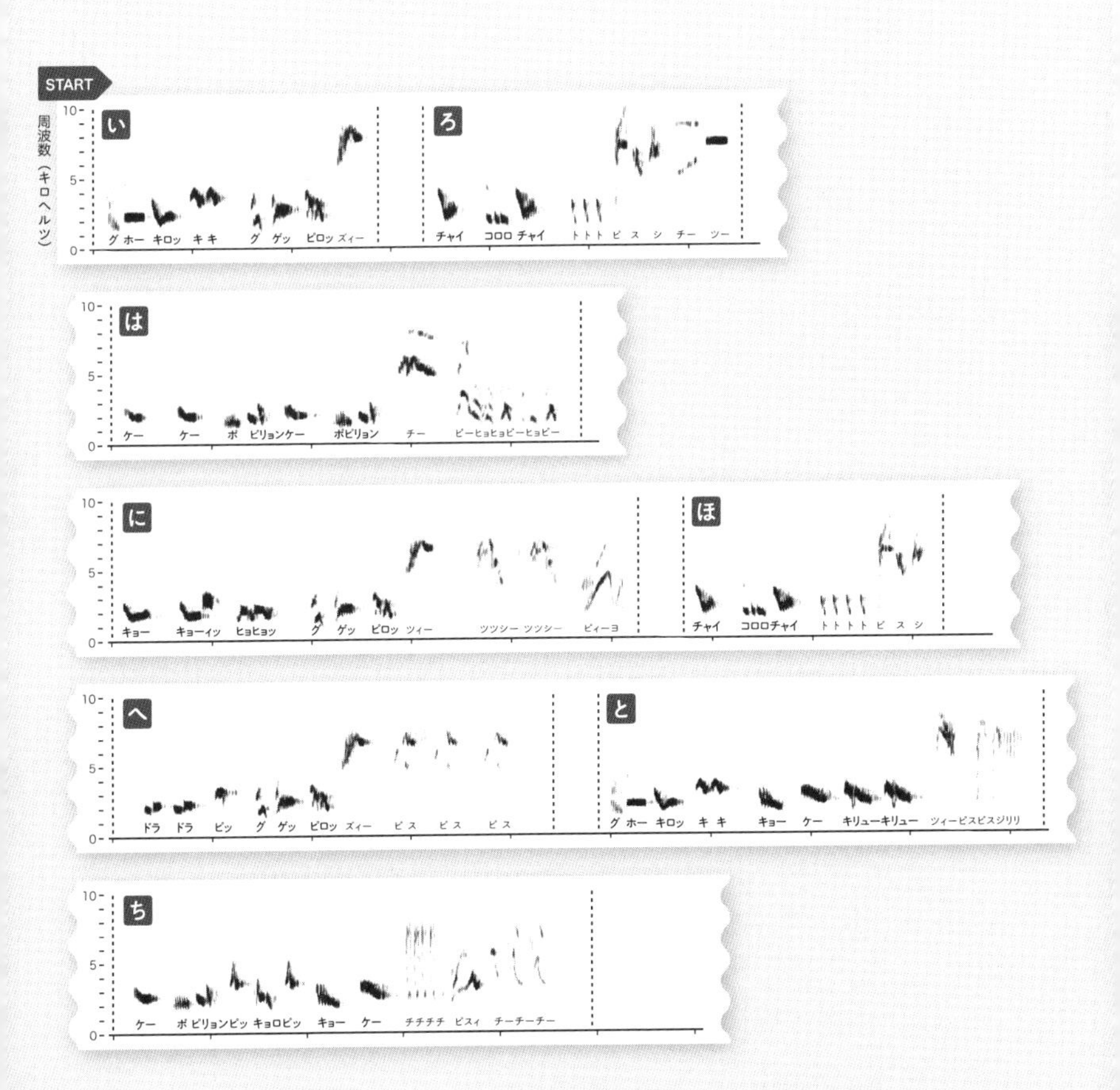

♪ Case8　個体 X（31）

最後にお見せする声紋は、シーズンを独身で終えた、ある若いオス。さて、図 39 と表 2 の残りのオスたちのうち、誰の歌声か、おわかりになるだろうか。

日本一の歌い手は、声紋まで美しい。そんな境地に達した著者から、最後にクイズを出して終わりにしたい。

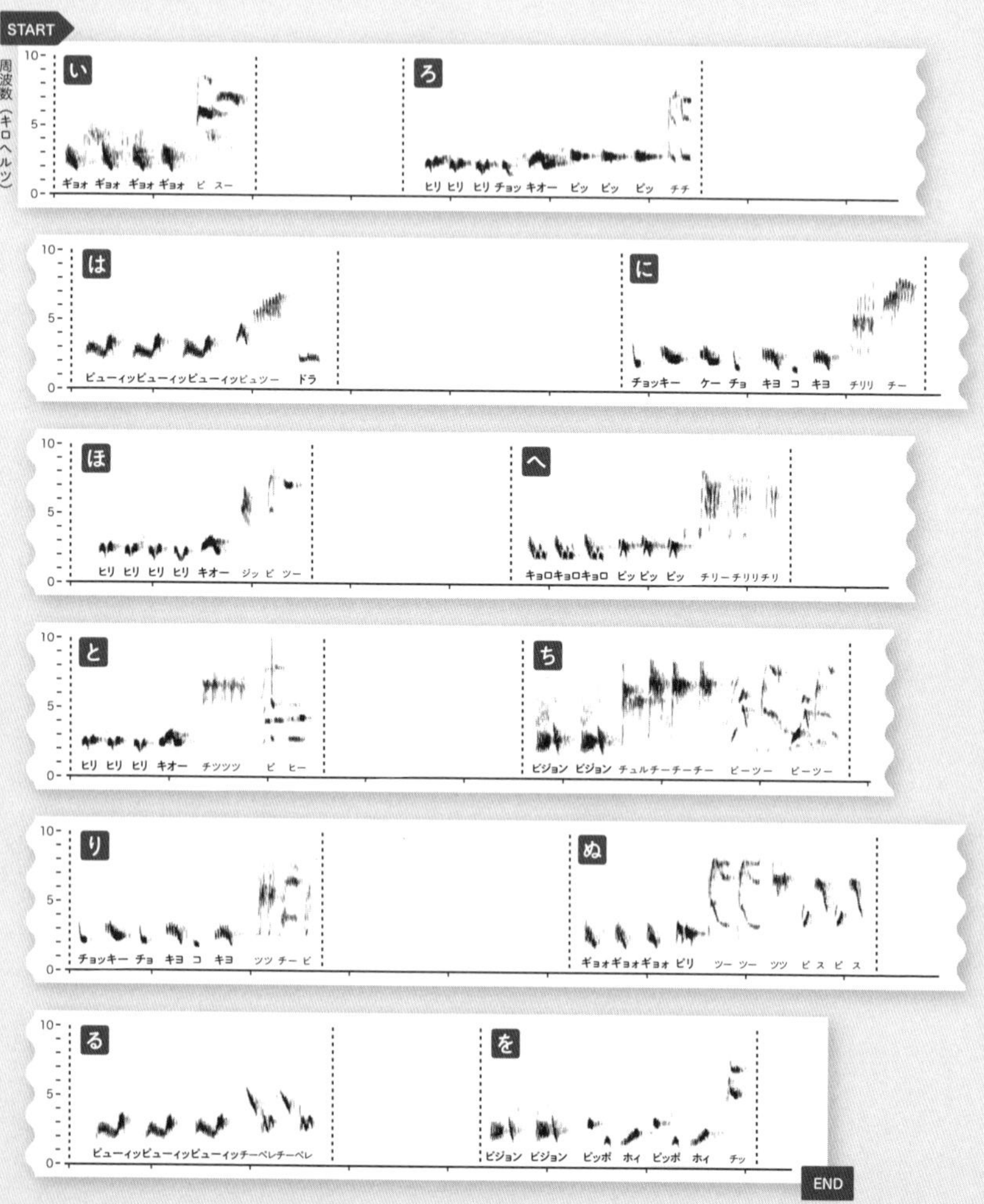

※約 55 秒 12 曲。1 目盛りが 1 秒を表すが、紙面の都合上、歌と歌の感覚を縮めているところがある。

引用文献

【1】上田恵介 . 1987. 一夫一妻の神話 - 鳥の結婚社会学 . 蒼樹書房 . 【2】上田恵介 . 1994. 拡張された精子競争 - 鳥の社会行動の進化と同性内淘汰 -. 山階鳥類研究所研究報告 16: 1-46. 【3】Armstrong, E. A. 1973. A study of bird song. Dover publications, New York. 【4】キャッチポール , C. K.（浦本昌紀・大庭照代共訳）. 1981. 鳥のボーカルコミュニケーション . 朝倉書店 . 【5】小西正一 . 1994. 小鳥はなぜ歌うのか . 岩波新書 . 【6】Catchpole, C. K. & Slater. P. J. B. 1995. Bird Song: biological themes and variations. Cambridge University Press. 【7】岡ノ谷一夫 . 2003. 小鳥の歌からヒトの言葉へ . 岩波科学ライブラリー 92. 岩波書店 . 【8】Catchpole, C. K. & Slater. P. J. B. 2008. Bird Song: biological themes and variations (Second Edit.). Cambridge University Press. 【9】Suzuki, T. N. 2011. Parental alarm calls warn nestlings about different predatory threats. Current Biology 21: R15—R16. 【10】Gyger, M., Karakashian, S. & Marler, P. 1986. Avianalarm calling: is there an audience effect? Animal Behaviour 34: 1570-1572.（鈴木俊貴 . 2016. 鳥類の警戒声 - 悲鳴か情報伝達か？『鳥の行動生態学』（江口和洋編）. pp221-235 より）【11】Suzuki, T. N., Wheatcroft, D. & Griesser, M. 2017. Wild birds use an ordering rule to decode novel call sequences. Current Biology 27: 2331-2336. 【12】Oba, T. 1996. Vocal repertoire of the Japanese Brown Hawk Owl *Ninox scutulata japonica* with notes on its natural history. Natural History Research, Special Issue 2: 1-64. Natural History Museum and Institute, Chiba. 【13】Brémond, J.-C. 1968. Recherches sur la semantique et les elements vecteurs d'information dans les signaux acoustiques du rouge-gorge *Erithacus rubecula*. La Terreet la Vie 2: 109-220.（Catchpole, C. K. & Slater. P. J. B. 2008. より）【14】Marler, P. 1955. Characteristics of some animal calls. Nature 176: 6-8. 【15】Brindley, E. L. 1991. Rsponse of European robins to playback of song: neighbour recognition and overlapping. Animal Behaviour 41: 503-512. 【16】Catchpole, C. K. 1973. The functions of advertising song in the sedge warbler *Acrocephalus schoenobaenus* and reed warbler *A. scirpaceus*. Behaviour 46: 300-320. 【17】Krebs, J. R., Avery, M. & Cowie, R. J. 1981. Effect of removal of mate on the singing behaviour of great tits. Animal Bhaviour 29: 635-637. 【18】Cuthill, I. & Hindmarsh, A. 1985. Increase in starling song activity with removal of mate. Animal Behaviour 33: 326-335. 【19】Rost, R. 1992. Hormones and behaviour: a comparison of studies on seasonal changes in song production and testosterone plasma levels in the willow tit *Parus montanus*. Ornis Fennica 69: 1-6. 【20】Logan, C. A. 1983. Reproductively dependent song cyclicity in mated male mockingbirds, *Mimus polyglottos*. Auk 100; 404-413. 【21】Logan, C. A., Hyatt, L. E. & Gregorcyk, L. 1990. Song playback initiates nest building during clutch overlap in mockingbirds, *Mimus polyglottos*. Animal Behaviour 39: 943-953. 【22】Møller, A. P 1991. Why mated songbirds sing so much: mate guarding and male announcement of mate fertility status. American Naturalist 138: 994-1014. 【23】Greig-Smith P. W. 1982. Seasonal patterns of song production by male stonechats *Saxicola torquata*. Ornis Scandinavica 13: 225-231. 【24】Gill, D., Graves, J. A. & Slater, P. J. B. 1999. Seasonal patterns of singing in the willow warbler; evidence against the fertility announcement hypothesis. Animal Behaviour 58: 995-1000. 【25】Hanski, I. K.& Laurila, A. 1993. Variation in song rate during the breeding cycle of the chaffinch, *Fringilla coelebs*. Ethology: 161-169. 【26】Krebs, J. R. 1976. Bird song and territorial defence. New Scientist 70: 534-536. 【27】Krebs, J. R., Ashcroft, R. & Webber, M. 1978. Song repertoires and territory defence in the great tit, *Parus major*. Nature London 271: 539-542. 【28】Falls, J. B. & Brooks, R. J. 1975. Individual recognition of song in white-throated sparrows. II . Canadian Journal of Zoology 53: 1412-1420. 【29】Kacelnik, A. & Krebs, J. R. 1983. The dawn chorus in the great tit (*Parus major*): proximate and ultimate causes. Behaviour 83: 287-309. 【30】Amrhein, V, Krunc, H. P. & Naguib, M. 2004. Non-territorial nightingales prospect territories during the dawn chorus Proceedings of the Royal Society B (Suppl.), 271 S167-S169. 【31】Pärt, T. 1991. Is dawn singing related to paternity insurance? The case of the collared flycatcher. Animal Behaviour 41: 451-456.
【32】Mace, R. 1986. Importance of female behaviour in the dawn chorus. Animal Behaviour 34: 621-622. 【33】Mace, R. 1987. The dawn chorus in the great tit *Parus major* is directly related to female fertility. Nature 330: 745-746. 【34】Welling, P., Koivula, K. & Orell, M. 1997. Dawn chorus and female behaviour in the willow tit *Parus montanus*. Ibis 139: 1-3. 【35】Otter, K. & Ratcliffe, L. 1993. Changes in singing behavior of male black-capped chickadees (*Parus atricapillus*) following mate removal.

Within-song complexity in a songbird is meaningful to both male and female recievers. Animal Behaviour 71: 1289-1296. 【69】Gil, D., Leboucher, G., Lacroix, A., Cue, R. & Kreutzer, M. 2004. Female canaries produce eggs with greater amounts of testosterone when exposed to preferred male song. Hormones and Behavior 45: 64-70. 【70】Leitner, S., Marshall, R. C., Leisler, B. & Catchpole, C. K. 2006. Male song quality, egg size and offspring sex in captive canaries (*Serinus canaria*). Ethology 112: 554-563.
【71】Lein, M. R. 1978. Song variation in a population of chestnut-sided warblers (*Dendroica pensylvanivca*): its nature and suggested significance. Canadian Journal of Zoology 56: 1266-1283.
【72】Lemon, R. E., Monette, S. & Roff, D. 1987. Song repertoires of Amierican warblers (Parulinae): honest advertising assesment? Ethology 74: 265-284. 【73】Staicer, C. A. 1989. Characteristics, use, and significance of two singing behaviors in grace's warbler (*Dendroica graciae*). Auk 106: 49-63. 【74】Kroodsma, D. E., Bereson, R. C., Byers, B. E. & Minear, E. 1989. Use of song types by the chestnut-sided warbler: evidence for both intra- and inter-sexual functions. Canadian Journal of Zoology 67: 447-456. 【75】Spector, D. A. 1991. The singing behaviour of yellow warblers. Behaviour 117: 29-52. 【76】Byers, B. E. 1996. Messages encoded in the songs of chestnut-sided warblers. Animal Behaviour 52: 691-705. 【77】藤林和男 . 1976. 録音とさえずり合戦〈マミジロ〉.『続 野鳥の生活』(羽田健三監修). 築地書館 . pp80-83. 【78】小林高志 . 1985. 巣の中で囀る雌〈サンコウチョウ〉.『続々野鳥の生活』(羽田健三監修). 築地書館 . pp94-98. 【79】林正敏 . 1982. 長野県におけるヤイロチョウの繁殖初記録 . Strix 1: 123-124. 【80】Johnson, L. S. & Kermott, L. H. 1991. The function of song in male house wrens (*Troglodytes aedon*). Behaviour 116:190-209. 【81】Ritchson, G. 1983. The function of singing in female black-headed grosbeaks (*Pheucticus melanocephalus*): family-group maintenance. Auk 100: 105-116. 【82】Wiley, R. H., Hatchwell, B. J. & Davies, N. B. 1991. Recognition of individual male's songs by female dunnocks: a mechanism increasing the number of copulatory partners and reproductive success. Ethology 88: 145-153. 【83】Lind, H., Dabelsteen, T. & McGregor, P. K. 1996. Female great tits can identify mates by song. Animal Behaviour 52: 667-671. 【84】Dabelsteen, T., McGregor, P. K., Lampe, H. M., Langmore, N. E. & Holland, J. 1998. Quiet song in song birds: an overlooked phenomenon. Bioacoustics 9: 89–105.
【85】Grabowski, G. L. 1979. Vocalizations of the rufous-backed thrush (*Turdus rufopalliatus*) in Guerreo, Mexico. Condor 81: 409-416. 【86】Ritchson, G. 1986. The singing behaviour of female northern cardinals. Condor 88: 156-159. 【87】丸山栄 . 1975. 弱いなわばり意識〈イカル〉.『野鳥の生活』(羽田健三監修). 築地書館 . Pp38-42. 【88】Tamura, T. & Ueda, K. 2001. Female Song in the Siberian Blue Robin *Luscinia cyanecyane*. Journal of Yamashina Institute for Ornithology 32: 86-90. 【89】田村實・上田恵介 . 2001. コルリの繁殖生態 . Strix 19: 11- 20. 【90】Nakamura, M. 1998. Multiple mating and cooperative breeding in polygynandrous alpine accentors. I. Competition among females. II. Male mating tactics. Animal Behaviour 55: 259-275, 277-289. 【91】樋口広芳・森岡弘之・山岸哲編(日高敏隆監修). 1997. 日本動物大百科4〈鳥類II〉. 平凡社 . 【92】羽田健三・工藤悦男 . 1976. コマドリの繁殖生活について . 信州大学志賀自然教育研究施設研究業績 15: 9-19. 【93】中村登流・中村雅彦 . 1995. 原色日本野鳥生態図鑑〈陸鳥編〉. 保育社 . 【94】マット・リドレー(長谷川眞理子訳). 2014. 赤の女王 - 性とヒトの進化 . 早川書房 . 【95】Wheatcroft, D. & Qvarnstrom, A. 2017. Songbirds have genetic taste in music. Nature Ecology and Evolution (doi: 10.1038/s41559-017-0192). 【96】Hamao, S. & Eda-Fujiwara, H. 2004. Vocal mimicry by the Black-browed Reed Warbler *Acrocephalus bistrigiceps*: objective identification of mimetic sounds. Ibis 146: 61–68. 【97】Hindmarsh, A. M. 1984. Vocal mimicry in starlings. Behaviour 90: 302-324.
【98】Dowsett-Lemaire, F. 1979. The imitative range of the song of the marsh warbler *Acrocephalus palustris*, with special reference to imitations of African birds. Ibis 121: 453-468. 【99】Voelker, G., Rohwer, S., Bowie, R. C. K. & Outlaw, D. C. 2007. Molecular systematics of a speciose, cosmopolitan songbird genus: DeWning the limits of, and relationships among, the *Turdus* thrushes. Molecular Phylogenetics and Evolution 42: 422–434. 【100】西海功 . 2012. DNA バーコーディングと日本の鳥の種分類 . 日本鳥学会誌 61: 223-237. 【101】梶田学 . 1999. DNA を 利用した鳥類の系統解析と分類 . Japanese Journal of Ornithology 48: 5-45. 【102】石塚徹・手井修三 . 2004. カラアカハラの初期繁殖行動 . Strix 22: 201-206.
【103】Eriksson, D. & Wallin, L. 1986. Male bird song attracts females - a field experiment. Behavioral Ecology and Sociobiology 19: 297-299. 【104】石塚徹・臼井総一・手井修三・長井晃・三浦淳男 . 1998. 金沢市でみられたクロウタドリの造巣行動 . Strix 16: 135-141. 【105】手井修三 . 2013. 石川県におけるホオジロの個体数の季節変化とソングエリアの配列位置の経年変化 - 冬期に個体数が減少する地域の記録 -. Strix 29: 78-88. 【106】

Behavioral Ecology and Sociobiology 33: 409-414. 【36】Birkhead, T. R. & Møller, A. P. 1992. Sperm competition in birds. London Academic Press. 【37】Cheng, K. M., Burns, J. T. & McKinney, F. 1983. Forced copulation in captive mallards Ⅲ. Sperm competition. Auk 100: 302-310. 【38】Kempanaers, B., Verheyen, G. R., van Broeckhoven, C. & Dhondt, A. A. 1992. Extra-pair paternity results from female prefernce for high quality males in the blue tit. Nature 357: 494-496. 【39】Kempanaers, B., Verheyen, G. R., & Dhondt, A. A. 1997. Extra-pair paternity in the blue tit *Parus caeruleus*: female choice, male characteristics and offspring quality. Behavioral Ecology 8: 481-492. 【40】Poesel, A., Kunc, H., Foerster, K., Johnsen, A. & Kempenaers, B. 2006. Early birds are sexy: male age, dawn song and extrapair paternity in blue tits, *Cyanistes* (*formerly Parus*) *caeruleus*. Animal Behaviour 72: 531-538.
【41】Greig-Smith, P. W. 1982. Song rates and parental care by individual mate stonechats *Saxicola torquata*. Animal Behaviour 30: 245-252. 【42】Catchpole, C. K. 1980. Sexual selection and the evolution of complex songs among warblers of the genus *Acrocephalus*. Behaviour 74: 149-166. 【43】Reid, J. M., Arcese, P., Cassidy, A. L. E. V., Hiebert, S. M., Smith, J. M. N., Stoddard, P. K., Marr, A. B. & Keller, L. F. 2004. Song repertoire size predicts initial mating success in male song sparrows, *Melospiza melodia*. Animal Behaviour 68: 1055-1063. 【44】Møller, A. P & Tegelström H. 1997. Extra-pair paternity and tail ornamentation in the barn swallow *Hirundo rustica*. Behavioral Ecology and Sociobiology 41: 353-360. 【45】Møller, A. P. et al. 1998. Sexual Selection and tail streamers in the Barn Swallow. Proceedings of the Royal Society B 265: 409-414. 【46】Yamagishi, S., Nishiumi, I. & Shimoda, C. 1992. Extrapair fertilization in monogamous bull-headed shirikes revealed by DNA fingerprinting. Auk 109: 711-721. 【47】Ezaki, Y. 1987. Male time budgets and recovery of singing rate after pairing in polygamous Great Reed Warblers. Japanes Journal of Ornithology 36: 1-11. 【48】Nishiumi, I. 1998. Brood sex ratio is dependent on female mating status in polygynous great reed warblers. Behavioral Ecology and Sociobiology 44: 9-14. 【49】濱尾章二. 1992. 番い関係の希薄なウグイスの一夫多妻について. 日本鳥学会誌 40: 51-65. 【50】Ueda, K. 1986. A Polygamous Social System of the Fan-tailed Warbler *Cisticola juncidis*. Ethology 73: 43-55. 【51】Hamao, S. & Hayama, M. 2015. Breeding ecology of the Japanese bush warbler in the Ogasawara islands. Ornithological Science 14: 111-115.
【52】山岸哲. 1986. なわばり型 一夫多妻における雌の排他性と許容性.『鳥類の繁殖戦略（上）』（山岸哲編）. 東海 大 学 出 版 会. pp51-77. 【53】Hamao, S 2008. Singing strategies among male Black-browed Reed Warblers *Acrocephalus bistrigiceps* during the post-fertile period of their mates. Ibis 150: 388–394.
【54】Ueda, K. & Yamaoka, A. 1996. Territory shift of male Schrenck's Reed Warblers *Acrocephalus bistrigiceps* for the improvement of mating and/or breeding success. Japanese Journal of Ornithology 45: 109-113. 【55】Davies, N. B. 1983. Polyandry, cloaca-pecking and sperm competition in dunnocks. Nature 302: 334-336. 【56】油田照秋. 2016. 鳥類の配偶システムとつがい外父性.『鳥の行動生態学』（江口和洋編）. pp45-72 【57】Catchpole, C. K. 1977. Aggressive responses of male sedge warblers (*Acrocephalus schoenobaenus*) to playback of species song and sympatric species song, before and after pairing. Animal Behaviour 25: 489-496. 【58】小岩井彰. 2003. アオジの配偶者防衛行動. 日本鳥学会誌 52: 13-23.
【59】江崎保男・馬場隆・堀田昌伸. 2007. 森林性 Emberiza クロジの繁殖生態，なわばりへの帰還と行動圏の著しい重複. 山階鳥類学雑誌 38: 67-79. 【60】Catchpole, C. K. 1983. Variation in the song of the great reed warbler *Acrocephalus arundinaceus* in relation to mate attraction and territorial defence. Animal Behaviour 31: 1217-1225. 【61】Espmark, Y. O. & Lampe, H. M. 1993. Variations in the song of the pied flycatcher within and between breeding seasons. Bioacoustics 5: 33-65. 【62】Lampe, H. M. & Espmark, Y. O. 1987. Singing activity and song pattern of the redwing *Turdus iliacus* during the breeding season. Ornis Scandinavica 18: 179-185. 【63】Temrin, H. 1986. Singing behaviour in relation to polyterritorial polygyny in the wood warbler (*Phylloscopus sibilatrix*). Animal Behaviour 34: 146-152.
【64】Groschupf, K. 1985. Changes in five-striped sparrow song in intra- and intersexual contexts. Wilson Bulletin 97: 102-105. 【65】Forstmeier, W. & Balsby, T. J. S. 2002. Why mated dusky warbler sings so much: territory guarding and male quality announcement. Behaviour 139: 89-111. 【66】Ballentine, B., Hyman, J. & Nowicki, S. 2004. Vocal performance influences female response to male bird song: an experimental test. Behavioral Ecology 15: 163-168. 【67】Illes, A. E., Hall, M. L. & Vehrencamp, S. L. 2006. Vocal performance influences male receiver response in the banded wren. Proceedings of the Royal Society B 273: 1907-1912. 【68】Leitão, A., ten Cate, C. Riebel, K. 2006.

cardis to search for a second mate. Ornithological Science 9: 157-160. 【142】Ishizuka, T. 2008. Changes in song structure and singing pattern of the Grey Thrush *Turdus cardis* as responses to song playback and mate removal experiments. Ornithological Science 7: 157–161. 【143】Dabelsteen, T. & Pedersen, S. B. 1990. Song and information about aggressive responses of blackbird *Turdus merula*: evidence from interactive playback experiments with territory owners. Animal Behaviour 40: 1158-1168. 【144】Lampe, H. M. 1991. The response of male redwings *Turdus iliacus* to playback of conspecific songs with or without the terminating twitter. Ornis Scandinavica 22: 137-142. 【145】Lampe, H. M., Balsby, T. J. S., Espmark, Y. O. & Dabelsteen, T. 2010. Does twitter song amplitude signal male arousal in redwings (*Turdus illiacus*) ? Behaviour 147: 353-365. 【146】Ishizuka, T. 2009. Repertoire sizes of the whistle and trill parts of the song of the Grey Thrush *Turdus cardis* in relation to the mating success of the males. Journal of Yamashina Institute for Ornithology 40: 83–89. 【147】Ishizuka, T. 2009. Singing behavior in polygynous Grey Thrush *Turdus cardis* males. Ornithological Science 8: 87–90. 【148】Alatalo, R. V., Lundberg, A. & Ståhlbrandt, K. 1982. Why do pied flycatcher females mate with already-mated males? Animal Behaviour 30: 585-593. 【149】Alatalo, R. V. & Lundberg, A. 1984. Polyterritorial polygyny in the pied flycatcher *Ficedula hypoleuca* - evidence for the deception hypothesis. Annales Zoologici Fennici 21: 217-228. 【150】Howard, R. D. 1978. The evolution of mating strategies in bullfrogs, *Rana catesbiana*. Evolution 32: 850-871.（クレブス J. R. & デイビス . N. B.（城田安幸・上田恵介・山岸哲共訳）1984.『行動生態学を学ぶ人に』蒼樹書房より）【151】Cade, W. 1979. The evolution of alternative malw reproducyive strategies in field cruckets. In Blum, M. & Blum, N. A. (eds). Sexua selection and reproductive competition in insects. pp343-379. AcademicPress, London.（クレブス J. R. & デイビス . N. B.（城田安幸・上田恵介・山岸哲共訳）1984.『行動生態学を学ぶ人に』蒼樹書房より）【152】高槻成紀・南正人 . 2010. 野生動物への2つの視点 . ちくまプリマー新書 . 筑摩書房 . 【153】佐藤正人・菊地賢一・坪井潤一 . 2016. サクラマス雄の生活史型と産卵環境および発眼率の関係 . 日本水産学会誌 82: 581-586. 【154】Hongo, Y. 2003. Appraising behaviour during male-male interaction in the Japanese horned beetle *Trypoxylus dichotomus* septentrionalis (Kono). Behaviour 140: 501-517. 【155】Karino, K. & Niiyama, H. 2006. Males with short horns spent more time mating in the Japanese horned beetle *Allomyrina dichotoma*. Acta Ethologica 9: 95-98. 【156】Fujimaki, Y. 1994. Breeding biology of the Stonechat in southeastern Hokkaido, Japan. Research bulletin of Obihiro University: Natural Science.（帯広畜産大学学術研究報告 . 自然科学）19: 37-46. 【157】Ishizuka, T. 2009. Whisper song in the Grey Thrush *Turdus cardis* immediately before and after feeding their young. Journal of Yamashina Institute for Ornithology 41: 34-41. 【158】Messmer, E. & Messmer, I. 1956. Die Entwicklung der Lautausserungen und Einiger Verhaltensweisen der Amsel (*Turdus merula* L.) unter Naturuchen Bedingungen und nach Einzelaufzucht in Schalldichtem Raumzen. Zeitschrift für Tierpsychologie 13: 341-441. 【159】渡辺愛子・坂口博信 . 2006. 小鳥のさえずりの維持と可塑性 - 成鳥における聴覚フィードバックの役割について -. 比較生理生化学 23: 20-31. 【160】Hesler, N., Mundry, R. & Dabelsteen, T. 2012. Are there age-related differences in the song repertoire size of Eurasian blackbirds? Acta Ethologica 15: 203-210. 【161】Gil, D., Cobb, J. L S, & Slater, P. J. B. 2001. Song characteristics are age dependent in the willow warbler, *Phylloscopus trochilus*. Animal Behaviour 62: 689–694. 【162】Balsby, T. J.S., Hansen, P. 2009. Element repertoire: change and development with age in whitethroat *Sylvia communis* song. Journal of Ornithology 151: 469–476. 【163】Nicholson, J. S., Buchanan, K. L., Marshall, R. C. & Catchpole, C. K. 2007. Song sharing and repertoire size in the sedge warbler, *Acrocephalus schoenobaenus*: changes within and between years. Animal Behaviour 74: 1585–1592. 【164】Kiefer, S., Spiess, A., Kipper, S., Mundry, R., Sommer, C., Hultsch, H. & Todt, D. 2006. First-year common nightingales (*Luscinia megarhynchos*) have smaller song-type repertoire sizes than older males. Ethology 112: 1217–1224. 【165】Irwin, D. E., Bensch, S. & Price T. D. 2001. Speciation in a ring. Nature 409: 333-337.（濱尾章二 . 2016. さえずりを他種が聞くと何が起こるか - 形質置換, そして種認知への影響 .『鳥の行動生態学』（江口和洋編）. pp237-257. より）【166】Beecher, M. D., Campbell, S. E., Burt, J. M., Hill, C. E. & Nordby, J. C. 2000. Song-type matching between neighbouring song sparrows. Animal Behaviour 59: 21-27. 【167】Beecher, M. D. & Campbell, S. E. 2005. The role of unshared songs in singing interactions between neighbouring song sparrows. Animal Behaviour 70: 1297-1304. 【168】明石全弘・山岸哲 . 1987. ホオジロ *Emberiza cioides* の囀りに関する研究 . 日本鳥学会誌 36: 19-45.

山岸哲 . 1976. ホオジロの秋の囀りの機能 . 生理生態 17: 69-77. 【107】山岸哲 . 1981. 春のための、秋のさえずり . アニマ 103: 18-24. アニマ 【108】中村浩志 . 1991. カワラヒワ（*Carduelis sinica*）の誇示行動地域からの分散と繁殖期における社会構造 . Journal of Yamashina Institute for Ornithology 22: 9-55. 【109】中村浩志 . 1981. 10 日間の不思議なできごと - カワラヒワのつがい形成のしくみ . アニマ 103: 10-17. 【110】Adhikerana, A. S. & Slater, P. J. B. 1993. Singing interactions in coal tits, *Parus ater*: an experimental approach. Animal Bhaviour 46: 1205-1211. 【111】Thomas, R. J., Szekely, T., Cuthill, I. C., Harper, D. G. C., Newton, S. E., Frayling, T. D. & Wakkis, P. D. 2002. Eye size in birds and the timing of song at dawn. Proceedings of the Royal Society B 269: 831-837. 【112】Berg, K. S., Brumfield, R. T. & Apanius, V. 2005. Phylogenetic and ecological determinants of the neotropical dawn chorus. Proceedings of the Royal Society B 273: 999-1005. 【113】Ohsako, Y. & Yamagishi, S. 1989. Pair relationships and female-female aggression in the occasionally bigamous Japanese wagtail *Motacilla grandis*. Japanese journal of Ornithology 37: 89-101. 【114】羽田健三・小渕順子 . 1967. ヒバリの生活史に関する研究 . I 繁殖生活 . 山階鳥類研究所研究報告 5: 72-84. 【115】Petrusková, T., Osiejuk, T. S., Linhart, P. & Petrusek, A. 2008. Structure and complexity of perched and flight songs of the tree pipit (*Anthus trivialis*). Annales Zoologici Fennici 45: 135–148. 【116】Askenmo, C., Neergaard, R. & Arvidsson, B. L. 1992. Pre-laying time budgets in rock pipits: priority rules of males and females. Animal Behaviour 44: 957-965. 【117】Merilä, J. & Sorjonen, J. 1994: Seasonal and diurnal patterns of singing and song-flight activity in bluethroats (*Luscinia svecica*). Auk 111: 556–562. 【118】Sorjonen, J. & Merilä, J. 2000. Response of male bluethroats *Luscinia svecica* to song playback: evidence of territorial function of song and song flights. Ornis Fennica 77: 43–47. 【119】百瀬浩 . 1986. 音声コミュニケーションによるなわばりの維持機構 .『鳥類の繁殖戦略（下）』（山岸哲編）. 東海大学出版会 . pp127-157. 【120】濱尾章二 . 1993. さえずりによるウグイスの個体識別 . 日本鳥学会誌 41: 1-8. 【121】濱尾章二 . 2016. さえずりを他種が聞くと何が起こるか - 形質置換，そして種認知への影響 .『鳥の行動生態学』（江口和洋編）. pp237-257. 【122】Wallin, I. 1986. Divergent character displacement in the song of two allspecies: the pied flycatcher *Ficedula hypoleuca*, and the collared flycatcher *F. albicollis*. Ibis 128: 251-259. 【123】Hamao, S., Sugita, N. & Nishiumi, I. 2016. Geographic variation in bird songs: examination of the effects of sympatric related species on the acoustic structure of songs. Acta ethologica 19: 81-90. 【124】Hamao, S. 2016. Asymmetric response to song dialects among bird populations: the effect of sympatric related species. Animal Behaviour 119: 143-150.
【125】長谷川理 . 2012. 鳥類における種間交雑と遺伝子浸透 . 日本鳥学会誌 61: 238-255. 【126】上野吉雄・東常哲也・山本裕・日比野政彦・飯田知彦 . 1993. 西中国山地におけるシロハラ *Turdus pallidus* の繁殖 . 日本鳥学会誌 41: 17-19. 【127】Watada, M., Jitsukata, K. & Kakizawa, R. 1995. Genetic divergence and evolutionary relationships of the old and new world *Emberizidae*. Zoological Science 12: 71-77. 【128】石塚徹 . 2006. クロツグミ *Turdus cardis* のさえずりの構造とレパートリーおよびさえずりによる個体識別の有効性 . 山階鳥類学雑誌 37: 113–136. 【129】中村司 . 1984. 鳥類の渡り .『現代の鳥類学』(森岡弘之・中村登流・樋口広芳編）. 朝倉書店 . pp132-157. 【130】Ueda, K. 1993. Effects of neighbours: costs of polyterritoriality in the fan-tailed warbler *Cisticola juncidis*. Ethology, Ecology and Evolution 5: 177-180. 【131】高木嘉彦 . 1993. 身近な鳥をふやす - クロツグミの自然繁殖と人工育すう -. どうぶつと動物園 520: 206-209. 【132】Lambrechts, M & Dhondt, A. A. 1988. The anti-exhaustion hypothesis: a new hypothesis to explain song performance and song switching in the great tit. Animal Behaviour 36: 327-334. 【133】Horn, A. G. & Falls, J. B. 1991. Song switching in mate attraction and territory defense by western meadowlarks (*Sturnella neglecta*). Ethology 87: 262-268. 【134】Langmore, N. E. 1997. Song switching in monoandrous and polyandrous dunnocks, *Prunella modularis*. Animal Behaviour 53: 757-766. 【135】宮沢和人 . 1971. クロツグミの生活史：繁殖期の生活 . 山階鳥類研究所研究報告 6: 300-315. 【136】黒田長久 . 1966. クロツグミのなわばり観察 . 山階鳥類研究所研究報告 4: 469-480. 【137】Temrin, H., Mallner, Y. & Windén, M. 1984. Observetions on polyterritoriality and singing behaviour in the wood warbler *Phylloscopus sibilatrix*. Ornith Scandinavica 15: 67-72. 【138】Temrin, H. 1986. Singing behaviour in relation to polyterritorial polygyny in the wood warbler (*Phylloscopus sibilatrix*). Animal Behaviour 34: 146-152. 【139】Slagsvold, T., Amundsen, T., Dale, S. & Lampe, H. 1992. Female-female aggression explains polyterritoriality in male pied flycatchers. Animal Behaviour 43: 397-407. 【140】Rätti, O. & Siikamäki, P. 1993. Female attraction behaviour of radio tagged polyterritorial pied flycatcher males. Behaviour 127: 279-288. 【141】Ishizuka, T. 2010. Dawn trips made by the male Grey Thrush *Turdus*

石塚 徹　いしづか とおる

一九六四年神奈川県逗子生まれ。金沢大学大学院生命科学研究科修了。博士(理学)。専門は動物社会学・行動生態学。学位論文『クロツグミのさえずりと配偶戦略』(二〇〇九年)は絵本化された。オオジシギ、オオタカ、アカモズ、カラアカハラなどの調査報告もある。NPO法人 生物多様性研究所あーすわーむ研究員。ゲンゴロウ、サンショウウオ、ヒクイナなど水辺の希少種や、ガビチョウ、ソウシチョウ、カナダガン、ウチダザリガニ、アライグマなど外来種の調査・対策のほか、環境教育プログラムの開発や講演、インタープリター養成講座なども行う。長野県軽井沢町在住。

主な著書

■見る聞くわかる 野鳥界〈識別編〉〈生態編〉(信濃毎日新聞社)
■ゆかいな聞き耳ずきん ~ クロツグミの鳴き声の謎をとく(福音館書店『たくさんのふしぎ』傑作集)
■昆虫少年ヨヒ(郷土出版社)
■鳥のおもしろ私生活(主婦と生活社)
■日本動物大百科4〈鳥類II〉(平凡社/分担執筆)
■玉川百科こども博物誌『動物のくらし』(玉川大学出版部/分担執筆)

カバー・扉イラスト――秋山 亮(アトリエ秋山)
口絵写真――中村匡男(P1のコルリ、P2-3のキビタキ、アオジ、シジュウカラ、ノジコ、ミソサザイ、P4-5のクロツグミ♂)、叶内拓哉(P3のコマドリ)、吉野俊幸(P3のアカハラ)、加藤匠(P2のマミジロ、P6のオオルリ(左)、P7のキセキレイ(左))、石塚徹(P5のクロツグミ♀、カラアカハラ、P6-7のオオルリ(右)、キセキレイ(右)、エゾムシクイ、P8のビンズイ、カヤクグリ)
本文写真・イラスト――石塚 徹
装幀・フォーマットデザイン――高木善彦
本文DTP――佐藤壮太(有限会社オフィス・ユウ)
図版制作協力――有限会社エルグ
編集――井澤健輔
校閲――中井しのぶ

歌う鳥のキモチ

二〇一七年十一月三十日　初版第一刷発行

著　者――石塚 徹
発行人――川崎深雪
発行所――株式会社 山と溪谷社
〒一〇一―〇〇五一
東京都千代田区神田神保町一丁目一〇五番地
http://www.yamakei.co.jp/

印刷・製本――図書印刷株式会社

■乱丁・落丁のお問合せ先
山と溪谷社自動応答サービス　電話　〇三―六八三七―五〇一八
受付時間／十時～十二時、十三時～十七時三十分（土日、祝祭日を除く）
■内容に関するお問合せ先
山と溪谷社　電話　〇三―六七四四―一九〇〇（代表）
■書店・取次様からのお問合せ先
山と溪谷社受注センター　電話　〇三―六七四四―一九一九
ファックス　〇三―六七四四―一九二七

＊定価はカバーに表示してあります。
＊乱丁・落丁などの不良品は送料小社負担でお取り替えいたします。

ISBN978-4-635-23008-7